华电杂谷脑河薛城水电站
建设监理纪实

季祥山　主编

黄河水利出版社
·郑　州·

内 容 提 要

本书共分三篇,内容包括杂谷脑河流域规划和薛城水电站建设、薛城水电站建设综述、华水监理从薛城水电站的成功走向川黔的监理之路,记录了河南华北水电工程监理有限公司在华电杂谷脑河薛城水电站工程及西南地区水电工程建设监理中的监理过程、技术措施、经验总结和辉煌成绩。

本书可供从事水利水电工程建设和监理的工程技术人员及管理人员阅读参考。

图书在版编目(CIP)数据

华电杂谷脑河薛城水电站建设监理纪实/季祥山主编. —郑州:黄河水利出版社,2018.8
ISBN 978 – 7 – 5509 – 2129 – 0

Ⅰ. ①华…　Ⅱ. ①季…　Ⅲ. ①水力发电站 – 建筑工程 – 施工监理 – 四川　Ⅳ. ①TV73

中国版本图书馆 CIP 数据核字(2018)第 208858 号

出　版　社:黄河水利出版社
　　　地址:河南省郑州市顺河路黄委会综合楼 14 层　　邮政编码:450003
发行单位:黄河水利出版社
　　　发行部电话:0371 – 66026940、66020550、66028024、66022620(传真)
　　　E-mail:hhslcbs@ 126. com
承印单位:河南瑞之光印刷股份有限公司
开本:787 mm × 1 092 mm　1/16
印张:21.5　　　　　　　　　　　　　　插页:4
字数:360 千字　　　　　　　　　　　　印数:1—2 000
版次:2018 年 8 月第 1 版　　　　　　　印次:2018 年 8 月第 1 次印刷
定价:80.00 元

《华电杂谷脑河薛城水电站建设监理纪实》
编纂委员会

顾　　问	聂相田	刘秋常	马文龙	庞家林
	陈为明			
主　　编	季祥山			
副 主 编	何有源	王先斌	白　鹏	
执行编辑	何有源			
参编人员	季祥山	马文龙	何有源	白　鹏
	袁　琼	王永祥	王先斌	王松伟
	朱时秀	李雪松	庆爱国	牟思勇
	荆振标	范玉祯	王志强	付　婷
	邵淑涵			

鸣谢：本书编辑过程中得到了中国华电集团总部罗锦华、陈宗华，华电云南公司郭世民等的大力协助。

第一部分　领导关怀

　　2005年10月22日，（左图）华电集团公司党组书记、总经理贺恭（左三）在华电四川公司党组书记、总经理杨清延（左四）陪同下视察杂谷脑薛城水电站建设工地；右图为贺恭在视察期间与杂谷脑公司总工程师牟遗忠、薛城水电站指挥长陈为明亲切握手

　　2006年6月16日，华电集团公司党组成员、副总经理辛保安慰问一线职工

　　2006年8月，时任华电集团公司党组成员、副总经理辛保安一行视察薛城水电站建设工地

　　2007年6月2日，时任华电集团公司工程部主任罗小黔检查薛城水电站工地建设情况

第二部分 薛城首部枢组施工

2005年9月27日，薛城水电站首部枢组（CI标）开工典礼现场

2005年12月9日，薛城水电站首部区域裹头修正施工

2006年10月，四川省质监站、杂谷脑公司及华水监理进行薛城水电站首部区域泄洪闸质量大检查

2007年2月7日，时任杂谷脑公司总经理朱荣华慰问中水十五局薛城水电站大坝项目部

2007年7月31日，薛城水电站大坝坝顶浇筑施工

2008年1月，薛城水电站首部枢组全貌

第三部分　厂区枢纽照片

2005 年 9 月 25 日，薛城水电站厂房（C Ⅷ标）开工典礼现场

2006 年 4 月 6 日，业主、监理等对薛城水电站厂区枢纽进行安全检查

华水监理薛城监理部总工程师陈鹏在厂区枢纽例行检查

薛城水电站调压井施工现场

2006 年 12 月 23 日，华水监理工程师对厂房边坡柔性防护网进行质量检查

薛城水电站厂房全貌

第四部分　引水隧洞施工照片

2006年11月30日，杂谷脑公司总经理朱荣华、薛城水电站指挥长陈为明在中铁十六局项目部施工现场检查工作

由中铁二局施工的薛城水电站引水隧洞（CV标）

2007年6月，薛城水电站副指挥长刘强在中水二局施工现场检查

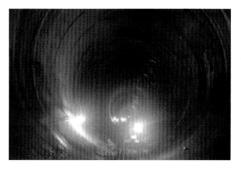

2007年10月，衬砌完成进行灌浆的薛城水电站引水隧洞

2007年11月15日，4号施工支洞封堵内模钢筋绑扎现场

2007年10~12月，华电集团工程部徐朝晖处长常驻薛城，督促指导水电站施工工作

第五部分 机电安装

2007 年 8 月 27 日，3 号机组定子安装现场

2007 年 11 月 20 日，薛城水电站 2 号机组转子吊装

2007 年 11 月 27 日，薛城水电站工地，机电专家检查机组安装现场

2017 年 11 月，杂谷脑公司总经理朱荣华在薛城工地现场慰问薛城电站建设各方

2007 年 12 月 14 日，薛城大坝金结机电安装验收，杂谷脑公司副总经理马文龙与监理人员亲切合影

正常发电运行中的薛城水电站

2005年4月27日，薛城水电站建设指挥部会议室安全管理培训会议现场

2005年7月19日，业主、监理、政府等进行环保、水保检查

2006年3月15日，在指挥部会议室，杂谷脑公司副总经理牟遗忠等参加工程管理会议

2007年5月6日，杂谷脑公司总经理朱荣华在薛城水电站指挥长陈为明等一行陪同下检查薛城水电站工作

2007年11月27日，质量巡检会

2007年12月，薛、古电站征地移民专项检查工作会议

第七部分　部分目标激励留影及验收会议

薛城水电站目标激励留影（之一）

薛城水电站目标激励留影（之二）

薛城水电站目标激励留影（之三）

2007年2月7日，薛城水电站
建设征地移民档案达标工作会

2007年12月，薛城水电站蓄
水暨机组启动验收会议

2008年1月15日，薛城水电
站投产发电交流会

序　言

在薛城水电站投产发电十周年之际,当年薛城水电站建设者们用最真实、最朴质的语言和最真挚的情感,撰文回顾过去、总结经验、抒发情怀,本人拜读后感受颇多,认为出版本书十分有意义。

2005年1月,河南华北水电工程监理有限公司(下文简称"华水监理")中标华电薛城水电站工程建设任务,3月1日正式进驻薛城镇开展建设监理工作。这是华水监理第一次进军我国西南水电开发领域。成功监理薛城水电站,首先应感谢项目法人四川华电杂谷脑水电开发有限公司、设计单位中国电建集团成都水电勘测设计研究院有限公司、施工单位中国电建十五局有限公司、中铁十六局、葛洲坝集团公司等,以及给予华水监理帮助的朋友们。

薛城水电站位于四川省阿坝藏族羌族自治州理县境内的杂谷脑河上,是杂谷脑河的"一库七级"开发规划中的第六个梯级电站。薛城电站装机容量138 MW,多年平均发电量6.492亿 kW·h。电站采用引水式开发,主要建筑物包括闸坝、一孔冲沙闸、一孔排污扎、三孔泄洪闸、左岸挡水坝。大坝为混凝土重力坝。正常蓄水位1 709.50 m,汛期运行水位1 704 m,相应库容53万 m^3,具有日调节能力。

华水监理在薛城水电站监理的成绩,应感谢华水薛城水电站监理的卓越团队,他们甘于奉献、勇于攻坚克难、勤于虚心学习、不断开拓进取,以高度负责的主人翁精神投入工作。在业主匠心营造的由业主、设计、监理、承包人及地方政府组成的"五位一体"中,同心同德,不断创新,在确保工程质量、安全的前提下,狠抓进度,胜利实现2007年底三台机组全部发电的骄人业绩,比原计划提前半年,是四川区域同期建设拟在2007年投产的项目中唯一按期投产的项目,被誉为同级别电站安全、质量、进度及投资控制的典范。薛城水电站的实际建设工期（32个月）刷新了国内同类中型水电站的建设进度。

薛城水电站是华水监理在西南水电工程建设市场发展壮大的起点，具有里程碑意义。通过该电站的成功监理，华水监理在监理水平、人才队伍建设等方面均取得了长足发展，扩大了华水监理在西南水电建设监理市场的知名度和影响力。以薛城水电站为基点，华水监理乘势前进，不断在川黔水利水电工程建设监理招标中中标，取得了一项又一项辉煌成绩。

回顾过去，是为了不忘初心，继承优良传统，继续前进；总结经验，是为了将成功的技术和管理方式、方法发扬光大。为纪念薛城水电站投产发电十周年，参与薛城水电站的建设者们，不辞辛苦，积极收集资料撰写论文，结集出版，旨在继承和发扬在薛城水电站监理中形成的攻坚克难、开拓进取的精神，进一步凝心聚力，为公司开拓更广阔的市场，更好地完成监理任务，提供强大的精神动力。同时，通过对本工程监理工作的总结，将本工程的经验向更广大的水利水电建设及监理工作者推荐和推广，为提高我国水电建设及监理工作水平提供借鉴。

借此机会对当年建设者集著回忆深致谢意！

2018年8月

目 录

河南华北水电工程监理有限公司
二十五年山水历程

公司介绍

河南华北水电工程监理有限公司前身是河南华北水电工程监理中心，其在成立于1993年的华北水利水电学院监理中心的基础上发展而来。经水利部人劳司批准为水利部首家"监理培训单位"，并相继取得水利部颁发的"水利工程施工监理甲级、水土保持工程施工监理甲级、机电及金属结构设备制造监理乙级和水利工程建设环境保护监理资质"。公司已通过ISO9001:2008质量管理体系认证、ISO14001:2004环境管理体系认证和职业健康安全管理体系认证。

公司拥有各专业资质的各层次监理人员460余人，其中总监理工程师56人，监理工程师203人，监理员208人。受雇于本公司的所有专业监理人员，均通过培训考核后上岗，经过多年的学习和实践，积累了扎实的水利水电工程监理理论和丰富的现场管理经验，具有极强的责任担当意识，较强的组织管理能力，综合工作能力能够胜任所有监理工作需要。

公司拥有完整的勘探测量、混凝土试验、检测设备，砂石料、土工试验设备及沥青试验设备。主要配备了徕卡三维激光扫描仪、天宝无人机、天宝GPS卫星定位测量设备、探地雷达、全站仪及水准仪、核子密度仪、混凝土回弹仪等设备。同时，为开展信息管理工作，公司除拥有现场常规使用的录像、摄影设备外，还配备了先进的计算机系统工作站，已全面应用了P6项目管理软件、Project项目管理软件以及BIM应用系列软件等。

丰富的人才储备和先进的仪器设备，使公司具备承担各类水利水电工程建设监理的能力，包括供水（调水）、大坝、电站、堤防、水闸、疏浚、隧洞、泵站、渡槽、码头、涵洞、管道、道桥、房屋等工程的建设监理，以及移民安置监督评估、水土保持监理、环境保护监理、信息工程监理等，具备年承担监理额1亿元的业务能力。公司自成立以来，截至2017年12月底累计完成各类水利水电工程建设项目500余项，监理费4.5亿元。

公司拥有华北水利水电大学健全的科研人才与设备技术支持。大学现有教职工 1 700 余人,其中教授、副教授等近 600 人,讲师、工程师等近 700 人,具有硕士、博士学位者 960 多人。大学现有水利工程、岩土工程、土木工程、机械工程、动力工程、环境工程、信息工程、数学系、法学系、经济管理和外语部 11 个系 35 个专业,涵盖工、农、经、管、理、法 6 大门类学科。大学现有流体力学、水工结构、结构建材等多个省部级重点实验室。

公司与华北水利水电大学工程监理中心自 1993 年成立以来,为全国各省、直辖市、自治区的水利厅(局)和各大流域机构培训监理人员。截至 2015 年 12 月,共举办了 496 期"全国水利工程建设监理工程师培训班",培训监理人员近 10 万余人;举办了 10 期"全国水利建设总监理工程师培训班"、1 期"国际工程合同管理研讨班"、1 期"国际工程评估研讨班"、2 期"水库移民监理工程师培训班"、5 期"水利工程招标投标培训班"、1 期"水利工程建设环境监理培训班"。培训工作得到了全国水利系统的广泛好评,多次被水利部授予"全国水利建设系统先进单位"光荣称号。

公司始终坚持教学、生产、科研相结合。由本公司主持编写的《水利工程施工监理规范》(SL 288—2014)已经由中华人民共和国水利部于 2014 年 10 月 30 日发布,并于 2015 年 1 月 30 日实施。十多年来,编写全国水利工程建设监理工程师培训教材《建设监理概论》《建设项目合同管理》《建设项目投资控制》《建设项目进度控制》《建设项目质量控制》《建设项目信息管理》等十余本,主持编写了《水利工程施工监理规范》《水利水电建设监理工程师手册》《水利工程招标投标管理》等。参加编写了《水利工程建设监理合同示范文本》《水利工程建设监理"十五"发展规划》《水利工程建设项目施工监理规范》等,开发研制了"水利水电项目监理软件系统""自动计量软件系统""水利工程质量评定软件系统"等,这些系统已在相关工程中广泛应用,极大地提高了工程管理的效率和质量,深受发包人单位的好评。

公司在从事监理理论研究、全国监理工程师培训工作和工程监理任务的过程中,本着优势互补、共同发展的合作原则,与多家单位开展长期合作与咨询。目前与我公司建立长期合作关系的单位已有 20 多个,包括设计单位、监理单位、科研单位和施工单位,如小浪底工程咨询公司、葛洲坝集团公司、水利部政策发展研究中心、山西黄河水利工程咨询有限公司、三峡开发总公司等。

公司在发展过程中,聘请了 30 多位全国知名的工程技术咨询专家组成了项目专家顾问组,包括管理专家、合同专家、技术专家等。专家顾问组对工程的现场监理工作提供强大的支持,保证现场监理工作科学、合理、高效。

监理业绩

截至 2017 年 12 月,我公司已在全国水电系统承担了 500 多项各类水利水电工程建设的监理任务,主要业绩如下。

水库大坝类:"贵州省水城县观音岩水库工程"、"新疆托克逊县阿拉沟水库枢纽工程"、"河南省南阳市镇平县赵湾水库除险加固工程"、"山西省张峰水库工程"、"广东省河源市风光(横圳)水利枢纽工程"、"新疆渭干河克孜尔水库除险加固工程"、"内蒙古前夭子水库初期供水工程"、"北京市南水北调配套工程团城湖调节池工程"、"内蒙古和林格尔县前夭子水库除险加固工程"、"贵州省六枝特区阿雨水库工程"、"贵州省都匀市大河水库工程大坝枢纽工程"、"贵州省水城县板桥水库工程"、"山西省汾西县北掌水库工程"、"山西省浮山县臣南河水库工程"。

供水工程类:"广东省东江—深圳供水改造工程"、"广东省惠州大亚湾供水工程"、"新疆伊犁特克斯河恰浦其海水利枢纽工程"、"新疆引额济乌一期工程"、"昌吉州'500'水库受水区西延干渠"、"南水北调中线京石段应急供水工程(北京段)惠南庄泵站工程"、"南水北调中线京石段应急供水工程(北京段)西甘池及崇青隧洞工程"、"南水北调中线京石段应急供水工程(北京段)惠南庄—大宁段大宁调压池工程"、"山西省万家寨引黄工程 PC-CP 段工程"、"南水北调中线一期工程总干渠黄河北—羑河北段(中线建管局直管)温博段、沁河段工程"、"北京市南水北调配套工程南干渠工程监理第二标段"、"南水北调中线一期工程总干渠沙河南—黄河南(委托建管项目)潮河段建设"、"南水北调东线第一期工程胶东干线济南至引黄济青段工程明渠工程"、"贵州省六盘水市双桥水库工程泵站及输水管道工程"、"山西省小浪底引黄工程"、"山西省辛安泉供水改扩建工程"、"河南省南水北调受水区焦作供水配套工程"、"河南省南水北调受水区郑州供水配套工程"、"南水北调来水调入密云水库调蓄工程"、"湖北省鄂北地区水资源配置工程 2015 年度项目"、"宁夏大型灌区续建配套与节水改造工程"、"北京市南水北调配套工程大兴支线工程"、"新安县引故入新工程"、"沁阳市河口村水库供水工程"。

防洪堤防类:"广东省化州市城市防洪工程"、"广东省惠州大堤防护工程"、"广东省珠江河口治理工程"、"广东省潮州市韩江北整治堤城堤达标工程"、"广东省潮州市韩江南北堤达标加固工程"、"惠州市马安围平马围合围(马安围市区段)安全加固工程"、"黄河宁夏段二期防洪工程"、"信宜市平塘镇沙子河和东江河堤段防洪堤工程"。

水力电站类:"广东省肇庆市白水河高塘电站工程(与西江监理公司联合)"、"四川华电杂谷脑河薛城水电站工程"、"四川米易乌龟石水电站工程"、"四川西溪河青松水电站工程"、"河南省武当山水电站工程"、"云南省普洱市景谷县小黑江麻翁桥梯级电站工程"、"新疆精河一级电站工程"。

移民安置类:"南水北调中线一期工程总干渠陶岔—沙河南段、沙河南—黄河南段征地补偿和移民安置监理8标"、"贵州省六盘水市双桥水库工程移民监督评估及移民监理"、"河南省南水北调受水区供水配套工程征迁安置监理"、"河南省2012年度大中型水库移民后期扶持政策实施情况监测评估项目"、"河南省2013、2014年度大中型水库移民后期扶持政策实施监测评估项目"、"贵州省夹岩水利枢纽及黔西北供水工程移民安置监督评估项目"、"河南省2016年度大中型水库移民后期扶持政策实施情况监测评估项目"、"河北省张河湾抽水蓄能电站建设征地移民安置独立评估"、"河北易县抽水蓄能电站建设征地移民安置综合监理"。

河道及生态:"广东省韶关市区防洪排涝工程第二期工程第二阶段工程"、"广东省韶关市区防洪排涝旧堤加固及排污管网结合工程第一阶段工程"、"河南省巩义市石河道综合治理工程"、"甘孜州巴白路(拉纳山隧道至盖玉段)改(扩)建工程"、"惠州市马安围澳背排涝站扩容改造工程"、"惠州市潼湖围东岸泵站更新改造工程""呼和浩特市哈拉沁沟沟口至高速公路桥段河道治理工程"、"临汾市百公里汾河治理与生态修复(霍州段)工程"、"北京市南旱河防洪排水工程(一期)工程"、"北京市朝阳区2013年今冬明春中小河道治理工程(大柳树沟)工程"、"南水北调中线京石段应急供水工程(北京段)北拒马河暗渠穿河段防护加固工程"、"黄河内蒙古民族团结扬水灌区团结干渠灌域水权转让工程"、"临汾市百公里汾河治理与生态修复工程侯马市段工程"、"广东省南雄市中小河流治理工程"、"许昌市学院河饮马河连通工程"、"山西省朔州市七里河生态环境综合治理工程"、"黑龙江省黑龙江干流治理工程"、"黑龙江省松花江干流治理工程"、"黑龙江省嫩江流域胖头泡蓄滞洪区防洪工程与安全建设项目"、"北京市平谷区熊儿寨石河治理工程"、"北京市平谷区北寨石河治理工程"、"河南省沁阳市总干河城区段改造(一期)工程"、"河南省卢氏县洛河城区段综合治理工程"、"沁河重点段河道治理工程临汾段施工监理"。

其他："河南省南水北调受水区供水配套工程自动化调度与运行管理决策支持系统监理"、"河南天池抽水蓄能电站工程管理技术咨询服务项目"。

获得嘉奖

在监理工作中，我公司始终坚持"合法规范、科学严谨、诚信公正"的原则为业主提供高质量的服务，我公司参与的众多监理项目得到国家、省部级嘉奖。

广东省东江—深圳供水改造工程，荣获"2003 年度广东省科学技术特等奖"、"2004 年度中国建筑工程鲁班奖（国家优质工程）"、"2004 年度广东省优良样板工程"、"2005 年度中国詹天佑土木工程大奖"、"2006 年度中国水利工程优质（大禹）奖"、"新中国成立 60 周年 100 项经典暨精品工程"等称号；同时在该工程监理中，我公司还荣获 2001 年度、2002 年度、2003 年度"先进监理单位"，2002 年 3 月被评为"标兵监理单位"，工程完工后我公司被授予"优秀施工监理单位"。

四川华电杂谷脑河薛城电站工程，我公司及现场监理机构被评为"先进单位"、"中国华电薛城电站投产发电优秀监理部"。

南水北调中线京石段应急供水工程，我公司现场监理部先后被评为"先进集体"、"文明监理单位"、"优秀建设单位"、"2007 年度安全生产先进单位"、"08 奥运安全先进集体"、"南水北调东中线一期工程建成通水先进集体"等荣誉称号。

北京市南水北调配套工程，我公司现场监理部被评为"北京市南水北调工程建设 2010 年度安全生产先进集体"、"北京市南水北调工程建设 2011 年度安全生产先进集体"。

南水北调中线一期工程总干渠温博段工程，荣获"2009 年度南水北调工程建设质量管理先进集体"、"2010 年度南水北调中线干线工程优秀建设单位"、"2010 年度南水北调工程建设安全生产管理优秀单位"、"2011 年度南水北调中线干线工程安全生产管理单位"，其中沁河倒虹吸工程荣获"2014～2015 年度河南省工程建设优质工程"，并获得了"2015 年度中国水利工程优质（大禹）奖"。

黑龙江省三江治理工程建设，我公司荣获中共黑龙江省委办公厅和黑龙江省人民政府办公厅联合颁发的"黑龙江省水利建设先进集体"。

中国华电集团十五年来的光辉业绩

何有源　白　鹏

(河南华北水电工程监理有限公司,四川华电杂谷脑水电开发有限责任公司)

中华人民共和国成立以来,国家电力一直延读"建""发""输电网""供"一体化的国有管理模式,先后由水利部、水利电力部、电力工业部、国家电力公司全权管理。地方省、市、县相应成立电力厅局实行分级负责制。

发电站建设由国家下达计划和投资,按水电和火电分别下达计划给水电总局和火电总局组织建设。电站建成投产后整体移交给地方电力局,电力局接收资产并组建电厂负责运行。

1983年3月,水利电力部为建设云南省黄泥河鲁布革水电站(总装机60万kW),成立部属鲁布革工程建设管理局,行使建设业主职责,使用世界银行贷款、接受澳大利亚SMEC和挪威AGN咨询公司进行商务咨询、采用FIDIC国际工程招标文本对引水工程进行公开国际招标。日本大成株式会社中标建设,推行了项目法施工管理模式,以低于国内当时价格和先进施工工艺取得了保质保进度的成绩。1985年时任国务院副总理李鹏亲临现场视察调研,回京之后召开一系列会议,响亮提出"鲁布革冲击",开始了建设体制大刀阔斧的改革浪潮。

2002年8月20日,国家电力公司根据国务院国发〔2002〕5号文件精神和国务院批准《国家计委关于电力体制改革实施方案的请示》(计基础〔2002〕1013号)等文件要求,以国电办〔2002〕566号上报《发电资重组划分方案》的函,开启了"厂网分开"之路。

一、划分方案的原则意见

(1)发电企业重组,五大发电集团公司为中国华能集团公司、中国电力投资集团公司、中国大唐集团公司、中国华电集团公司、中国龙源集团公司(国电集团)。

(2)国家电力公司发电资产可控总容量为20 221.91万kW(含在建项

目），权益容量为 13 741.37 万 kW。在可控容量中，水电 4 810.25 万 kW，火电 15 282.80 万 kW，核电 114.88 万 kW，风电 13.50 万 kW。

（3）为有利电网安全稳定，将抽水蓄能电站和大区域应急调峰电厂（约占总容量 10%）交由电网管控。

（4）各发电集团公司资产规模、质量和区域分布基本保持平衡。

二、中国华电集团公司的壮大和发展

风雨十五年，创业创新，构建发电、煤炭、金融、工程技术"四位一体"的产业格局。做强增量、做优存量、相互支持、协同发展、整体推进。仅仅十年，中国华电就成为全球能源领域的知名品牌，进入世界 500 强，跃居第 389 位。

华电集团在国家改革开放的大好形势下，图谋发展，一往无前，在首任总裁贺恭和集团团队的带领下，开拓大西南、改善资产结构、优化资产配置，短短 15 年间由原划调可控容量 3 109.02 万 kW、权益容量 2 091.53 万 kW，发展到 2017 年底具有可控容量 14 827 万 kW 和权益容量 10 082 万 kW。胜利实现资产容量增容分别达到 3.8 倍和 4.82 倍。

（1）华电集团在水电资源丰富的地域着力打造的水电基地已见成效。拥有我国第一家流域水电开发公司——乌江水电，已建成乌江干流贵州境内洪家渡、东风、索风营、乌江渡、构皮滩、思林、沙沱 7 个梯级水电站，总装机 869.5 万 kW。拥有福建省最大的水电发电企业，下辖水电企业 18 家，装机容量 244.8 万 kW，水电站遍布福建各大水系，拥有福建省第一座大型水电站——古田溪水电厂，福建省第二大水电厂、国家重点工程——棉花滩水电厂。正在开发建设金沙江上游川藏段岗托、岩比、波罗、叶巴滩、拉哇、巴塘、苏洼龙、昌波共 8 级电站，装机容量 965.5 万 kW，正在规划怒江流域"两库十三级"电站，总装机 2 132 万 kW，已建成金沙江中游梨园、阿海、鲁地拉梯级电站，总装机容量 648 万 kW。

（2）雅鲁藏布江、怒江和金沙江满载巨大水能自北向南奔腾而下。金沙江是长江上游，分为上、中、下游河段。上游起始于雪域高原，自北向南直泻云南省丽江市石鼓，规划中有日晃、拖顶两座电站。天然造物，金沙江在虎跳峡急改为从南到北进入中游河段，规划中布置有 4 个水电站，它们分别是虎跳峡（280 万 kW）、两家人（400 万 kW）、梨园（228 万 kW）、阿海（210 万 kW）。金沙江以迅猛之势劈山开路，急转向南而上，民营水电企业家汉能公司李河君在世纪轮回之际抢占先机，借金沙江转为自西东流之势兴建金安桥电站(250万kW),且眼盯金沙江中游的其他三个电站(装机180万kW的龙开口、210万kW的鲁地拉和300万kW的观音岩),于2003年进点筹建观音岩电站,以上下夹攻之势志夺940万kW装机的开发权。

(3)华电集团审时度势,从资产优化配置入手,争取到区域资产布局相对集中政策支持,为主构建金沙江中游股份开发、金沙江上游开发以及怒江开发。金沙江中游一库八级中,上端一库四级(1 100万kW)由华电集团开发,金安桥由汉能公司为主开发,龙开口由华能集团为主开发,鲁地拉由华电集团为主开发,观音岩由大唐集团为主开发。

(4)华电集团入川开发,稳扎稳打,加快杂谷脑流域水电开发,2004~2005年间,狮子坪(19.5万kW)、薛城(13.8万kW)、古城电站(18万kW)相继开工。在薛城电站建设中,业主匠心营造由业主、设计、监理、承包商及地方政府组成的"五位一体"共同攻坚克难,在确保工程质量、安全的前提下,狠抓进度,建立奖励机制,胜利实现2007年底三台机组全部投产的目标。该建设工期(32个月)刷新了国内中型水电站的建设进度,薛城电站成为当时四川区域同期建设拟在2007年投产的9个项目中唯一按期投产的项目。薛城电站发电引发了杂谷脑小流域发电量井喷,狮子坪、古城电站相继投产发电。

华北水电工程监理有限公司有幸承担薛城电站监理任务,监理工作中,在业主为抢工而设立专项工作小组中授予总监理工程师以副组长位置,激励着参建各方都努力以主人翁姿态投入工作,把薛城电站的建成作为共同的目标、共同的任务、共同的责任和共同的荣耀。

(5)2008年,华电集团响亮提出了"四种理念"和"四个更加重视"的口号,坚持树立价值思维理念、树立产业链理念、树立有所为有所不为理念、树立统筹与优先理念。在工作推进中,更加重视经济效益、更加重视结构调整、更加重视改革创新、更加重视风险防范。

(6)2009年,华电集团以学习实践科学发展观活动为契机,开展"跳出华电看华电、科学发展上水平"的思想大讨论,全公司上下宣传贯彻价值思维理念,掀起了思想再解放、观念再更新、认识再提高的热潮。

(7)2010年,华电集团在价值思维的基础上,提出了可持续创造价值的理念。明确公司发展要立足增强可成长性,确保实现长远可持续发展;立足国内国际宏观经济转型的环境,把控战略转型的机遇;立足员工福祉,提升幸福指数。

(8)2011年,华电集团制定了《"十二五"战略规划》,提出着力打造"价值华电、绿色华电、创新华电、幸福华电"。

(9)2012年,华电集团按国资委统一部署,"做强做优中央企业,培育具有国际竞争力的世界一流企业",在发展理念、发展途径、发展目标上布局部署,引领华电基业长青,科学发展。

(10)2013年,华电集团提出"价值主导、四项重点、四个华电、一流企业"。以华电旗帜为引领,以"双提升""创一流"为总抓手,进一步深化改革创新、加快结构调整、提升盈利水平,全力推进公司可持续发展。

(11)2014年,华电集团号召华电旗下各业"砥砺奋进,攻坚克难",以创造价值为使命,以可持续发展为主题,以转型升级为主线,以全面深化改革为动力,坚持发电为主体,煤炭、金融、工程技术等产业协同发展,坚持区域布局差异化、产业发展集约化、企业经营最优化,坚持做优主体产业、做强优势产业、做好新兴产业,加快调结构、优布局、补短板、上水平,全面提升发展质量、经营效益和企业形象,建设"价值华电、创新华电、绿色华电、阳光华电、幸福华电",进入华电成立以来的最好时期。

(12)2015年,华电集团秉承"承前启后,加快改革发展,适应新常态、谋划新思路、开创新局面",把在岁月沉淀中凝结出来的智慧精华,再一次写入历史。提出2020年的愿景目标,全面完成"1181""三个翻番"战略,公司综合实力达到国际一流水平,建成市场化、现代化、国际化的世界一流能源集团。

(13)2016年华电集团以旗帜引领方向,旗帜承载梦想。在"提质增效,全面推行精益管理"的口号声中,不断提升企业经营绩效,品牌价值已开始享誉全球,跃居"世界五百强"。

经过15年来的发展,华电集团从单一发电公司发展为综合能源集团,从国内市场走向国际舞台,从行业追赶者成长为行业超越者,步入良性发展的轨道。华电集团走过的光辉历程,是把建设中国特色社会主义、科学发展观与公司实际工作相结合,探索华电在新时代中不断发展的新篇章。

第一篇 杂谷脑河流域规划和薛城水电站建设

第一章 杂谷脑河流域水电的开发与保护规划

段乐斋

(中国水电顾问集团成都勘测设计研究院)

1 流域概况及其特征

1.1 流域概况

杂谷脑河是岷江上游右岸一级支流,发源于鹧鸪山南麓,从海拔4 200 m处自西北向东南奔流而下,流经米亚罗,在二道桥处梭罗沟从右岸汇入,过朴头乡后又向东北流经理县,在薛城镇孟屯沟从左岸注入后向东流,于汶川市威州镇汇入岷江。流域内较大支流自上而下依次有十八拐沟、米亚罗沟、黄土梁沟、九架棚沟、梭罗沟及孟屯沟等。干流全长168 km,流域面积4 632 km²,河道平均坡降18.4‰,其中理县以上河长113 km,平均比降23‰。

流域地处青藏高原东部边缘地带,历经强烈褶皱,形成高山峡谷。域内山峦起伏,山势陡峻,河谷深切,相对高差大,水流湍急。因属褶皱构造,受地壳活动和各种地质作用,岩层破碎,岸坡稳定性差,易发生滑坡、泥石流。

流域内森林资源丰富,但一度砍伐过量,导致水土流失严重,环保问题突出。流域内有天然海子90余处,最大的是沙坝小沟的后海子,水面面积0.68

km^2。丰富的森林资源,众多的天然海子,对径流起着天然的调节作用。

1.2 流域特征

317 国道贯穿整个流域,途经汉川、理县,在汉川与 213 国道相接,经漩口、都江堰市直通成都,从成都至都江堰市有成灌铁路相通,对外交通十分方便。

理县—米亚罗为红叶温泉风景区,属省级风景区。理县以上 10~86 km 的 76 km 河谷崖险峰奇,山势峻峭,秋冬之季,谷中红叶燃壁,或倒挂,或傲立,各显风韵,森林植被覆盖良好;理县以下河谷地段森林多被采伐,河谷两岸及高坡地段,大部分被垦殖,植被较差,但河道岸边峡谷之中,果树林立,有苹果树、核桃树、梨树等,春夏季节,果花、菜花盛开,再有山上的野花相衬,其香其景,美不胜收。

流域内有藏、羌民族居住,著名的羌寨风情,已成为旅游观光之地,其房屋布局,不但有研究我国历史的作用,而且对于战略的研究,特别是游击战的战术有参考价值。

流域内,其景其情,都具有独有的特征。

2 河流规划及其开发情况

杂谷脑河干流全长 168 km,天然落差 3 092 m,河道平均坡降为 18.4‰,属典型的山区性河流。根据《四川省杂谷脑河干流(芦干桥至下庄河段)水电规划报告》,该河芦干桥至下庄河段采用一库七级开发,开发任务为发电。梯级电站自上而下为狮子坪、红叶二级、理县、危关、甘堡、薛城及古城水电站。其中理县、甘堡水电站已经建成,红叶二级在本年三季度即可投入运行。河段末端在汉川市境内有两个梯级电站,即下庄(已建成)和桑坪,全流域共为一库九个梯级电站。

杂谷脑河是成都市周边地区中具有水电开发优势的中型河流之一,主要特点是河段落差大,水力资源富集,径流丰沛且年际间较稳定。丰水年平均流量为 77.2 m^3/s,最枯水年平均流量为 63.3 m^3/s,与多年平均流量的比值分别为 1.2 和 0.8。该河流地理位置适中,交通方便,距负荷中心较近,距成都直线距离仅约 150 km,河流任务单一,建设条件好,并且淹没损失小。

3 开发水电及其必要性

四川省能源资源的特点是煤少、油缺、气不足,唯水电资源得天独厚,是四川能源的最大优势。优先大力开发水电,实现四川电力供需平衡后并形成"西电东送"格局,是四川省能源建设乃至振兴地方经济的最有效途径。

四川省电力主网目前存在的主要问题之一是网内电源结构不合理,调节能力差,为了充分利用能源资源和保证电网安全运行,需要进行优化和调整。在水电装机容量中,具有良好调节性能的水电站十分有限,达到季度及以上调节能力的水电站仅占37%左右。电站多为径流式电站,丰枯期出力相差较大,丰水期电力富余,枯水期出力严重不足,迫切需要开发具有调节性能的水电站。

四川省目前的用电水平较低,随着国家向中西部倾斜的经济政策逐步实施和人民生活水平的不断提高,四川的国民经济和电力负荷将出现较大的增长。根据《四川省电力行业"十五"规划》(2000年8月)对四川省未来电力需求的预测:考虑水电目前在建及已批准项目建议书的项目,2010年四川电网将新增水电装机容量2 300 MW,2010年前将新增煤电及燃机共约1 800 MW。按计划2001~2010年四川省关停、退役的火电机组总容量约为1 800 MW,与新增火电基本抵消。2010年四川省电源装机规模约达18 500 MW。初步电力电量平衡分析结果表明,如果不再新建其他电源项目,并考虑维持一定的备用及外送容量,高负荷水平条件下2010年四川电网缺电力7 000~9 000 MW,中负荷水平条件下缺电力5 200~9 200 MW,低负荷水平条件下缺电力2 000~4 000 MW,因此四川在"十五"期间还应开工建设新的电源项目,确保经济发展对电力的需求。

阿坝州是一个以藏、羌为主的多民族聚居的少数民族自治州,是四川省著名的"老少边穷"地区,在《四川省国民经济和社会发展"十五"计划和2010年远景目标纲要》中,确定阿坝州要加快水能和矿产资源的开发,积极发展高耗能工业。长期以来,阿坝州经济主要依托森林工业,中华人民共和国成立至今累计伐木量超过5 000万 m^3,森林资源遭到严重破坏,水土大量流失。为保护长江中上游生态环境,综合治理长江水患,根据有关规定,该州的"木头财政"已不复存在,每年减少1亿元的木材及相关产业收入。因此,开发州内水能资源,同时促进矿产资源的开发,是实现和推动该少数民族地区经济持续发展的重要保证。

综上所述,从地方经济发展需要与杂谷脑河的优越条件看,开发杂谷脑河十分必要。规划中的杂谷脑河龙头水库具有不完全的年调节作用,而理县、薛城和古城梯级电站都有日调节性能。因此,尽快开发杂谷脑河流域的水电,对四川电网提供一定的优质电量,保证安全运行,促进阿坝州经济的发展,确保少数民族地区稳定,实现民族团结、国家安定具有重要的作用。

4 一个流域一个公司,有利于统筹规划、滚动开发

为了促进杂谷脑河流域水电开发,适应市场规律,完善四川电源和电网结构,根据四川省制定的"大力发展具有调节能力的水电,鼓励流域、梯级、滚动开发,控制径流式水电的规定"和《电力法》中,"电力事业投资实行谁投资、谁收益的原则",1997 年 12 月,四川省政府发布了《四川省流域梯级水电站间水库调节效益偿付管理办法》,其中规定,"对具有大库容、高调节补偿能力的水电站,利用径流调节,给邻近的梯级水电站带来的调节效益,以按比例分成的方式,将大部分返回给该调节水电站,保障其投资者获得合理的投资收益,借以引导投资者优先兴建调节性能好的大型水电站或者流域梯级滚动开发的龙头水电站,保证水能资源的有效、合理利用。"国家计委正式批准的《四川省电网丰枯、峰谷电价暂行规定》提出,在电价总水平不变、总体上不增加用户负担的前提下,对装机容量在 2 000 kW 及以上的水电站,划分了每年的丰枯季节和每天的峰谷时段,分别采用不同的上网电价。在一年里,平水期执行基准电价,丰水期下浮 25%,枯水期上浮 50%,同样在一天内,平段执行基准电价,高峰时段上浮 33.5%,低谷时段下浮 50%,借以鼓励投资者修建具有调节能力的水电站,同时也可调动发电企业枯水季节和用电高峰时段发电的积极性。

杂谷脑河流域覆盖层较深,一般都在 40~80 m,修建一座高百米以上的拦河建筑物,则基础防渗处理亦得在百米以上,因此修建一座有调节性能的水电站比修建一座径流式引水水电站的投资要大得多,据不完全统计,一般要大 1/3~1/2。如本流域龙头水电站单位千瓦造价接近 1 万元,而下游的红叶二级水电站单位千瓦投资仅为龙头水电站的 1/2,而工期为 1/3。由此看来,如龙头水库和下游梯级电站分属两家管理,虽然国家对受益有分摊的规定,但扯皮事会很多,从而影响投资者对龙头水库投资的积极性。为此,笔者建议杂谷脑流域由一个公司进行开发是比较合适的。据此,应妥善解决理县、甘堡两个电站的主管问题,同时应注意桑坪水电站不能再按理县、甘堡电站的办法处理,以保证龙头水库、薛城和古城水电站的顺利开发。根据上列文件的规定,一个流域一个公司,也有利于统筹规划、滚动开发。

5 流域开发应重视环保和水土保持

流域上有四川省省级风景名胜区——红叶温泉自然保护区,下有藏、羌族居住的文化遗址,即民族风景区。317 国道贯穿整个流域,它不但是四川

省对外的交通干线之一,也是直达风景区的交通要道,故在流域开发中应重视环境保护和水土保持。

按原来的流域开发方案,公路改道、场内交通、坝区及厂区岸坡(特别是高边坡)开挖、多个施工单位众多人员的活动等,都将严重破坏环境和水土保持,对流域自然环境、水土保持产生一定的不利影响。虽然这些不利影响可采取适当措施得到减免,但施工期对旅游业的影响、对环境的影响以及造成的水土流失,有些却难以恢复。为此,笔者建议:

(1)采用地下厂房,尽量保持厂区自然状况;

(2)采用气垫式调压井,取消引水道支洞、场内交通道路的设施;

(3)采用掘进机开挖,加快施工进度,减少施工人员活动对自然的污染。

按照环境保护法的有关规定,积极贯彻执行"三同时"(建设项目对环境造成损害和污染时,必须与主体工程同时设计、同时施工、同时投产使用),因此应积极开展杂谷脑河流域环境保护及水土保持规划,力争做到"三同时"。应尽快使杂谷脑河流域的水电成为阿坝州的支柱产业,同时亦成为阿坝州旅游支柱产业,为地方脱贫致富发挥作用。对于这样大的综合性规划,也只能由一个公司才能实现。

6 结束语

杂谷脑河流域水电开发要整体考虑、综合治理;尽快地将杂谷脑河建设成为阿坝州的水电、旅游支柱产业,为地方经济,为藏、羌民族脱贫致富,为解决四川电网调峰用电做出贡献。

第二章 薛城水电站建设概况

薛城水电站位于四川省阿坝藏族羌族自治州理县境内的杂谷脑河上，是杂谷脑河的"一库七级"开发规划中的第六个梯级电站。电站工程的任务是发电，电站装机容量138 MW，多年平均发电量6.492亿kW·h。电站水库正常蓄水位1 711.00 m，相应库容136万m^3，汛期排沙运行水位1 704 m，相应库容53万m^3，调节库容83万m^3，具有日调节能力。项目总投资9.8亿元。

薛城电站采用引水式开发，主要建筑物包括闸坝、一孔冲沙闸、一孔排污扎、三孔泄洪闸、左岸挡水坝。闸顶高程1 711 m，闸基置于河床含漂沙砾沙砾石层上，最大闸高24.0 m，闸线总长116.87 m，为混凝土重力坝。正常蓄水位1 709.50 m，汛期运行水位1 704 m。枢纽各建筑物均为混凝土结构，闸坝基础防渗采用悬挂式混凝土防渗墙，两岸坝肩采用帷幕灌浆防止绕坝渗漏。

右岸取水口为直立岸塔式，采用"正向泄洪排沙，侧向取水"的布置形式。取水口上游右侧布置扶壁式弧形导墙平顺水流，并与岸坡相连接。取水口为两孔，开敞式，顶高程为1 711 m，单孔净宽10.0 m，孔口内设置一道工作拦污栅及机械清污系统；进水闸为胸墙式，地板高程1 690.0 m，设有一道工作闸门。取水口与进水闸间为长15.0 m的明渠渐变段，底坡1:3，宽度由22.5 m经弧形断面缩窄至7.4 m；进水闸至引水隧洞进口为长24.0 m的混凝土埋管段。

冲沙闸、排污闸、泄洪闸布置在主河床，冲沙闸一孔，紧邻取水口，孔口尺寸2.5 m×4 m(宽×高)；紧靠冲沙闸设置一孔开敞式排污闸，与冲沙闸及$1^{\#}$泄洪闸为同一闸段，孔口尺寸2.5 m×5.5 m(宽×高)，堰顶高程1 704.0 m。排污闸左侧为3孔泄洪闸，孔口尺寸5 m×5 m(宽×高)，其中$2^{\#}$、$3^{\#}$泄洪闸为同一闸段。冲沙闸和泄洪闸底板高程均为1 691 m，闸室长30.0 m，闸前设置15.0 m长钢筋混凝土铺盖。闸下游混凝土护坦长45.0 m，厚2.5 m，其后接30.0 m长的钢筋混凝土柔性海漫。冲沙闸设弧形工作闸门和平板检修闸门各一扇；三孔泄洪闸每孔各设一扇弧形工作闸门，共用一扇平板检修闸门；排污闸设一扇平板工作闸门。

在冲沙闸和排污闸之间的上游设置一道束水墙,长40.0 m,迎水面倾斜设置,墙顶高程1 704.0 m。

引水发电系统由引水建筑物由引水隧洞、调压室、压力管道组成。引水隧洞长约15.174 km,马蹄形断面,开挖底宽6.8 m,高8.4 m,顶拱半径4.1 m,采用喷混凝土和混凝土衬砌支护。围岩总体以Ⅲ类为主,约占52%,其次为Ⅳ类,约占37%,Ⅱ类、Ⅴ类分别为5%、6%,Ⅱ类、Ⅲ类围岩衬护后断面仍为马蹄形,Ⅱ类采用喷混凝土支护,喷层厚10 cm,Ⅲ类围岩边顶采用挂网锚喷支护,喷层厚12 cm,锚杆φ25@2.0 m,$L=5.0$ m;Ⅱ类、Ⅲ类围岩底板采用素混凝土,厚30 cm;Ⅳ、Ⅴ类围岩采用钢筋混凝土衬砌,衬砌后断面为直径7.4 m的圆形。

调压井为阻挠式,圆形内径14 m,高98.6 m;压力管道为地下斜管布置形式,内径5.2 m,主管总长345.98 m,支管总长142.40 m。布置3台机组,水轮机装机高程1 545.00 m,发电机层高程1 554.00 m。

压力管道采用联合供水方式,为地下斜管布置,主管总长度345.98 m,管径5.20 m,支管总长度142.40 m。

厂房厂区枢纽由主厂房、副厂房、主变、尾水渠、进厂公路及回车场等建筑物组成。主厂房为地面式厂房,装机3台,总装机容138 MW。

本工程引水隧洞工程于2005年4月15日正式开工,2007年7月27日全线贯通,当年11月30日前完成衬砌,2007年12月10日7个支洞全部封堵完成并具备通水条件,2007年12月15日完成充水。

2005年9月15日首部枢纽开工,同年12月12日成功实现一枯截流,2007年11月25日下闸蓄水通过验收。

厂房工程2005年9月27日开工,2007年11月30日土建工程全部完成;机组安装2006年4月25日开始,首台机组2007年12月15日进入动态调试,第三台机组于12月29日凌晨03:00完成72 h运行,3台机组全部实现并网发电。

薛城水电站准备工程中曾受到多种施工干扰,但实际发电时间比计划工期提前半年,实现了薛城电站2007年底3台机组全部发电的骄人业绩,被誉为同级别电站安全、质量、进度及投资控制的典范。

第二篇　薛城水电站建设综述

第一章　薛城电站工程建设回顾

白　鹏

（四川华电杂谷脑水电开发有限责任公司）

1　建设管理综述

　　薛城水电站是杂谷脑河上继红叶二级电站之后建成投产的第二座电站,建设期间我们在华电集团公司、四川公司的坚强领导下,继承发扬了红叶二级电站建设优良传统,经过参建各方的艰苦努力,克服了围岩地质差、物价上涨、建设环境差、征地移民难度大、地质灾害等困难,实现了提前投产的目标,并再次刷新了同类型电站建设进度记录,薛城水电站投产后又经历了2008年"5·12"汶川大地震的考验,工程质量可靠。

　　薛城水电站建设初期,由于临时交通和施工征地、渣场布置等诸多原因,在与承包人就合同价款结算方面存在较多争议,造成薛城水电站完工结算工作久拖未决,经参建各方的共同努力和组成专家逐一评审,历时数月最终形成统一共识,完成完工结算。回顾薛城水电站建设中的情况和涉及的主要问题,完工结算中的客观处置,认为经验可鉴。

1.1　工程概况

　　薛城水电站位于阿坝藏族羌族自治州理县境内的杂谷脑河流域梯级规划"一库七级"方案第六级,电站为引水式开发,正常蓄水位1 709.5 m,调节库容 62.3 万 m³,总库容 114.8 万 m³,引水隧洞长 15.174 km,设计引用流量 113.19 m³/s,装机容量 138 MW(3 × 46 MW),多年平均发电量 6.492 亿 kW·h。

本工程由首部枢纽、引水隧洞、调压室、压力管道及主副厂房、GIS 楼、尾水渠等建筑物组成。首部枢纽包括取水口、排污闸、冲沙闸、泄洪闸、左岸挡水坝。引水隧洞全长 15 174.415 m,开挖断面为平底马蹄形断面,底宽 6.8 m,高 8.4 m,顶拱半径 4.1 m,断面面积 59.97 m²。Ⅱ、Ⅲ类围岩边顶拱喷锚衬护,底板为素混凝土,衬护后断面亦为平底马蹄形;Ⅳ类围岩偏好洞段采用加强型锚喷衬护;Ⅳ类围岩偏差洞段和Ⅴ类围岩洞段采用钢筋混凝土衬砌,衬砌后断面为圆形或平底马蹄形。其中Ⅳ类围岩衬砌厚 0.4 m,Ⅴ类围岩衬砌厚 0.5 m。

主要工程量:土石方明挖:18.2 万 m³,石方洞挖 98.18 万 m³,土石填筑 18.1 万 m³,混凝土 28.2 万 m³,钢筋 1.4 万 t,金属结构安装 1 670 t,固结灌浆 1.6 万 m,回填灌浆 6.3 万 m²。

1.2 建设情况

1.2.1 项目审批、核准

2004 年 7 月 7 日薛城水电站可行性研究通过四川省发展和改革委员会审查(川发改能源〔2004〕382 号)。

2005 年 1 月 10 日薛城水电站初设报告获得四川省发展和改革委员会批复(川发改能源〔2005〕13 号),经核定工程总投资(含水库补偿)为 99 928 万元,以 2004 年四季度作为本工程价格水平年。施工总工期 39 个月,从准备工程开工至第一、二台机组发电工期为 36 个月,完建工期 3 个月。

2005 年 2 月 5 日薛城水电站取得了四川省发展和改革委员会项目核准的批复(川发改能源〔2005〕60 号)。

1.2.2 工程招标

1.2.2.1 标段划分

本工程主体监理及建安工程施工主要分为 10 个合同段,分别为主体工程施工监理标(1 个标段)、主体建安工程分为闸坝(1 个标段)、引水隧洞(6 个标段)、厂房及压力管道(1 个标段)、机电设备安装工程(1 个标段)。

1.2.2.2 招标方式及招标文件编制

招标均采用邀请招标的方式。

招标文件由中国水电顾问集团成都勘测设计研究院编制,主要采用了《水利水电工程施工合同和招标文件示范文本》(GF - 2000 - 0208),但对

《施工合同技术条款》每章的计量与支付条款做了修改,合同专用条款对通用条款部分进行了修改,在合同谈判过程中还用补充协议进行特别约定。

1.2.2.3　招标文件中发包人提供条件

发包人负责征地移民及地方关系协调;发包人提供在 317 国道沿线距支洞洞口 500 m 以内 35 kV 施工供电接线点,在高压侧计量收费;发包人定价供应工程所需砂石骨料、水泥、钢材。

1.2.2.4　招标工作

主体建安工程招标分为三批次,分别为:2004 年 12 月进行监理招标,2005 年 1 月进行引水隧洞工程施工招标,2005 年 7 月进行闸坝、厂房枢纽招标。

1.2.3　合同签订

2005 年 1 月签订了主体工程施工监理合同,2005 年 3 月签订了引水隧洞工程施工合同,2005 年 8 月签订了闸坝、厂房枢纽施工合同。

(1)主要建安施工合同及其工期情况统计如表 1 所示。

表 1　主要建安施工合同及其工期情况统计

施工标段	编号	主要内容	合同总价（万元）	合同工期（年-月-日）	工程延期（天）	实际工期（年-月-日）
闸首	C I	首部枢纽及引水隧洞（0 -、-0 +100）	6 605	2005-09-01 ~ 2007-08-31		2005-09-01 ~ 2007-11-30
引水隧洞	C II	引水隧洞（0 +100 ~ 2 +687）	4 949	2005-02-28 ~ 2007-06-30		2005-04-15 ~ 2007-12-14
	C III	引水隧洞（2 +687 ~ 5 +685）	5 859	2005-02-28 ~ 2007-06-30		2005-04-15 ~ 2007-12-12
	C IV	引水隧洞（5 +685 ~ 8 +008）	4 001	2005-02-28 ~ 2007-06-30		2005-04-15 ~ 2007-10-20
	C V	引水隧洞（8 +008 ~ 10 +153）	3 770	2005-02-28 ~ 2007-06-30		2005-04-15 ~ 2007-11-30
	C VI	引水隧洞（10 +153 ~ 13 +000）	3 553	2005-02-28 ~ 2007-06-30		2005-04-15 ~ 2007-12-10
	C VII	引水隧洞、压井工程（13 +000 ~ 15 +174）	3 596	2005-02-28 ~ 2007-06-30		2005-04-15 ~ 2007-12-10
厂房	C VIII	压力管道及厂区枢纽工程	6 906	2005-09-01 ~ 2007-11-30		2005-09-10 ~ 2007-12-10
机电安装	M3	机电设备安装工程	963	2006-01-15 ~ 2007-11-30		2006-02-10 ~ 2007-12-29

（2）主要项目合同价格,如表 2 所示。

表 2　薛城电站引水隧洞标段洞挖及混凝土单价统计

名称		单位	CⅡ	CⅢ	CⅣ	CⅤ	CⅥ	CⅦ	备注
洞挖	Ⅱ、Ⅲ类	元/m³	81.39	99.05	87.62	68.55	84.52	73.50	
	Ⅳ类	元/m³	82.60	101.97	94.46	77.72	95.35	108.87	
	Ⅴ类	元/m³	116.34	111.21	190.95	85.50	179.99	256.14	
隧洞混凝土 C20(二)		元/m³	362.89	294.38	314.30	380.30	319.55	392.36	

注:业主供应材料基价(水泥、钢材由业主供应至承包人工地主仓库,施工用电由业主提供距支洞口 500 m 以内 35 kV 接线点;砂石料在甲方砂石料场提供)。基价为:水泥(P. O32.5、P. O42.5)450 元/t;钢材(钢筋、钢板、型钢):4 200 元/t;施工用电:0.25 元/(kW·h);砂:30元/m³;碎石:25 元/m³。其余材料均由承包人自购)。

1.2.4　参建单位

工程设计单位:中国水电顾问集团成都勘测设计研究院。

工程监理单位:河南华北水电工程监理中心。

工程施工单位:中水十五局、中水三局、中水二局、中铁十六局、中铁二局、中铁十五局、安蓉建设总公司、葛洲坝集团公司、中水十局。

1.2.5　施工进度

2005 年 4 月 15 日引水隧洞工程开工,2005 年 9 月闸坝、厂房及压力管道工程开工, 2005 年 12 月 12 日截流,实现分期导流;2007 年 7 月 27 日引水隧洞贯通,2007 年 12 月底机组全部投产,总工期 32 个月。综合考虑施工过程中由于征地拆迁、窝工、停电、围岩变差、异常涌水以及地质灾害等因素造成的工期延误,薛城电站实际提前了 7 个月投产,创造了同类型电站施工总工期最短、9 d 连续投产 3 台机组的记录。

1.3　建设过程中遇到的主要问题以及解决办法

（1）薛城电站建设过程中我们主要遇到了以下几个问题:

一是移民征地工作整体滞后对工期造成严重影响。虽然薛城电站引水隧洞合同开工日期为 2005 年 2 月 28 日,监理发布开工令的开工日期为 2005 年 4 月 15 日,但实际上受阿坝州藏羌山区建设环境复杂等因素的影响,移民征地工作是在承包人 3 月初进场后才开始的,而且移民征地工作进展极其缓慢,经常出现阻工现象。如由中铁二局施工的 CⅤ标因施工道路涉及房屋拆迁、墓地迁建等影响直到 2005 年 9 月才进入支洞施工,直接影响工期达

4个月之久;由中水十五局施工的首部枢纽工程,由于征地移民难度较大,原计划2005年11月1日截流延至12月12日,同时由于在基坑开挖过程中遇到沙质地层,换填处理难度加大,导致闸坝工期滞后20多天。必须在"一帖"剩余的3个半月时间内完成原计划5个半月的工程任务,即2006年4月25日前实现一期工程达到度汛面貌,否则工期将推迟1年之久。

二是不良地质条件以及隧洞异常涌水影响直线工期约4个月。薛城电站引水隧洞岩性以千枚岩为主,夹变质砂岩等;千枚岩裂隙发育、容易崩塌。尤其是IV类、V类围岩洞段占总长的59%,且多集中在单头工作面,加大了施工难度。如CVI标段连续100多米V类围岩,造成4次严重塌方(塌方量约3 000 m³);CII标开挖过程中隧洞洞内涌水异常严重,达350 m³/h。

三是地质灾害延误工期约3个月。薛城电站地处高山峡谷,地质灾害频繁。2005年7月2日,引水隧洞的CVI标段遭受重大泥石流自然灾害袭击,造成施工设备和临建施工设施全部被毁,导致该标段工期延误约3个月。

四是施工电源投运滞后3.5个月以及频繁停电延误工期约1个月。薛城电站施工供电原计划2005年6月15日投入使用,但由于外界干扰,直到2005年9月27日才正式投入使用;同时主线路投运至工程完工多次停电,造成单个标段电源缺供时间累计达710 h。

五是承包人低价竞标、资源投入不足。薛城电站引水隧洞总长约15 km,招标时划分为6个标段;由于标段较小,投标人相互压价、低价竞标,中标后又不愿按照投标承诺投入大型施工设备和技术人员,给工程的进度控制带来一定的风险,尤其在后期隧洞混凝土衬砌阶段体现得最为突出。

六是在施工过程中,由于合同边界条件变化较大,而且合同条款规定较为具体,致使合同执行起来极其困难,甚至导致局部停工现象。

(2)针对上述问题,我公司主要采取了以下措施来确保薛城电站2007年年内全部机组投产。

一是领导重视关怀,建设激情高昂。薛城电站自开工以来,受到了中国华电集团公司、华电四川公司各级领导的高度重视。以总经理为首的公司领导班子也对薛城电站的建设及投产目标高度重视,针对薛城电站的投产制定了专门的工作手册,并长期驻扎工地现场,亲临工作面督促施工。在机组调试过程中,朱荣华总经理现场全程陪同工作人员调试机组。领导的高度重视关怀,让薛城电站建设激情高昂,为"三投"目标的实现提供了强大的精神支撑。

二是施工组织周密,基建有条不紊。公司克服了多种影响工程建设的困难,以严密有序的施工组织,保证了工程建设目标的实现。尤其在电站建设后期,工作量繁重,施工难度大,公司群策群力,以有效的组织、技术措施,确保了工程建设有条不紊地进行。

三是指定部门牵头,解决合同问题。如前所述,由于种种原因薛城合同条款尤其是补充协议的相关约定导致现场难以对施工过程中出现的问题进行处理,为确保发电目标的实现,公司曾于2007年6月和9月两次组织合同、工程、物资、财务等相关部门,驻扎薛城现场,逐标段解决合同及资金问题,效果显著。

四是加强现场协调,及时发现并解决问题。适时督促监理单位严格审查承包人提交的施工进度计划、定期检查实际进度,动态调整和监控变更的进度计划,适时采取优化施工和赶工措施。譬如,薛城电站的引水隧洞施工为控制薛城电站投产目标实现的关键,在隧洞施工过程就采取了如下多种措施予以保证:①多个工作面实行合同界限桩号调整,即在保证总体目标的前提下,适当调整合同范围,均衡施工,以期同步达到过流条件;②组织各标段技术人员进行技术措施研讨,并咨询专家,通过调整爆破参数,优化作业循环时间,提高了进尺速度;③一旦有工作面具备衬砌条件,马上开始衬砌,并将衬砌、锚喷支护、底板清理同步进行;④对衬砌段较长的工作面,采用两段同步衬砌,靠近支洞口衬砌段采用穿行式钢模台车衬砌顶拱及边墙,以免影响洞内交通;⑤对底板清理及浇筑互相影响的洞段,采用半幅清底、半幅过车同步进行的方法;⑥对清底任务较重的洞段,采用多工作面短洞段(10~20 m一段)清理,并制作钢栈桥通行,以免因等待混凝土强度影响洞内混凝土运输;⑦协调灌浆标段及隧洞标段,确保洞内工作面移交及时,水、电、风互不影响,衬砌段混凝土具备灌浆强度后,立即灌浆;⑧会同有关各方认真分析各标段的剩余工作量、各项工作的衔接程序及可能面临的各种困难,并倒排剩余工程的工期,确定关键节点目标,以此进行进度控制和目标考核;⑨细化考核目标,对关键线路以小时为单位进行考核。

通过以上各种方法的结合,有效地提高了隧洞开挖的效率,确保了隧洞工期。

五是在后期机电调试过程中,由于时间紧、工作量大,调试人员任务十分艰巨,但是各工作人员始终保持了严肃谨慎的工作态度,以正确的操作规程,成功地对3台机组进行了调试,并采用3台机组交叉调试的方法,有效缩短了调试总时间,以短短 6 d 时间实现了 3 台机组的成功调试完成,并顺利进入启动试运行。

1.4 薛城电站工程建设所取得的成绩

薛城电站克服了因征地移民拖期、地质条件恶劣、对外交通受阻、施工电源投用滞后、频繁停电、承包商低价中标又不愿投入现场资源等多种不利因素,确保了薛城电站在实际有效工期两年的时间内建成投产,同时,还取得了单一工作面底拱混凝土浇注一天三仓(36 m)、上幅浇注一天一仓(12 m)、全断面混凝土浇注三天两仓(24 m)的优异成绩,总工期比设计工期提前 7 个月实现了三台机组全部投产发电,并创造了自动态调试开始 9 d 投产 3 台机组的记录。

薛城电站本着"百年大计、质量第一"和"安全第一、以人为本"的原则,确保了无重大安全、质量事故。实现了各单元工程合格率达 100%、单元工程优良率均满足中国华电集团公司达标投产考核要求的指标。电站在运行 4.5 个月后经过汶川"5·12"特大地震的考验,工程质量安全可靠。

2 工程结算回顾

2.1 工程结算中的主要问题

在合同执行及工程结算过程中,由于施工合同边界条件变化、设计变更、移民征地、物价上涨等方面的原因导致合同变更及承包人索赔较多,监理工程师及现场建设指挥部积极应对处理,公司结算领导小组高度重视,已就有些问题给予了明确,而且也出台了系列文件,有力地推进了工程建设,但对于一些与合同约定有明显冲突的问题,由于牵涉面广而未能实质性处理完成,在完工结算阶段这些问题集中暴露出来,阻挠了完工结算进程。目前我们遇到的主要问题如表 3 所列。

表 3 工程结算遇到的主要问题

序号	名称
1	隧洞开挖临时加强支护、塌方处理费用补偿
2	隧洞因地质原因造成的超填混凝土费用补偿
3	隧洞合同界限桩号调整引起费用增加补偿

续表3

序号	名称
4	关于油料、火工品价差调整
5	隧洞衬砌钢模台车费用补偿
6	关于功效降低的补偿
7	赶工费及奖金
8	关于非承包人造成承包人的窝工补偿

在施工过程中,由于合同边界条件变化较大,合同约束相对较"死"等因素,所以对于承包人提出的隧洞加强支护、塌方处理、超填混凝土、价差调整等与合同约定有明显出入的要求,我们在施工过程中未能最终给予解决,准备一并在完工结算时给予恰当的解决。

2.2 价款结算情况

薛城水电站建安工程施工合同结算情况如表4所示。

表4 薛城水电站建安工程施工合同结算情况

序号	合同编号	合同名称	承包商	合同价款(万元)	结算价款(万元)	备注
1	CⅠ	首部枢纽	略	6 605.198 5	8 795.213 4	
2	CⅡ	引水隧洞	略	4 949.247 8	3 954.384 3	
3	CⅢ	引水隧洞	略	5 858.787 2	6 697.297 6	
4	CⅣ	引水隧洞	略	4 001.085 8	5 284.629 7	
5	CⅤ	引水隧洞	略	3 769.823 2	4 164.778 1	
6	CⅥ	引水隧洞	略	3 553.012 6	4 773.559 6	
7	CⅦ	引水隧洞	略	3 596.308 8	5 805.108 8	
8	CⅧ	厂区枢纽	略	6 906.196 1	8 103.780 6	
9	M3	机电安装	略	962.890 1	1 126.408 5	
	合计			40 648.856 9	49 466.050 8	

2.3 工程结算进展

薛城水电站2007年底投产后专门成立完工结算小组,集中精力做完工结算工作,因与承包人就合同价款结算分歧还较大、2008 年"5·12"汶川大地震、承包人完工结算申报资料不及时不完善等原因,使得薛城电站完工结算工作滞后。

已完成了薛城水电站建安工程 4 个施工合同完工结算,分别为闸坝 CⅠ标、引水隧洞 CⅢ、CⅣ标、机电安装标。这些完工结算已提交给华电集团公司委托的天职国际会计师事务所进行完工结算审计,其中机电安装标已完成了完工结算审计,其余正在审计过程中。

2.3.1　隧洞开挖临时加强支护、塌方处理费用补偿

在引水隧洞开挖过程中,引水隧洞轴线与岩层产状呈小角度相交,部分洞段裂隙发育,隧洞实际开挖所揭示的围岩情况与招标文件的描述相比变化较大,且变化很不平衡。根据开挖后设计单位的地质复核统计出了典型标段围岩情况变化对照表(见表 5)。

表 5　薛城水电站引水隧洞典型标段围岩类别变化情况对照表

标段	合同范围	A 类(Ⅱ、Ⅲ)		B 类(Ⅳ)		C 类(Ⅴ)	
		招标(m)	实际(m)	招标(m)	实际(m)	招标(m)	实际(m)
Ⅴ	8+008 ~ 10+153	1 055	746	1 041	1 478	49	0
Ⅵ	10+153 ~ 13+000	2 479	1 742	368	677	0	178
Ⅶ	13+000 ~ 15+174.415	1 773.415	922	401	1 582.415	0	0

因为围岩变差,部分围岩自稳能力较差,卸荷和片帮较为严重,出现掉块和塌方。合同约定临时支护及塌方处理费用均包含在洞挖单价中,承包人从成本方面考虑往往不愿意过多地投入临时支护及塌方处理费用,只做简单临时支护,踌躇不前,以至于工程进度缓慢、局部塌方作业面停滞,安全隐患增加。

出于安全及进度考虑,监理工程师、设计及发包人经过协商,书面指示承包人对特殊地质洞段临时加强支护,对因地质原因造成的塌方及时处理,并召开现场专项会议承诺对实施完成的加强支护及塌方处理工程量予以签证先结算材料费,若发包人的投产目标实现,对于监理工程师、设计指示的加强支护按照工程变更进行计价结算,由此工程才得以继续推进。

承包人以如下两点主要理由向发包人提出补偿:

(1)围岩变差已超过一定范围,临时支护及塌方处理费用已超过了其投标报价时的考虑,无力承受。

（2）该加强支护及塌方处理是监理工程师或设计指示临时加强支护及塌方处理为由要求给予单独结算。

由此，根据合同价格水平统计出引水隧洞各标段开挖临时加强支护及塌方处理总费用为 1 933 万元（见表 6）。

表6　引水隧洞不良地质段塌方处理及加强支护价款统计

标段	不良地质长度（m）	工程量								价款（元）
		回填混凝土（m³）	小导管（m）	扩挖（m³）	石渣挖运（m³）	锚杆制安（根）	钢支撑（t）	喷混凝土（m³）	挂网钢筋制安（t）	
Ⅱ	270	2 479.33	—	—	3 410.76	938	2.15	232.50	4.10	490 625
Ⅲ	261	4 970.50	—	735.81	4 970.50	3 570	114.27	412.29	15.17	3 994 257
Ⅳ	541	3 921.98	—	481.68	4 407.98	4 261	84.53	486.00	20.33	3 616 628
Ⅴ	1 235	5 896.49	—	—	—	1 640	—	174.00	7.28	3 600 553
Ⅵ	931	2 531.20	7 770	1 969.47	4 759.74	3 000	455.41	1 140.36	78.06	7 229 265
Ⅶ	30	187.82		131.70		961	13.96	131.70	2.61	397 824
	3 268	19 987.32	7 770	3 318.66	17 548.98	14 370	670.31	2 576.85	127.55	19 329 152

监理工程师认为：

（1）施工中围岩情况变化如此之大（例如Ⅶ标的Ⅱ、Ⅲ类围岩从 1 773 m 变化为 922 m；Ⅳ围岩从 401 m 变化为 1 582 m），此变化确是有经验的承包人也无法事先估计到的。

（2）从承包人投标单价分析表可以看出，其在投标阶段也难以充分估计临时支护及塌方处理费用。

（3）虽然按照施工合同条款的约定该由承包人自行承担临时支付及塌方处理费用，但承包人遇到的实际风险及其费用已远远超过预期，是其无法合理预见及控制的，已超过了一般商业风险的范畴，应本着公平原则进行处理，加之在当时的情况下，如果没有现场会议的果断决定，指示承包人进行加强支护及塌方清理，并做出相关费用承诺，发包人投产目标难以实现，因此发包人应该给予承包人补偿。

我们同意监理工程师的意见，在中期结算中对经"四方"签证的不良地质段的加强支护、塌方处理项目结算了材料费。

在完工结算时，对经"四方"签证的不良地质段的加强支护、塌方处理项目价款给予结算,单价按照变更的原则进行计价。

2.3.2 隧洞因地质原因造成超填混凝土

在引水隧洞施工过程中,由于围岩变差,岩石为千枚岩,虽然采取工程支护手段围岩还是出现片帮、掉块和塌方,造成衬砌混凝土超填,尤其是开挖过程中底板岩石受运输车来回碾压,加上地下水丰富,遇水泥化,造成底板混凝土超填情况较为严重。承包人以地质原因造成超填混凝土费用较高其无法承受为由向发包人提出补偿。

根据当时的实际情况,为推进引水隧洞混凝土衬砌进度,监理工程师、设计、发包人召开现场专项会议承诺在月度结算中缓扣当月因地质原因造成的混凝土超填的甲供材料费,若发包人的投产目标实现,发包人将对因地质原因造成的超填混凝土费用予以补偿。

监理工程师认为:

(1)施工中围岩情况变化大是有经验的承包人也无法事先估计到的。从承包人投标单价分析表可以看出,其在投标阶段也难以充分估计地质原因造成的超填混凝土费用。例如薛城电站 CⅢ标隧洞 C20 混凝土边顶拱合同单价为 294.38 元/m^3,其单价分析表中对超填混凝土未作考虑。

(2)虽然按照施工合同条款的约定该由承包人自行承担超填混凝土费用,但承包人遇到的实际风险及其费用已超过预期,是其无法合理预见及控制的,已超过了一般商业风险的范畴,应本着公平原则进行处理。加之在当时情况下,如果没有现场会议的果断决定,做出相关承诺,发包人投产目标无法实现,因此发包人应该给予承包人补偿。

(3)在规范允许范围以内的超填混凝土费用是承包人可以预见并承担的风险,该部分应由承包人承担。

我们同意监理工程师的意见,在完工结算时,业主、承包人、监理工程师就此事进一步进行协商,鉴于发包人投产目标已实现,对"四方"签证的因地质原因引起并扣除了规范允许范围以外的超填混凝土进行了结算,单价按变更原则进行计价。

经过设计、监理工程师、发包人、承包人"四方"现场分析认定,严格区分并扣除因承包人施工不当造成超填混凝土,再减去规范允许超填混凝土后,整个隧洞因地质原因造成超填混凝土总量为 33 778 m^3,占设计图纸混凝土量的33%。据合同价格水平统计超填混凝土价款 1 130 万元(见表7)。

表7　薛城电站引水隧洞超填混凝土统计

标段	合同范围	底板混凝土总量（m³）	底板超填量（m³）	全断面混凝土设计总量（m³）	全断面混凝土超填量（m³）	超填混凝土费用（元）
Ⅱ	0+100~2+687	2 730.88	2 321.25	12 821.51	3 329.89	1 664 543
Ⅲ	2+687~5+685	2 858.54	2 299.56	12 477.01	1 871.55	1 176 565
Ⅳ	5+685~8+008	1 950.38	2 704.70	12 960.60	3 921.98	2 774 867
Ⅴ	8+008~10+153	1 417.66	1 275.89	18 347.91	4 403.50	2 060 256
Ⅵ	10+153~13+000	2 730.88	2 375.87	12 821.51	3 651.14	1 793 335
Ⅶ	13+000~15+174.415	1 120.64	952.54	21 052.64	4 670.36	1 830 254
合计	0+100~15+174.415	12 808.98	11 929.81	90 481.18	21 848.41	11 299 821

2.3.3　关于隧洞合同界限桩号的调整费用补偿

在引水隧洞施工中，由于围岩变差且变化不均衡，从整个工程工期考虑，监理工程师指令已开挖到合同界限桩号的承包人继续开挖，例如：CⅦ标承包人向上游继续开挖了330 m。承包人提出继续开挖的实际成本较合同约定价格差异较大为由提出补偿。

补充协议第八条约定：甲方和监理工程师有权根据实际施工进度情况调整引水隧洞相邻标段的合同界限桩号，乙方无条件接受调整洞段的全部施工任务。调整洞段任务应完整包括相应的所有施工项目；调整洞段的支付单价按相邻标段中较高者执行。

监理工程师认为：

（1）虽然合同有相关的约定，但操作较难。由于隧洞围岩变差，工期压力较大，承包人想早点完成自己的合同任务。对于要无条件接受因合同界限桩号的调整加给的施工任务，价格执行相邻标段较高的合同价，承包人对此有意见是正常的。因该增加的工程量一般难度较大，开挖进尺越深风水电供应及通风越困难，运距也越长，其开挖实际的成本可能超过按相邻标段较高结算价，而且工期压力也增大。

（2）因该补充协议条款在招标文件里未有提及，是在合同谈判时发包人额外提出的要求，承包人予以确认，可以认为承包人在投标报价中对该合同界限的调整由此引起费用增加是难以考虑的，本着公平的原则发包人应给予承包人增加费用的补偿。

鉴于此，为了使承包人接受合同界限桩号的调整，使隧洞早日贯通，发包人、监理工程师、承包人在现场就此事召开专题会议，为确保发电目标，由发包人补偿承包人因调整洞段造成的费用增加。

2.3.4　关于油料、火工品价差调整

在工程建设中，工程所需的油料及火工品均由承包人自购。施工期间国家发改委及地方政府物价部门数次政策性调增成品油及民爆器材市场供应价，分别为：国家发改委分别于 2005 年 7 月 21 日、2006 年 3 月 26 日、2006 年 5 月 22 日调整成品油价格，柴油单价分别调增 250 元、200 元、500元；阿坝州物价局于 2005 年 7 月 26 日调整民用爆破器材价格（上涨10%），此种因政策性调价引起工程所需油料及火工品供应价格异常变动，涉及费用较大，承包人以合同通用条款第 38 条（法规更改引起的价格调整）为由向发包人提出补偿要求，具体补偿金额见表 8。

表 8　关于油料、火工品补偿情况

序号	合同编号	合同名称	承包商	承包人提出补偿金额（万元）	已补偿金额（万元）	备注
1	CⅡ	引水隧洞	略	237.830 4	100	暂结
2	CⅢ	引水隧洞	略	330.677 9	206.851 3	完工结算
3	CⅣ	引水隧洞	略	442.488 6	350.501 1	完工结算
4	CⅤ	引水隧洞	略	154.400 5	30	暂结
5	CⅥ	引水隧洞	略	382.604 9	65.023 3	暂结
6	CⅦ	引水隧洞	略	108.490 3	30	暂结
7	CⅧ	厂区枢纽	略	153.382 2	79.351 2	暂结
	合计			1 809.87	861.73	

监理工程师认为这种政策性调价不是市场行为引起的物价波动，而且超过承包人可以承受的范围，根据合同通用条款第 38 条（法规更改引起的价格调整），发包人应给予价差补偿。

发包人经过慎重分析研究，尤其是对合同专用条款第 37 条（物价波动引起的价格调整）与合同通用条款第 38 条（法规更改引起的价格调整）的适用问题，决定依据合同通用条款第 38 条（法规更改引起的价格调整），将政策性的调价与物价波动区分开来，归为法规更改范畴，出台了《关于油

料、炸药价差费用补偿的通知》(杂电司计〔2006〕188 号文),对油料、炸药价差费用进行调整,发包人承担价差的80%。

但承包人提出发包人应进行全额价差补偿,且还应对雷管、导爆索进行价差调整。对此监理工程师进行协调,明确先按发包人文件要求执行,将承包人异议留在完工结算时再做处理。

其后承包人就油料、炸药材料价差按照发包人文件分阶段进行申报,监理工程师、发包人也进行了审核结算。

在完工结算时,发包人、承包人、监理工程师就价差补偿比例及火工品范围之事进一步进行协商一致,由发包人全部承担施工期间油料、火工品价差。

2.3.5 隧洞衬砌钢模台车费用补偿

在引水隧洞开挖结束,准备进行混凝土衬砌期间,因隧洞开挖阶段受征地移民、自发电、围岩变差、异常涌水等多种因素的影响,造成隧洞开挖完工工期滞后,监理工程师及发包人对工期滞后原因、根据剩余工程量对实际正常工期进行了客观分析,认为主要为非承包人原因,正常合理的完工工期应在 2008 年 5 月,但发包人制定出 2007 年 12 月必须投产的目标,要求承包人按照发包人投产目标倒排隧洞混凝土衬砌工期,并配置相应的资源,要求承包人进行赶工。

由于承包人正处于开挖与衬砌作业队交接,急需购置隧洞衬砌钢模台车、拌和设备、混凝土运输车进场等,但承包人现场资金流出现问题,承包人向发包人提出借款、垫付购置设备费、部分承包人因混凝土工程量增加提出调整混凝土合同价格等要求。

监理工程师认为,由于已明确要求承包人赶工,在此"抢发电"的关键时期,根据合同条款21.2 条(发包人要求提前工期)约定,承包人可与发包人协商赶工费用和奖金,在承包人资金流出现问题的时候,发包人可以采取必要措施给予承包人支持。

为促进工程进度,专款专用,经过与监理工程师、承包人协商,发包人代购承包人隧洞衬砌钢模台车(见表9),代购款在承包人完工结算款中扣除,若发包人制定的投产目标实现,发包人以下费用作为赶工费补偿给承包人。

补偿费用 = 台车购置费 - 混凝土合同价格中模板摊销费 - 台车残值

表9　台车购置费及补偿费用统计

序号	合同编号	合同名称	承包人	台车购置费（万元）	预计补偿费用（万元）	备注
1	CⅡ	引水隧洞	略	48	41	1台
2	CⅢ	引水隧洞	略	140	123	2台
3	CⅣ	引水隧洞	略	162	148	2台
4	CⅤ	引水隧洞	略	160	136	2台
5	CⅥ	引水隧洞	略	176.5	150	2台
6	CⅦ	引水隧洞	略	235	195	3台
	合计			921.5	793	

2.3.6　非承包人原因造成施工工效降低补偿

在施工过程中,由于围岩情况变差、自发电、渣场变更、村民无理阻工、异常涌水、地质灾害等客观因素的影响,确实对承包人现场资源工效产生一定的影响。例如:CⅣ标招标文件规划的弃渣场为3#渣场(仅此一个标段使用,支洞口距渣场运距为2 km),由于受到征地拆迁的影响,原规划3#渣场无法使用,该标段先后更换了5个弃渣场,其中运距最远的为8.9 km,而且多家承包人共用渣场,另该标段还因支洞旁望月寨滑坡汛期滑动影响正常施工。截至目前有3家承包人以合同边界条件发生变化为主要理由提出了因非承包人原因造成工效降低的费用补偿(见表10)。

表10　工效降低的费用补偿

序号	合同编号	合同名称	承包商	申报补偿金额(万元)	补偿金额(万元)
1	CⅢ	引水隧洞	略	819.339 7	409.669 9
2	CⅣ	引水隧洞	略	635.278 3	317.639 2
3	CⅤ	引水隧洞	略	535.945 2	

监理工程师认为,在施工中因合同边界条件发生变化等非承包人原因造成工效降低是客观存在的,但该费用的核定较为复杂,建议由发包人与承包人采用谈判方式确定补偿费用。

业主同意监理工程师意见,施工过程中工效降低是客观存在的,原因较为复杂,且费用构成及核定更为复杂。

对于非承包人原因造成工效降低补偿,如何恰当地处理?

2.3.7 赶工费及奖金

根据合同条款第21.2条(发包人要求提前工期),发包人要求承包人提前合同规定的完工日期时,由监理人与承包人共同协商采取赶工措施和修订合同进度计划,并由发包人和承包人按成本加奖金的办法签订提前完工协议。

因隧洞开挖阶段受征地移民、自发电、围岩变差、异常涌水等多种因素的影响,造成隧洞开挖工期延误。监理工程师及发包人对开挖工期延误原因、根据剩余工程量对实际正常工期进行了客观分析后,认为主要为非承包人原因,并明确要求投产目标倒排工期,并配置相应的资源,进行赶工。

合同约定对于赶工发包人可以采用赶工费加奖金的方式解决。为保证投产目标实现,发包人根据当时招标阶段合同价格与对应概算价格的节余情况,制定了《关于狮子坪、薛城、古城三个水电站实行目标进度奖励的通知》,明确了薛城电站投产目标(首台机投产),奖励总额指标为1 170万元。

发包人分别与各承包人签订目标考核补充协议,考核奖励分为两部分,第一部分根据节点设置目标奖,考核奖励为1 000万元,其中承包人承担1/3(作为连带责任费用),在月度结算中扣留,发包人承担2/3,从进度、质量、安全、文明施工方面进行考核;第二部分为专项奖,包括劳动竞赛奖及专项奖,总额为170万元,全部由发包人承担,主要用于对承包人关键时刻对重要工作面奖励,根据需要,可以追加额度。奖金的有效使用为薛城水电站"抢发电"取得了不可或缺的重要作用,超额完成2007年底首台机组投产的目标,成功实现了"三投"。薛城水电站发包人承担奖励总额为1 800万元。

由于赶工费较难核定,使用奖金也可以作为对承包人的赶工费的补偿。由于奖金发放有考核的前提,所以使用奖金发包人具有更多的主动权。

2.3.8 关于窝工补偿标准

由于征地移民、村民阻工、施工线路停电等原因造成承包人人员窝工、设备闲置,尤其对于在关键线路上的工作面,发包人要求承包人关键工种的人员留守,准备随时复工。对于窝工补偿标准合同未有约定,按行业惯例,发包人出台了窝工补偿标准。

人工(含机上人工)窝工补偿标准:根据承包人投标文件中《人工预算单价计算表》计取标准工资、副食品及粮油价格补贴、职工福利基金、工会经费、劳动保险基金、待业保险基金作为人工窝工费的计算标准,并计取税金。机械闲置补偿标准:根据承包人投标文件中《施工机械使用费表》中一类费用(只计算基本折旧和大修理折旧)与三类费用进行补偿,并计取税金。

发包人与监理工程师协商,在窝工签证方面原则为:人工窝工1天算1个工日,机械设备窝工1天算1个台班。

承包人提出窝工补偿标准较低,要求按照其对窝工人员实发工资收入及机械闲置的实际费用(若为租赁则补偿租金)标准,并计取管理费及税金。进一步提出工期索赔。

监理工程师认为,对于非承包人原因造成承包人窝工,时间较长,发包人制定的补偿标准可能弥补不了窝工期间承包人对窝工人员、设备的实际支出,建议发包人及承包人就窝工补偿标准进一步协商。对于承包人提出的工期索赔,根据合同约定20.1条,属于发包人的工期延误,应依据核定情况予以延期。

业主同意监理工程师意见。

2.3.9　关于"5·12"汶川大地震后续建工程价格调整

我公司开发建设的狮子坪水电站、古城水电站均遭受了突如其来的"5·12"汶川大地震袭击,而且离震中很近,在建工程受到较大损害,直接造成工期推延,费用增加,部分标段停工近4个月才逐步恢复正常,震后工程续建异常艰难,震区余震不断,交通受阻,人心不稳,劳动力难求,加上地方灾后重建工作展开及317国道"三改二"施工造成影响,建筑价格上涨,震情稳定后,价格也仅仅回落了小部分,但仍然高于震前的价格水平。部分承包人以续建施工成本增加向发包人提出了对震后续建工程价格调整。

监理工程师认为,对于"5·12"汶川大地震、317国道"三改二"施工造成的影响,也超出了有经验的承包人可能预见的范围,合同约定地震是发包人承担的风险范围。对于震后续建工程承包人成本的增加,发包人应给予必要的补偿。

第二章　设计专题

薛城水电站首部枢纽布置设计

祝海霞　袁　琼

（中国电建集团成都勘测设计研究院有限公司）

摘　要　文章结合本工程地质地形条件,研究多泥沙河流的引水、冲沙及泄洪特点,合理确定枢纽各建筑物总体布局,详细介绍了薛城水电站首部枢纽、引水系统等布置设计,供同类多泥沙河流上闸坝工程设计及施工建设参考。工程自发电已运转十年,运行良好,也经受住了相距仅 56 km 的 2008 年"5·12"汶川大地震的考验,震后基本无损。

关键词　水利枢纽;薛城水电站;首部枢纽布置;闸坝

中国西南地区地跨青藏高原、云贵高原和四川盆地,大江大河分布集中,为长江、雅鲁藏布江、澜沧江、怒江等主要河流的上游,水力资源丰富,尤其中小河流众多,具有水量丰沛、落差大的特点,非常适合修建梯级引水式电站,四川省阿坝州理县境内的杂谷脑河上开发建设的 9 级电站就是其中比较典型者之一。薛城水电站位于四川省阿坝州的理县、汶川境内岷江右岸一级支流杂谷脑河中游河段理县境内,是杂谷脑河干流"一库九级"水电梯级开发的第六级,上游为已建成的甘堡水电站,下游为已建成的古城水电站。多个电站梯级联合调度运行,充分开发利用了杂谷脑河的水能资源,它的兴建扩大了电网规模,支援了四川主网电力。

1　工程概况

薛城电站位于四川省阿坝州的理县、汶川境内岷江右岸一级支流杂谷脑河中游河段理县,是杂谷脑河干流"一库九级"水电梯级开发的第六级,上游为已建成的甘堡水电站,下游为已建成的古城水电站。工程开发任务为发电,兼顾下游环境生态、灌溉用水。工程为三等中型工程,采用引水式开发,水电站枢纽建筑物主要由首部枢纽、引水建筑物和厂区建筑物等组成,水库正常蓄水位 1 709.50 m,相应库容 114.80 万 m^3,具日调节能力;电站装机 3 台,装机容量 138 MW,多年平均发电量 6.492 亿 kW·h。

　　薛城水电站工程于 2005 年 2 月获得四川省发改委核准,2005 年 4 月开工建设,2007 年 12 月下闸蓄水,2007 年 12 月,1#、2#、3# 机组相继发电并网进入商业运行。其间经历了 2008 年"5·12"汶川大地震的考验,主要建筑物和机电设备总体良好,局部灾后修复后运行至今,泄洪、消能等枢纽工程各主要水工建筑物运行良好,达到设计功能要求,工程防洪度汛安全可靠;坝前、后河道和岸坡基本无异常;金属结构、机电设备等工作状况良好。

2　设计基础资料

2.1　工程等别和建筑物级别

　　根据《水利水电工程等级划分及洪水标准》(SL 252—2000)、《防洪标准》(GB 50201—2014),本电站枢纽为三等工程,主要建筑物按 3 级设计,次要建筑物按 4 级设计。水工建筑物等别为三等工程时,电站水闸建筑物校核洪水标准为 500 年一遇,设计洪水标准为 100 年一遇,消能防冲洪水标准为 30 年一遇。

　　薛城电站闸址位于杂谷脑河中游甘堡电站厂房尾水公路桥以下约 800 m 处,控制集水面积 2 674 km^2,厂址控制集水面积 3 920 km^2。闸址处多年平均年输沙量为 75.1 万 t,多年平均含沙量为 343 g/m^3。输沙量年际变化较大,年输沙量最大值 213 万 t(1965 年),为最小值 16.5 万 t(1979 年)的 12.9 倍。输沙量年内分配不均匀,主要集中在汛期(5~10 月),占全年输沙量的 99.3%,6~7 月两个月输沙量约占全年的 74.8%。

2.2　地形地质条件及主要存在问题

　　薛城水电站闸坝河段顺直,呈较对称"U"形谷。两岸 I 级阶地较发育。闸址区河谷第四系覆盖层厚度达 60.13 m,两岸出露泥盆系危关群下组。闸址区位于总棚子倒转复背斜向西凸出部位,地层产状变化较大,总体上为近 SN/W∠70°~80°,陡倾左岸。无大断裂发育,但发育二组优势节理:产状分别为:N70°~80°W/NE∠60°~70°和 N60°~70°E/NW∠60°~70°,与河谷走向大角度相交。间距一般 5~200 cm,千枚岩中结构面密集,小型揉皱发育。

松散堆积物为中—强透水层,其中下部卵砾石层渗透系数为(4.94 ~ 6.21)×10^{-3} cm/s,属中等透水层。含漂砂卵砾石层渗透系数为(5.25 ~ 23.1)×10^{-3} cm/s,平均值为 1.57×10^{-2} cm/s,属强—中等透水层。基岩透水性弱,但强卸荷带透水性强。

闸址区主要工程地质问题如下:

(1)坝基不均匀沉降。薛城电站闸坝建于含漂卵砾石层上,层厚 16.8 ~ 50.06 m,变形模量为 30 ~ 40 MPa,地基工程性质不均一。坝基开挖时揭露在坝基范围内局部发育厚 2 m 左右的串珠状砂层透镜体。

(2)坝基渗漏和绕坝渗漏。坝基含漂砂卵砾石层、砂卵砾石层为中强透水层,且厚度大,无相对完整隔水层,存在闸基渗漏问题。左坝肩卸荷变形岩体深 50 m,卸荷裂缝发育;右坝肩强风化卸荷带深 20 m,局部张开 20 ~ 30 cm,坝肩存在绕坝渗漏问题。

(3)坝肩边坡稳定问题右闸肩边坡岩体陡倾坡外,受裂隙切割影响,易形成不稳定楔形体。左岸闸肩边坡岩体陡倾坡内,受裂隙切割,边坡岩体破碎,岩层倾倒变形明显。

3 首部枢纽布置

首部枢纽位于甘堡电站厂房公路桥下游约 800 m 处,根据地形、地质条件,在选定闸址位置横河向布置拦河闸坝,包括左岸重力坝段、泄洪闸、冲沙闸、排污闸;顺河向右岸凹岸下游处侧向布置引水隧洞闸前取水口,取水角为 105°。拦河闸雍水高 18.5 m,在闸前形成 114.80 万 m^3 库容的水库。

杂谷脑河属山区性河流,山高坡陡,汛期河水挟沙量大,推移质多,闸址处多年平均悬移质输沙量 75.1 万 t,多年平均推移质年输沙量 15.7 万 t。电站闸址处多年平均流量 69.8 m^3/s。另外,理县位于拦河闸坝上游,漂浮污物将是不可避免的,因此引水防沙、水库放淤、排污和保持水库日调节库容是薛城首部枢纽布置时需综合考虑的重要因素。

3.1 拦河闸坝

首部枢纽闸址处覆盖层较深厚,因此建筑物均建在河床覆盖层上,横河向布置自左往右依次为:左岸重力式挡水坝,1$^\#$、2$^\#$、3$^\#$泄洪闸,1 孔冲沙闸,1 孔排污闸左,右岸挡水坝段及进水口。拦河闸坝轴线方向为 NE87.00°,拦河闸坝轴线总长 116.87 m,闸顶高程 1 711.00 m,闸基置于河床含漂砂卵砾石层上,最大闸高 24.00 m。正常蓄水位 1 709.5 m,汛期运行水位

1 704.0 m。枢纽各建筑物均为混凝土结构,闸基采用水平防渗及垂直防渗相结合的布置方案。水平防渗采用钢筋混凝土铺盖,顺水流向长度15.0 m;垂直防渗采用悬挂式混凝土防渗墙,深度25.0 m。两岸岩基防渗采用帷幕灌浆,左、右岸分别长70.0 m及20.0 m。

3.1.1 泄洪闸

闸室总闸室总净宽的确定,主要由闸址处天然河床宽度、泄水水位高低、流水流量的大小确定。当河道洪水流量较小,泄水水位低于正常蓄水位,闸孔总净宽可按宣泄常年洪水闸门全开时,上游水位尽量接近河道建闸前天然水位来确定,有利于中小洪水时水库敞泄冲沙。闸孔数考虑运行调度灵活,泄水时可对称开启,并不致造成折冲水流或集中水流,选用奇数孔。

根据泄洪消能计算,并考虑水库泄洪冲沙要求,确定在河床中间布置3孔泄洪闸,闸孔口尺寸为5 m×5 m(宽×高)。泄洪闸为钢筋混凝土胸墙底孔式结构,闸段在闸墩中间分缝,根据尽量不改变原河道水沙运动规律,又能顺畅排沙为原则,结合闸址处地质条件,泄洪闸底板高程确定为1 691.0 m,略高于枯期河床的平均高程,闸基置于河床含漂砂卵砾石层上,底板厚为4 m。闸顶高程根据《水闸设计规范》(NB/T 35023—2014)相关要求,经计算确定为1 711.00 m。闸室长30.0 m。闸墩高24 m,边闸墩厚度为2.65 m,其余闸墩厚度分别为3.45 m、5.3 m、3.6 m。闸室胸墙高度14 m,闸孔胸墙前设1道平板检修门,墙后设1道弧形工作门。2#、3#泄洪闸为1个坝段,1#泄洪闸和冲沙闸、排污闸为一个坝段。泄洪闸共用一套检修平板钢闸门和一套启闭机。闸前设置15.0 m长铺盖,闸下游护坦长55.0 m,其后接30.0 m长柔性海漫,并与下游河床相接。

3.1.2 冲沙闸

泄洪闸右侧设置1孔冲沙闸,孔口尺寸2.5 m×4 m(宽×高),闸室底板高程1 691.00 m,闸基同样置于河床含漂砂卵砾石层上,顺水流向长30.0 m,底板结构厚度4.0 m;闸墩高24.0 m,左侧闸墩宽3.6 m。闸室胸墙高16 m,墙前设1道平板检修门,墙后设1道弧形工作门。冲沙闸与右侧排污闸合并为1个坝段。

3.1.3 排污闸

为满足河道排污要求,在冲沙闸右侧紧邻进水口设置一孔开敞式排污闸,孔口尺寸2.5 m×5.5 m(宽×高),堰顶高程1 704.0 m,底板高程为1 691.00 m。排污闸与冲沙闸为同一闸段,闸基置于河床含漂砂卵砾石层上。钢筋混凝土重力式结构,顺水流向长30.0 m,闸墩高24 m,两侧闸墩厚度为2.5 m。堰顶设1道平板检修门。

3.1.4 左、右岸挡水坝

泄洪闸左侧采用混凝土重力挡水坝与左岸岸坡相连接。最大坝高24.0 m,坝段长76.87 m,共有5个坝段,坝顶高程1 711.0 m。

右岸接头布置综合考虑进水口、上坝公路、截水墙、圆弧形混凝土导水墙以及317国道改线衔接等要求,根据右岸地形地质条件,在满足基础的承载能力和基础的抗变形能力情况下,采用塔式进水口,拦污栅门槽和工作闸门布置相对紧凑,工作闸门后接24 m长的暗管,暗管周围回填土石,在进水口上游布置截水墙,下游布置上坝公路,在满足进水口清污场地布置和交通要求的情况下,两侧按1∶1.5的坡度填筑土石,形成整体结构共同挡水。

3.1.5 上游铺盖

因首部枢纽结构基础均为砂卵砾石层,根据引水防沙和基础防渗处理布置要求,闸前设置15.0 m长钢筋混凝土铺盖。铺盖为在闸墩分缝处设伸缩缝,梁板式结构,板厚2.0 m,尺寸(长×宽)为15 m×32.5 m,铺盖采用C20W6F50混凝土。

3.1.6 下游护坦

根据泄洪冲沙和消能防冲要求,闸下游设置混凝土护坦长55.0 m,厚2.5 m,其后接30.0 m长的钢筋混凝土柔性海漫。闸后紧接闸墩设4道隔水墙和左、右边墙,墙高1.5～2.5 m,墙厚1.0～3.5 m。护坦分块尺寸为30 m×39 m(长×宽)。护坦过流表面0.4 m厚和边墙1.2 m高范围采用C40W6F50抗冲耐磨混凝土,其余部位采用C20W6F50混凝土。护坦板下设有纵横向反滤排水管网系统,末端为7.0 m深的齿槽基础。

洪水期间,水量大,推移质多,污物多,此时可开启全部闸孔,尽量大排大泄,排除汛期大量来沙、污物和水库中沉积的泥沙;泄洪和冲沙闸底板高程1 691.00 m,较河床平均高程抬高0.5 m,基本不改变原河床水沙运动规律。

3.1.7 下游消能防冲设计

杂谷脑河属山区性河流,河道坡降陡,多年平均推移质年输沙量15.7万t。考虑到闸址处的地形条件及下游河道特征,经比较分析后,选用急流与下游河道衔接,在护坦尾部采用7 m深齿槽保护,为防止水流贴壁冲刷和冲坑回流淘刷,护坦下游采用海漫保护。在海漫下游的两岸边坡,河道在下游为弯道,左岸为凹岸,右岸为凸岸,为使海漫末端的下泄水流归槽效果好,防止对两岸的淘刷,在护坦、海漫及海漫下游一定范围两岸设置护岸挡墙,并在海漫末端用大块石对两岸护坡坡脚进行保护。经首部枢纽模型试验验证,在设计洪水流量和校核洪水流量情况下,护坦长度及抗冲措施满足闸下消能及抗冲要求。

3.1.8　水库运行调度方式

为防止淤积,水库运行方式,在枯期,水库抬高水位(蓄沙)在汛限运行水位(死水位)1 704.00 m至正常蓄水位1 709.50 m之间进行日调节运行。在汛期,闸前水位维持在汛限运行水位1 704.00 m运行,尽量避免闸前水位壅高,当淤积高程接近进水口底板高程时,利用发电多余水量开启冲沙闸及泄洪闸进行不定期停机敞泄冲沙。电站的运行,通过"枯蓄—汛排循环"的方式,交替运用,从而达到固体径流调节的要求。引水防沙、排污布置主要是按底层冲沙、中层取水、表层排污的布置原则考虑。

杂谷脑河的沙量年内分配极不均匀,绝大部分集中在汛期(5~10月),汛期输沙量约占全年的99.3%,因而在5~10月是解决引水防沙问题的关键。因此,为了引水防沙,布置闸轴线时尽量利用天然河湾,使进水口布置于河道凹岸(右岸)下游侧,便于枢纽行洪时利用天然弯道的环流作用在闸前形成弯道环流,把泄洪时的底沙冲向泄洪闸排向下游,减轻引水防沙系统的压力。并在进水口右岸上游设置圆弧形导水墙,与天然河道岸坡衔接,形成人工弯道,增强弯道的环流作用,把大量的泥沙推向左岸,由泄洪闸排向下游。

3.2　取水口

(1)右岸进水口布置于河道凹岸,便于枢纽行洪时在闸前形成弯道环流,并在进水口右岸上游设置圆弧形导水墙长约35 m,与天然河道岸坡衔接,形成人工弯道,利用河流的环流作用,把大量的泥沙推向左岸,由泄洪闸排向下游。进水口侧向布置,其前缘与闸坝轴线呈105°夹角,从而形成"正向泄洪排沙,侧向取水"的布置格局。

进水口为直立塔式,采用"正向泄洪排沙,侧向取水"的布置形式,进水口为两孔,开敞式,取水口底板高程1 695.00 m,顶高程1 711.0 m,单孔净宽10.0 m,孔口内设置一道工作拦污栅及机械清污系统;进水闸为胸墙式,底板高程1 690.0 m,设有一道工作闸门。进水口与进水闸间为长15.00 m的明渠渐变段,底坡1:3,宽度由22.5 m缩窄至7.40 m,闸门段长7.0 m,后由长 24.00 m 的地下埋管渐变接引水隧洞。

（2）为解决引水防沙和排污问题,水工布置上设置了以"导、拦、排"相结合的措施:在进水口右岸上游设置圆弧形导水墙;同时将进水口底板前端设置成弧形导沙坎,对主流水起顶托作用,使沿导沙坎的水流加速,利于尽量将上游大部分来沙导向主流区,由 3 孔泄洪闸排往下游;进水口底板高程较冲沙闸底板高 4 m,并在进水口前端加一道 1.00 ~ 5.00 m 高的拦沙高坎,以拦截进水口前的泥沙,防止沙砾石跃入进水口。

首部枢纽水工模型试验成果表明,在整个多沙期,进水口引水防沙效果较好,汛期敞泄拉沙效果也能满足设计要求。

首部枢纽平面布置见图 1。

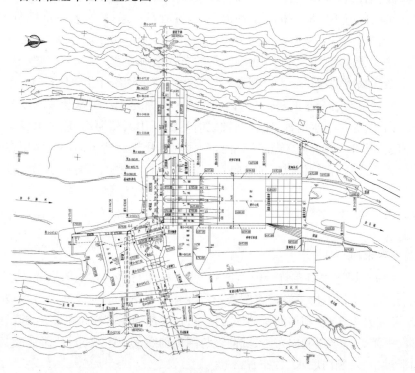

图 1 首部枢纽平面布置图

3.3 闸基、两岸防渗设计

由于闸基河床覆盖层较深厚,达 28 ~ 54 m,拦河闸坝基础主要置于含漂砂卵砾石层(alQ_4^2)上,各层渗透性不均一,无相对完整的隔水层分布,存在闸基渗漏问题。同时闸区河谷较开阔,右岸谷坡整体稳定,左岸谷坡岩体变形和卸荷现象较明显。两岸勘探平硐揭示,闸肩岩体倾倒变形和卸荷现象较明显,岩体具强—中等透水性,存在绕闸渗漏问题。

根据闸基、两岸渗透特性及首部枢纽建筑物布置情况,按照满足闸基、两岸渗透稳定及控制渗流量要求进行防渗设计。

为便于施工,减小施工干扰,缩短工期,并有利于降低闸基渗透压力,闸基采用水平防渗及垂直防渗相结合的布置方案。水平防渗采用钢筋混凝土铺盖,顺水流向长度 15.0 m;垂直防渗采用悬挂式混凝土防渗墙,防渗墙设置于闸室上游的钢筋混凝土铺盖下,深度 25.00 m,防渗墙底最低高程 1 660.00 m,与岸坡基岩部位进行搭接。两岸岩基防渗采用帷幕灌浆利用左、右岸灌浆平硐进行坝肩帷幕灌浆,帷幕灌浆深度深入下部相对隔水岩层,灌浆孔深 10～49 m,采用单排帷幕灌浆,孔距 2.00 m。

3.4 基础处理

根据地质条件和闸坝应力稳定计算成果,闸坝地基承载力能满足要求。根据覆盖层的成分分析,基础土层不存在液化的可能。

但在实际开挖过程中揭示的地质情况,在左岸闸段闸基局部、护坦及海漫基础局部出现砂层透镜体,砂层在闸段下卧深度距建基面仅 0.5 m 左右,根据护坦及海漫部位砂层取样室内分析,存在液化的可能,不满足闸坝建基要求,因此对上述基础局部砂层采取开挖及回填处理:闸坝末端与护坦上游端齿槽内的含砾砂层清除到 1 683.00 m 高程,护坦下游端与海漫上游端齿槽内的砂层清除到 1 680.00 m 高程,清除的部分基础回填砂卵石层到原设计建基面高程,回填砂卵砾石分层碾压密实,压实指标 $\gamma_d \geqslant 21.0$ kN/m^3,相对密实度 $D_r \geqslant 0.75$。

3.5 库岸及边坡

根据地质、地形条件,两岸对存在淘刷的岸坡,结合引水、防沙及防渗的要求,对上游河道岸坡进行保护。右岸进水口上游边坡,设置圆弧形混凝土导水墙与右岸岸坡相接,下游端与进水口相连,在导水墙上游侧一定范围采用大块石压坡护脚。

闸址两岸谷坡地形较陡,基岩裸露,岩层走向与河谷近于平行,陡倾左岸。谷坡整体稳定,但浅表部岩体卸荷松弛明显,左岸谷坡倾倒变形发育,易形成不稳定块体。

左、右岸在坝顶高程以上的永久边坡,采用挂网、喷锚、排水孔的综合支护措施,锚杆长度 5 m,间排距 3.00 m,排水孔深 5 m,间排距 3.00 m。

实际开挖施工过程中,由于左岸岩体破碎,灌浆平洞洞脸边坡在洞周的 6 m 范围内增加了固结灌浆处理措施,灌浆孔间排距为 2 m×2 m,孔深 6 m。右岸在开挖边坡开口线外,局部岩体破碎、松弛,不满足工程安全要求,在喷锚、挂网加排水孔的支护措施基础上,增加了 2 排 1 000 kN 锚索加固措施,对局部松弛岩石块体进行加固处理,锚索间、排距均为 5 m,长 30 m,共 5 根。

4 结束语

薛城电站首部枢纽布置设计根据工程实际特点和地形地质条件,充分考虑了引水、防沙、泄洪及冲沙等布置要求,达到了"以库代池"的实际效果,电站建成后具有良好的社会效益和经济效益。

电站自蓄水发电以来近 10 年运行状况良好,多年运行表明首部枢纽及结构布置合理。特别是电站刚建成不久即经历了 2008 年"5·12 汶川特大地震"的考验,虽然局部受到损坏,但程度轻微,经紧急处理后恢复了正常发电,截至目前,薛城水电站枢纽工程各建筑物运行良好。成功的设计及建设经验可为西南乃至国内其他山区河流上中小型引水式电站提供有效的参考和指导作用。

震后薛城水电站厂房的复核设计及修复研究

邓　瞻　张恩宝　彭薇薇

(中国电建集团成都勘测设计研究院有限公司)

摘　要　薛城水电站发电厂房是建在覆盖层上的地面岸边式厂房。在汶川地震后,其安装间基础发生了明显的不均匀沉降变形,这导致一些局部破坏现象的发生,如缝间止水破坏、安装间排水埋管剪断、桥机轨道错位、安装间外墙开裂等问题,其中某些破坏还导致厂内多次渗水的出现。文中通过震后发电厂房的复核设计及修复研究,全面分析了各种震后现象的成因,合理提出了对应处理措施,客观评价了厂房整体安全稳定情况。最后,总结了一些经验与建议以供类似工程参考和借鉴。

关键词　薛城水电站;地面岸边式厂房;汶川地震;沉降变形;修复研究

1 引　言

薛城水电站位于四川省阿坝藏族羌族自治州理县境内的杂谷脑河上，是杂谷脑河流域"一库七级"梯级开发中第六级电站。电站采用引水式开发，发电厂房为地面岸边式厂房，厂址位于杂谷脑河右岸岸边的木卡乡木材检查站附近。

根据《水电枢纽工程等级划分及设计安全标准》（DL 5180—2003）和《防洪标准》（GB 50201—94），电站工程等别为中型Ⅲ等，厂房永久性主要建筑物级别为3级，次要建筑物为4级；厂房设计洪水重现期为100年，校核洪水重现期为200年，厂房设计尾水位为1 555.10 m，校核尾水位为1 555.40 m。由于前期设计和技施阶段厂址区基本烈度为Ⅶ度，按相关规范规定，地震设防烈度为Ⅶ度，厂址区50年超越概率10%的地震动峰值加速度为0.100g。汶川地震后，根据重新评定的《电站工程场地地震安全性评价报告》，设防烈度仍为Ⅶ度，但地震动峰值加速度调整为0.151g。

发电厂房主要由主机间、安装间、副厂房、GIS楼及尾水渠等组成，其布置见图1和图2。主机间内安装3台单机容量46 MW的混流式水轮发电机组。厂房总高度为36.46 m，宽20.00 m，长70.00 m。

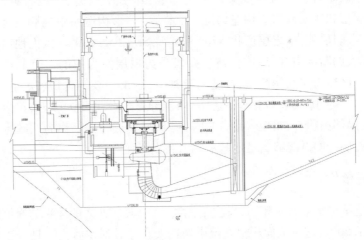

图1　薛城电站厂房横剖面布置图

薛城电站于2005年9月开始施工，2007年12月投产，先后经历了2008年汶川大地震和2013年芦山地震的考验。

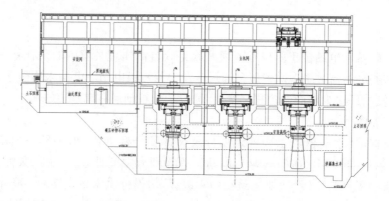

图2 薛城电站厂房纵剖面布置图

2 厂区工程地形地质条件

厂区河谷为"U"形谷,厂房建在顺河长约400 m、宽90～120 m的Ⅰ级阶地上,阶面平缓,拔河高5～8 m。阶地地势开阔,故不存在大规模的厂房边坡开挖。阶地后坡基岩裸露,自然坡度约60°,仅坡脚有少量崩坡积堆积物零星分布,天然基岩边坡整体稳定。

厂区基岩为泥盆系危关群上组(D_{wg}^2)绢云千枚岩、灰色石英千枚岩、薄—厚层状变质砂岩。构造部位位于薛城"S"形构造系中桃坪倒转背斜之北西翼,岩层陡立,岩层产状N70°～80°E,SE∠65°～80°。区内地质构造简单,无大的断层出露,地质构造主要表现为以层面为主的一套节理裂隙系统。厂区覆盖层结构简单,厚度一般20～35 m,主要为含漂(块)砂卵(碎)砾石层,其间随机分布有砂层透镜体,漂卵石成分主要为砂岩、花岗岩及千枚岩,局部漂卵石,粗粒含量占70%～75%,构成骨架。作为厂基持力层的漂卵石层(alQ₄)能够满足地基承载力和变形强度要求。

3 复核设计

电站正常运行半年后,发生了特大地震,其厂址区的地震动峰值加速度提高了50%,这对地面厂房安全影响较大。考虑到今后机组是否能长期正常运行,厂房结构是否还安全可靠,是否需要采取的工程措施进行加固,上述问题均值得做进一步研究分析。

厂房的设计洪水位和校核洪水位变幅不大,主要受下游古城水电站库水位的影响,运行尾水位在1 550.30～1 554.50 m,远低于安装场高程

1 555.90 m,故在高地震作用下的水对厂房安全稳定直接影响较小。然而,地震作用力本身的增强却对厂房整体稳定及结构较为不利,有必要对厂房整体稳定及主要结构进行复核计算。

震后厂房后边的人工边坡和天然边坡基本稳定,未发生局部垮塌的现象。考虑到人工边坡高度小,主要为清除覆盖层开挖,且距离厂房建筑物较远,故后坡对厂房的危害较小,但仍需加强边坡的巡视和监测工作。

3.1　厂房整体稳定的复核设计

经分析,地震作用力提高仅对特殊组合下的地震工况计算成果有影响,故稳定复核仅算该工况即可。根据《水电站厂房设计规范》(SL 266—2001)的规定,抗滑稳定计算采用公式 $K = (f \sum W) / \sum P$(纯摩),抗浮稳定 $K_f = \sum W / U$,厂房地面上的垂直应力按材料力学公式计算 $\sigma = \dfrac{\sum W}{A} \pm \dfrac{\sum M_X Y}{J_X} \pm \dfrac{\sum M_Y X}{J_Y}$。厂房基础置于含漂(块)砂卵(碎)砾石层上,该层的主要力学指标如下:允许承载力 $[R] = 0.45 \sim 0.55$ MPa,抗剪强度 $f = 0.55 \sim 0.60$,$C = 0$。偏于安全考虑,计算时 $[R] = 0.45$ MPa,$f = 0.55$,$C = 0$。

由于主机间的荷载远大于安装间,且基础均位于覆盖层上,故仅需复核主机间的稳定即可。根据主机间沉降缝的布置情况,1#机组段为一个计算单元,2#、3#机组段为一个计算单元。复核时沿建基面分别计算正向和侧向的抗滑、抗浮稳定及基础应力情况,并将复核成果与技施阶段进行了对比,见表1。

表1　地震工况下厂房稳定及地基应力计算成果汇总对比

计算单元	荷载组合	计算工况	抗滑安全系数（抗剪公式）		抗浮安全系数	基底应力 计入扬压力	
			正向	侧向		上游（MPa）	下游（MPa）
1#机组	特殊组合	地震情况(0.10g)	5.45	1.42	1.87	0.16	0.13
		地震情况(0.15g)	8.25	1.67	1.94	0.12	0.19
2#、3#机组	特殊组合	地震情况(0.10g)	5.12	2.76	1.98	0.08	0.24
		地震情况(0.15g)	6.80	3.18	1.98	0.09	0.23

复核成果表明,厂房在地震水平峰值加速度 0.15g 作用下整体稳定,基础应力均满足地基允许承载力要求。

对于覆盖层基础的厂房,地基的不均匀沉降危害较大,在安评报告后对厂房地基变形情况也做了复核。根据相关规范计算,厂房地基沉降量的结果见表 2。

表 2　厂房地基沉降复核计算成果

机组段	位置	基底最大沉降量(cm)	沉降差(cm)
1#机组	上游角点	0.005 44	0.005 66
	下游角点	0.011 10	
2#、3#机组	上游角点	0.004 84	0.008 16
	下游角点	0.013 00	

通过表 2 可知,厂房的最大沉降量和沉降差均能满足机组、起重机、压力钢管正常运行和结构安全的要求。

3.2　主要结构的复核设计

通过对地面厂房结构的分析研究,认为地震作用力的提高主要对厂房中上部框架板、梁结构影响较大,而对大体积混凝土结构影响较小,故"5·12"地震后,分别对厂房的屋面预应力梁、排架柱系统、发电机层及电气夹层板、梁、柱系统进行了结构受力及配筋复核。

主厂房屋盖采用了预应力混凝土 T 形板构件。该结构属于水平结构,具有整体结构高度小的特点,故水平地震作用效应可忽略不计,仅做竖向地震作用的抗震验算,屋盖的水平地震作用应由抗侧力构件(柱)承担。根据《建筑抗震设计规范》(GB 50011—2001),抗震验算公式 $S \leqslant R/\gamma_{RE}$,当仅计算竖向地震作用时,$\gamma_{RE}$ 取 1.0,复核了 T 形板屋盖在竖向地震作用下抗弯承载力:$S = 1\,608.19$ kN·m,$R = 2\,394.60$ kN·m,$S \leqslant R$,抗震验算满足要求。

根据排架柱结构的受力分析,其最不利工况为:厂内桥机起吊最大荷载时遇纵横向刹车力情况。而在地震工况下,根据相关规范,桥机为空载,因此厂房排架柱系统结构受力及配筋不受地震工况控制,其节点构造要求由于地震设防烈度未变,均能满足《水工混凝土结构设计规范》(DL/T 5057—1996)的要求。

发电机层及电气夹层板、梁、柱结构受力及配筋复核采用了 PKPM 软件计算。对上述两层通过整体建模和受力分析,对每个杆件结构均进行了承载力、裂缝、挠度等验算。限于本文篇幅,文中仅列出了发电机层的最大跨度板梁柱配筋计算成果,并与技施配筋进行了对比,详见表3。在地震作用力增大后,各构件技施配筋均能满足抗震要求,只是裂缝、挠度略有增加,但均在规范要求的范围内。板、梁、柱的节点构造配筋与排架柱一样,能够满足要求。

表3　发电机层最大跨度的板、梁、柱配筋复核验算成果

结构构件	PKPM 计算配筋(钢筋面积单位:mm)			技施实际配筋(钢筋面积单位:mm)		
	左端部	中部	右端部	左端部	中部	右端部
梁 3	1564/3705	1206/3927	1564/3705	1964/3927	1964/4792	1964/3927
柱	3 927			5 890.8		
板	14@ 200			16@ 200		

4　汶川地震后出现的问题

汶川地震后,厂房安装间随即发生较为明显的沉降,向主机间侧倾倒,安装间与主机间之间产生了 100 ~ 120 mm 的错位,安装间的下游侧沉降略大。在震后 1 年内,安装间的沉降变形一直在持续发展,但变形速率有所趋缓。由于厂房未埋设水准监测仪器,无法进行精确的沉降变形监测,只能通过其他手段或人眼观察进行判断。根据电厂工作人员观测,在 2009 年 10 月,安装间的错位幅度较 2008 年后又增加了 10 ~ 30 mm;2010 年以后未再发生错位现象。

在安装间沉降后,主厂房桥机轨道分别在 2008 年和 2009 年,在主机间和安装间的接缝间处发生两次明显的错台现象,安装间侧的轨道下降,桥机无法正常通过。

“5·12”地震后,厂房曾出现过 3 次渗水情况。第一次发生在 2008 年 9 月,渗水点主要位于副厂房底层沉降缝处,渗水造成了副厂房底层的电缆沟内严重积水,且该层 90% 地砖有浸润现象。第二次发生在 2010 年 12 月,渗水点主要发生在主机间与安装间之间沉降缝表面,高程位于电气夹层 1 551.60 m。这次情况较为严重,在空压机室门口形成了长 12 m、宽 5 m 的渗水区,外水从沉降缝和上述区域内的地砖缝隙中冒出,其中正对油处理室门口的沉降缝渗水量较大,渗水造成了电气夹层许多区域的地砖大面浸湿。

2016年3月,水轮机层也出现渗水现象,渗水点位于该层技术供水室外侧1#机组排水沟的排水孔(以下简称"排水孔")中,渗水量随尾水位升高而增大。渗水点有时还伴有不规律的压力释放和喷水现象,喷水上冲顶部电缆桥架,同时,集水井中的渗漏泵启停时间间隔也逐步缩减,说明当时的渗水状况已呈扩大趋势,渗漏量已达到了80 m³/h。

另外,安装间沉降也导致了安装间四周外墙的混凝土局部开裂,如靠近主机间侧、风道风管埋设处。同时,安装间上部排架柱与主机间的缝距减小,其上游侧基本贴近,不利后续结构抗震。

5 修复研究及处理措施

5.1 错位成因分析与研究

发电厂房地基整体为覆盖层基础,其中主机间基础为漂卵石层,全部是原状土,基础均匀;安装间基础由于主机间的开挖,存在60%的碾压砂卵石回填区,且回填深度较深,剩余40%为漂卵石层;副厂房基础基本在C10大块石混凝土回填区上,且压力钢管从下面穿过,基础较为刚性。通过研究分析,电站运行后,初期蓄水阶段基础埋设的渗压计水头明显增大,但累计水头均在20 m以内,后期运行阶段水头变化量很小,过程线平稳,说明厂房基础长期处于水下。在强震及后续余震的不断作用下,安装间基础发生过明显的且持续性的不均匀沉降,原因可能是安装间碾压砂卵石回填基础,在施工期碾压密实度未完全满足要求,或者已碾压密实的砂卵石回填区仍无法与原状土层相比,在强大的外力震动和水作用下,进一步被挤压密实,从而导致不均匀沉降的发生。

对于安装间的错位问题,在经历了十多年的运行后,其不均匀沉降变形基本趋于稳定,且厂房结构自身安全可靠,考虑到电站运行成本和经济效益等相关因素,可暂不对安装间基础进行加固处理。

5.2 厂内渗水分析与研究

厂房安装间与主机间、安装间与副厂房之间由于结构变形要求,分别布设了2 cm、10 cm的沉降缝,且缝间设有两道止水。经分析,前两次厂内渗水皆是由于缝间止水带在安装间严重错位下遭到了拉扯破坏,导致止水功能局部失效而产生的后果。

通过厂房布置分析,结合临时封堵试验的情况,基本判定2016年的水轮机层渗水是来自排水总管内的厂外地下水,该水与尾水渠中的尾水相连通,具有一定承压性。根据技施阶段厂房综合布置图,排水总管布置在水轮机层下游侧排水沟下方 0.6 m 处的大体积混凝土中,该管一头连接空压机室排水沟地漏排水管,另一头连接集水井,中间还与各机组段排水沟的地漏相接。空压机室排水沟地漏排水管位于安装间基础下面,靠近主机间侧,它穿越主机间端墙与排水总管相接。地漏排水管采用 ϕ273 无缝钢管,该管道除排安装间的渗漏水外,还兼作空压机和气罐的排污通道。在安装间与主机间发生较大错位的情况下,地漏排水钢管出现了剪切及弯扭变形,且局部产生了漏水点。考虑到长期在外水及其他因素作用下,钢管上的漏水点破坏范围越来越大。大量的承压外水从排水埋管中进入了主厂房,然后通过排水总管大量的涌入集水井中,并不时地从水轮机层排水沟的地漏中冒出。

5.3　修复措施

5.3.1　渗水封堵

厂房渗水问题主要采用了防渗堵漏措施进行处理。2008 年 10 月,对副厂房底层墙面及地砖夹缝进行整体堵漏处理;2011 年 2 月,对电气夹层及相关区域的沉降缝,墙角缝采用 LW 聚氨酯、BW 止水条进行抗渗处理。两次处理后相关区域未再出现新的渗漏和潮湿情况。

2016 年的渗水处理难度相对较大,由于渗水量大、水压高且受尾水位的控制,处理时应选在枯水期进行。同时,在研究措施时拟订了两种方案:一是在主机间外封堵,二是在主机间内封堵。前者在回车场靠安装间下游侧下挖覆盖层后,对剪断的排水总管进行维修或混凝土回填封堵密实,该方法易封堵、效果好,但开挖大、成本高、不经济,且可能对安装间基础产生不利影响;后者充分利用 1# 机组水轮机层下游侧排水沟中的两个地漏,进行永久灌浆封堵,该方案不开挖、工序简单、成本低,但操作空间小、承压水不易封堵好,且水泥浆液及封堵物易残留在排水总管内而堵塞后面管道。在与业主充分协商沟通后,认为在合理组织封堵施工顺序后,方案二的缺点能够避免,故采用该封堵方案。

2017 年 3 月,采用了方案二对排水总管进行封堵。施工时,先通过水轮机层下游侧排水沟第一个地漏口,预埋带阀的钢管,使排水管形成可控的出口。布设中,需开凿 1 号地漏的混凝土,找到排水总管,并避免破坏地漏和排水总管。再通过第二个地漏口,采用模袋注浆技术,进行排水沟内模袋封堵,临时堵住地漏下段及相接的部分排水总管。封堵体必须控制在不超过该地漏区域,严防因封堵体扩散而堵塞排水总管后端。临时封堵 3 d 后,在判断渗水能有效控制并未出现其他绕渗情况下,再从 1 号地漏处灌浆进行永久封堵。

5.3.2　其他部位修复

为解决安装间的排水问题,增加了空压机室和透平油罐室地漏排水沟的高度,采用敷设明管方式,从排水沟外侧接一排水明管 DN100,跨过安装间与主机间的变形缝及主机间端墙,在通过电气夹层上的开孔引入水轮机层排水沟中。此外,原空压机室的排污管不再使用,另单独增设空压机和气罐的排污管 DN50,通过电气夹层的开孔,沿水轮机层下游墙布置,最终引至水轮机层 3# 机组端头的地漏中。

主厂房桥机轨道的错台问题,主要是安装间沉降造成的,通过 2008 年 9 月、2009 年 10 月的两次加垫处理后,至今未再发生变形现象,且能满足桥机正常运行使用。

对于安装间外墙混凝土局部开裂现象,进行简单的修补即可,不影响电站安全和正常运行。

5.4　厂房整体安全稳定再评价

在 2017 年,对厂房整体稳定情况进行了再次评价,并提出建议,主要有以下几点:

(1)作为厂房基础持力层的含漂(块)砂卵(碎)砾石层(alQ_4)中,不存在连续分布的粉细砂层,基础不会发生液化现象,且基础承载力满足要求,结合厂房整体稳定复核成果,认为厂房整体不存在安全稳定问题。

(2)通过厂房外观察看,结合震后十多年的运行情况,主机间和副厂房均未发生明显的不均匀沉降,1# 机组段与 2#、3# 机组段之间也未发现有错位现象;鉴于安装间的不均匀沉降变形基本趋于稳定,其自身结构也安全可靠,故暂不会对电站正常运行造成影响,但不排除在极端偶然工况下,安装间会发生进一步变形的可能。

(3)厂房的机电设备目前均能正常运行。安装间与主机间相连的桥机轨道、排水总管、排污管等在修复后,功能基本恢复,未再出现破坏;渗漏点封堵后,厂房已无外水入侵。结合现场多次踏勘情况,厂房是安全的。

(4)在条件允许的情况下,建议在安装间下游侧的厂坪上进行钻孔取样以了解目前基础情况,并在厂房周围布设沉降监测仪器,以方便持续监测,获取可靠的沉降数据,掌握变形规律,为可能发生的不利情况做好提前警示和应急准备。

6　结语与思考

薛城电站运行至今已十多年,其中经历的强震和余震达数十次之多,在汶川理县几乎被 2008 年地震全部摧毁之下,本电站依然屹立不倒,经受了前所未有的考验,值得点赞。发电厂房的设计水平和施工质量整体是安全可靠的,在通过震后的复核设计和局部修复后,厂房完全能正常运行发电。回想当年,电站仅用了 2 年多的时间就建成发电了,确实高质高效。然而,在后续的修复设计与研究中,引发了笔者几点思考,具体如下:

(1)覆盖层上修建地面厂房,回填区基础处理和施工一定要高度重视,尤其是在多震区,以避免今后发生不均匀沉降。

(2)在地震设防烈度较高的地区,厂内重要结构的配筋设计应适当留有一定余量做安全储备。

(3)建在多震区覆盖层上的地面厂房不仅应布置渗压计,还应布设外观监测仪器,以准确掌握厂房沉降情况。

(4)主、副厂房之间,安装间与主机间之间设计中应尽量不埋设刚性连接设备和管道,尽量走明线或采用柔性连接,同时,埋入部分功能宜相对独立。

(5)应加强厂房缝间止水设计,止水片应设置两道或以上,以降低因止水失效或局部破坏而带来渗水的影响。

(6)对于修复问题研究,应先找出问题根源,科学分析,并采用合理、经济、可靠的方案进行处理。

上述思考与建议,希望能对同类地面厂房的设计和施工提供一些帮助与借鉴。

薛城水电站计算机监控系统设计方案

李　菁

(中国水电顾问集团成都勘测设计研究院)

1　电站概况

薛城水电站位于四川省阿坝藏族羌族自治州薛城县境内,是岷江上游一级支流杂谷脑河水电规划"一库七级"开发规划方案中的第六个梯级电站。该电站为引水式电站,地面厂房,保证出力 3.3 万 kW,多年平均年发电量 6.578 亿 kW·h,年利用小时 4 770 h。本电站为单一发电工程,无防洪、航运、供水等综合利用要求。电站总装机容量 138 MW,装设 3 台单机容量 46 MW 的水轮发电机组。发电机—变压器组合方式采用一组单元接线和一组扩大单元接线,即一台发电机组连接一台 63 MVA 的双卷升压变压器组成一组发电机—变压器单元,另外两台发电机组连接一台 120 MVA 的双卷升压变压器组成一组发电机—变压器扩大单元。220 kV 设备采用户内 SF$_6$ 全封闭组合电器(GIS),220 kV 采用单母线接线,进线 2 回,一回出线连接至茂县开关站,另一回出线至回龙桥电站。

杂谷脑河流域自上而下的梯级电站有狮子坪电站、新店子、红叶二级电站、理县电站、维关电站、甘堡电站、薛城电站、古城电站、下庄电站、桑坪电站等。其中狮子坪电站(3 × 65 MW)、红叶二级电站、薛城电站(3 × 46 MW)、古城电站(3 × 60 MW)归属华电公司控股组建的四川杂谷脑水电开发有限责任公司。为实现上述 4 座电站的集中控制,杂谷脑公司建设了一个流域梯级集控中心,与 4 个梯级电站构成了一个物理距离扩大的厂站,电厂级计算机设置在该集控中心,构成了流域 4 个梯级电站的上位机系统,实现对各梯级电站的安全监视、操作控制以及运行管理,从而最终实现电站现场无人值班的运行管理模式,而各梯级电站内的常规中控室和站级计算机将得以简化。

2　计算机监控系统的设计原则

(1)薛城电站按照"无人值班"(集中控制)的原则设计,即电站现场无人值班(建成初期少人值守,条件成熟后过渡到杂谷脑河流域集中控制中心进行监控)。电站按能实现现地、远方(杂谷脑河集中控制中心和四川省调)监控的指导思想进行总体设计和配置。计算机监控系统负责完成站内的实时数据采集处理和监控任务。正常情况下,电站由杂谷脑河集控中心计算机监控系统对其进行远方直接监控,薛城水电站计算机监控系统在得到控制调节权后对本站进行监控。

(2)能实现薛城电站与流域集中控制中心以及四川省调度中心监控系统之间的通信。

(3)通过现场总线或者串行接口等方式实现电站计算机监控系统与电厂励磁装置、调速器装置、辅机、公用控制系统、直流系统、保护信息管理系统、机组变压器在线监测系统等之间的通信。

（4）系统配置和设备选型应符合计算机发展迅速的特点,充分利用计算机领域的先进技术,系统达到当前的国际先进水平。

（5）系统应高度可靠、冗余,其本身的局部故障不应影响现场设备的正常运行,系统的 MTBF、MTTR 及各项可用性指标均应满足《水电厂计算机监控系统基本技术条件》(DL/T 578)的规定。

（6）系统为全分布、全开放系统,既便于功能和硬件的扩充,又能充分保护应用资源和投资,分布式数据库及软件模块化、结构化设计,使系统能适应功能的增加和规模的扩充,并能自诊断。

（7）实时性好、抗干扰能力强。

（8）人机接口界面友好、操作方便。

3　计算机监控系统的结构

3.1　系统结构

薛城电站计算机监控系统采用全开放分层全分布式结构,整个系统由站控层和现地控制层构成。站控层由 2 台主机兼操作员工作站、3 台网关计算机和相应的外围设备组成,除完成对电站的监视控制外,还实现与四川省电力公司调度中心和杂谷脑河集控中心的通信,发送上行信号,接受调度中心下行的控制调节命令,是整个电站的控制核心。现地控制层由 6 个现地控制单元组成,包括 1～3 机组 LCU,公用 4LCU,开关站 5LCU 以及闸首 6LCU。LCU 直接面向生产过程,负责对现场数据的采集和预处理,既可作为分布系统中的现地智能终端,又可作为独立装置单独运行,能够独立或按上层控制级的命令完成对机组及其附属设备、电站公用设备和配电装置等的控制。各个 LCU 通过现场总线或串行接口与下级公用、辅机设备控制系统及其他智能设备通信。

计算机监控系统设备采用国电南京自动化股份有限公司的 SD200系统。

计算机监控系统框图参见附图:计算机监控系统结构框图(略)。

3.2　网络结构

薛城计算机监控系统的网络采用双以太网光纤环形网络结构,整个系统由网络上分布的各节点计算机单元组成,各节点计算机采用局域网(LAN)联接;与四川省调、杂谷脑河集控中心等外部系统通过调度远动通信工作站采用广域网联接;厂内其他综合自动化系统如主设备状态监测系统、消防监控系统、能量采集计费系统、继保信息管理系统、工业电视系统、水情自动测报系统等通过与厂内通信服务器相连实现数据通信。

局域网设备由 2 台快速交换式以太网交换机和网络连接设备组成,其中 1、2 号交换机构成冗余配置,布置在电站中控室。1 号交换机与 2 号交换机之间,通过 1 000 Mbps 单模光口连成双环网,双环网的两根光缆敷设在不同的通道内。1、2 号交换机通过多模光口与机组现地控制单元(1 ~ 3LCU)、公用设备现地控制单元 4LCU、开关站现地控制单元 5LCU 相连,通过单模光口与闸首现地控制单元 6LCU 相连,以及通过 RJ45 电口与上位机(包括两台主机/操作员站、一台工程师站、两台调度远动通信工作站、一台厂内通信数据服务器、网络打印机和 GPS 时钟)相连。

本计算机监控系统局域网按 IEEE 802.3 设计,局域网通信规约 TCP/IP,网络介质主要采用光纤,传输速率 100 Mbps。

4 计算机监控系统的配置

计算机监控系统主要由站控级设备、现地级设备以及二次安全防护设备、时钟同步系统、网络设备等组成。

4.1 站控级设备

●两台主机(兼操作员工作站)

采用美国 IBM 公司生产的 IBM X3400/I01 服务器,2 个 xeon 5210 双核处理器,主频 1.86 GHz(每个核),高速缓存 4 MB,内存 1 GB 、最大支持 32 GB,硬盘 584 GB(146 GB ×4) SATA;防火墙:CISCO PIX – 501 – BUN – K9。

●网关计算机(3 台)

采用美国 IBM 公司生产的 IBM X3400/I01 服务器,2 个 xeon 5210 双核处理器,主频 1.86 GHz(每个核),高速缓存 4 MB,内存 1 GB 、最大支持 32 GB,硬盘 584 GB(146 GB ×4) SATA;防火墙:CISCO PIX – 501 – BUN – K9。

●一台便携式计算机(兼工程师站)

采用美国 IBM 笔记本电脑 R60E/FYC,双核 2.4 GHz,内存 512 MB,硬盘 80 GB。

●打印机

1 台打印机服务器:HP500 X (三口);

1 台 A3 幅面彩色喷墨打印机:HP1280;

1 台 A4 幅面激光打印机:HP1022。

4.2　现地级设备

●机组现地控制单元 1～3LCU

型号:SD200 系列;

法国进口 Quantum unity PLC,CPU:32 位,内存≥2 MB,PLC 主频≥166 MHz,智能模块主频≥55 MHz,Unity 热备冗余 CPU,1 个 USB 口,1 个 MB (RS232/485)口,1 个 MB + 口,保证切换时间≤1 ms;

SOE:160 点;

DI:224 点;

AI:64 点;

DO:80 点;

RTD:120 点;

AC:3 套。

●公用现地控制单元 4LCU

型号:SD200 系列;

法国进口 Quantum unity PLC,CPU:32 位,内存≥2 MB,PLC 主频≥166 MHz,智能模块主频≥55 MHz,Unity 热备冗余 CPU,1 个 USB 口,1 个 MB (RS232/485)口,1 个 MB + 口,保证切换时间≤1 ms;

DI:416 点;

AI:32 点;

DO:80 点;

RTD:16 点;

AC:6 套。

●开关站现地控制单元 5LCU

型号:SD200 系列;

法国进口 Quantum unity PLC,CPU:32 位,内存≥2 MB,PLC 主频≥166 MHz,智能模块主频≥55 MHz,Unity 热备冗余 CPU,1 个 USB 口,1 个 MB (RS232/485)口,1 个 MB + 口,保证切换时间≤1 ms;

SOE:224 点;

DI:192 点;

AI:8 点;

DO:80 点;

AC:4 套。

●闸首现地控制单元 6LCU

型号:SD200 系列;

法国进口 Quantum unity PLC,CPU:32 位,内存≥2 MB,PLC 主频≥166 MHz,智能模块主频≥55 MHz,Unity 热备冗余 CPU,1 个 USB 口,1 个 MB (RS232/485)口,1 个 MB + 口,保证切换时间≤1 ms;

DI:160 点;

AI:16 点;

DO:32 点;

RTD:8 点;

AC:3 套。

4.3 时钟同步系统

时钟同步系统采用烟台恒宇公司产品 HYJ5222 型。

GPS 时钟同步装置布置在副厂房中控室的网络柜内,GPS 天线安装在副厂房楼顶上,天线长度不小于 150 m。GPS 时钟同步系统,包括所需的信号接收和译码设备,同轴电缆,接线器和天线,时钟精度 280Ns,对时精度 1 ms。装置主机中含有 4 个 RS232,4 个 RS422;1 路 1PPS;1 路 1PPM,1 路 IRIG − B(DC)信号,并且配置了时钟同步信号扩展器,通过信号扩展装置将分脉冲信号扩出多路,可提供 16 路分脉冲信号,分别接入现地控制单元内的 SOE 模件上,保证了全程 SOE 模件具有统一时钟。该装置除向监控系统发时间同步信号外,还应向其他智能设备(如故障录波、保护装置等)发送同步信号。

4.4 网络设备

站控层交换机采用德国赫斯曼千兆模块化可网管的工业以太网交换机,MS4128 − L3P,每套配置:1 块 MM4 − 4TX/SFP, 1 块 MM3 − 2FXM2/2TX1(2 个 100 M 多模光口、2 个 10 M/100 M RJ45 电口模块)、1 块 MM3 − 2FXS2/2TX1(2 个 100 M 单模光口、2 个 10 M/100 M RJ45 电口模块),双冗余 24 V 电源。

现地控制单元交换机(除闸门 LCU 外),采用 RS20 − 0400M2M2TDAPHC 型固定端口交换机,其含有 2 × 100 Base − FX 多模光口(SC 接头,传输距离:0 ~ 4 000 m),2 × 10/100Base − TX RJ45 电口。

闸门 LCU 交换机,采用 RS20 − 0400S2S2TDAPHC 型固定端口交换机,其含有 2 × 100 Base − FX 单模光口(SC 接头,传输距离:0 ~ 32.5 km),2 × 10/100Base − TX RJ45 电口。

5 系统功能与性能指标

计算机监控系统应能够实时、准确、有效地完成所有被控对象的安全监视和控制，并按"无人值班"设计原则设计整个计算机监控系统。

5.1 调控方式

监控系统应具有多种调控方式，以满足电站运行的需要。

在电站建成初期，由电站中控室站控级计算机进行监视控制，同时，亦可在现地控制单元（LCU）上进行控制操作，从而实现"无人值班"（少人值守）。

随着集控中心建成且电站一切运行平稳后，运行人员将全部集中在集控中心值班，从而完全实现"无人值班、集中控制"的运行模式。薛城电站监控系统应能够满足这种无扰动的过渡要求。正常运行时，由集控中心计算机监控系统对薛城电站进行远方实时控制、安全监视及调度管理；当由于通信故障使电站的计算机监控系统与梯级集控中心计算机监控系统联系中断时，则可在薛城电站通过站级计算机或现地控制单元（LCU）进行控制操作。

电站监控系统还应能接收四川省电力公司调度中心的远方调度监视和控制。

在工程投运初期，四川省电力公司调度中心计算机监控系统对薛城电站的调控方式有两种：

（1）省电力调度中心的调控命令和 AGC、AVC 设定值等可发到薛城电站上位机系统，由薛城电站上位机调控机组及其他设备。

（2）省电力调度中心通过薛城电站的网关计算机，能直接控制、调度到电站的机组和主要开关，单机设定值和命令可通过网关机发到 LCU，LCU 执行这些命令并返回足够的信息给上位机计算机监控系统进行监视。

在工程运行成熟后，薛城电站由杂谷脑河集控中心完成监控，四川省电力调度中心计算机监控系统对本电站的调控方式亦有两种：

（1）调控命令和 AGC、AVC 设定值等可发到集控中心计算机监控系统，由集控中心计算机监控系统调控流域内各个机组及其他设备。

（2）省电力调度中心通过集控中心的通信计算机和流域主干网络，能直接控制、调度到电站的机组和主要开关，单机设定值和命令可通过杂谷脑河梯级集控中心计算机监控系统发到 LCU，LCU 执行这些命令并返回足够的信息给集控中心和省调进行监视。

为保证控制和调节的正确、可靠,监控系统以手动优先、下层优先的方式,或者其他用户指定的方式选择对设备的控制权。操作步骤按"选择－确认－执行"的方式进行,并且每一步骤都应有严格的软件校核、检错和安全闭锁逻辑功能,硬件方面也应有防误措施。

5.2 控制层次

(1)LCU 现地:包括自动控制、自动分步控制,运行人员通过控制屏上的彩色触摸屏或控制开关、按钮等,实现机组的自动运行和分步运行。在机组 LCU 屏上还设置有带保护罩的手动紧急停机按钮和紧急关闭蝶阀的按钮。

(2)中控室/流域集控中心:全自动控制,自动分步控制,通过集控中心/中控室的操作员站向机组 LCU 给出自动开、停机命令或分步控制命令。

(3)四川省电力公司调度中心远方控制:全自动控制,通过调度中心监控系统,按照预定的要求或实时运算结果给出命令,直接控制到单台机组或开关。也可向集控中心设备给出流域内各个电站全厂总负荷,由集控中心主机按自动发电控制和最优发电运算(AGC/EDC)确定各电站开机台数和负荷分配,实现成组控制。

"中控/现地"手动方式转换开关设在 LCU 屏处,流域集控中心计算机监控系统控制方式转换开关设在电站中控室。只有当 LCU 屏处的方式转换开关切至"远方"时,才能由电站中控室控制;且只有当 LCU 及电站中控室的方式转换开关均切至"远方"时,才能由流域集控中心控制。

5.3 站控级计算机设备主要功能

站控级计算机设备主要功能为数据采集和处理、安全运行监视、控制操作与调节。

(1)对机组的控制与调节:

①机组开/停机顺序控制、事故停机和紧急停机控制。

②点设备控制:对单个对象具备 ON/OFF 操作的设备,要求对其实现 ON/OFF 控制操作,并考虑安全闭锁(包括对发电机出口断路器、隔离开关、接地刀闸、厂用电开关、进水口闸门的远方落门等控制)。

③给定值控制:机组的转速/有功功率、电压/无功功率和导叶开度按设定值进行闭环控制。

④油、气、水系统等机组辅助设备的自动控制。

⑤其他相关控制与操作。

(2)220 kV 断路器、隔离开关及快速接地刀闸的控制与操作。

（3）厂用电设备的控制与操作、10 kV 和 400 V 厂用电备自投的控制与操作。

（4）厂内公共设备（泵、阀）的控制与操作。

（5）闸门设备的控制与操作。

（6）其他相关设备的控制与操作。

①自动发电控制（AGC）。

根据电站获得的总有功和频率设置值，由电站自动发电控制程序自动分配到各机组。

②自动电压控制（AVC）。

根据电站获得的总无功和电压设置值，由电站自动电压控制程序自动分配到各机组。

③人机接口。

④统计记录与设备运行管理指导。

⑤语音报警及 ONCALL 功能。

应用语音报警系统，以电话语音报警方式接通值守人员电话或手机。

⑥生产报表及打印。

能方便地生成和修改表格，并能方便地查询、维护数据库，可自由生成过去任一时段的报表。运行人员通过打印机打印记录，获得相关信息。

⑦系统通信。

计算机监控系统应对通信通道、通信状态进行监视，并在操作员工作站上显示通信故障报警信息、通信状态等信息，对冗余通信通道应能自动或手动切换。

薛城电站与集控中心计算机监控系统通过以下通信通道通信：

主通道：串行通信方式；IEC870 – 5 – 101 规约。

备用通道：网络通信方式，信息传输采用 10/100 M 以太网接口；系统通信规约基于 TCP/IP 协议，应用层协议采用 IEC60870 – 5 – 104。

薛城电站与电网调度（四川省调）计算机监控系统通过以下通信通道通信：

主通道：四线全双工通道，通信速率为 1 200 Baud，信息传输采用 RS – 232C 异步串行数据通信；IEC870 – 5 – 101 规约。

备用通道：网络数据通道，带宽 2 Mbps 光纤通道，信息传输采用 10/100 M 以太网接口；DL476 – 92 广域网通信规约或 IEC870 – 5 – 104 规约。

⑧系统自诊断。

控制系统的硬件及软件自诊断功能包括在线周期性诊断、请求诊断和离线诊断。

⑨远程维护和诊断。

计算机监控系统应具有远程维护和诊断功能,通过远程拨入请求,使用专用通信协议方式进行在线远程维护和诊断,具体实施中应考虑安全防护措施。

⑩时钟同步。

全站设一套时钟同步系统,对监控和保护等系统提供对时信号。

⑪培训。

向运行操作人员提供操作或软件开发的培训。

5.4 现地控制单元功能

各现地控制单元实现对各生产对象的监控,各 LCU 的 CPU 完成各 LCU 的管理,并带有其监控范围内的完整的数据库,实现全开放的分布式系统的分布式数据库。各现地控制单元应具备较强的独立运行能力,在脱离主控级状态下能够完成其监控范围内设备的实时数据采集处理、设定值修改、设备工况调节转换、事故处理等任务,具有容错、纠错能力,并带有其监控范围内的完整的数据库。现地控制单元包括如下主要功能:

(1)模拟量、数字量采集与处理。

除大量信息采用常规的 I/O 方式外,现地控制单元还以串行通信等方式采集励磁、调速器和主变冷却系统的模拟量,进行预处理,并根据需要,经由网络总线上送电厂级。

电气量的采集采用变送器转换成 4～20 mA 给现地模拟量采集模块;温度量采用专用采集模板,直接从 Pt100 测温电阻接入。

(2)数字量采集与处理。

(3)电度量采集与处理。

(4)综合量的计算。

(5)人机联系。

(6)机组开/停机顺序控制,以及机组辅助设备的自动控制。

(7)机组事故停机和紧急停机控制。

(8)机组有功功率及频率调节。

(9)机组无功功率及电压调节。

(10)磁场断路器分合闸。

(11)发电机断路器的分合闸,以及同期并网操作。

（12）发电机隔离开关分合闸。

（13）220 kV 断路器的分合闸，以及自动捕捉同期并网操作。

（14）220 kV 隔离开关、接地开关的分合闸。

（15）10 kV 厂用电进线、分段、馈线各开关的分/合闸操作，以及备自投装置的投/切操作。

（16）400 V 厂用电电源开关及备自投的投/切操作。

（17）柴油发电机的启动/停止操作。

（18）厂内公用设备的控制。

（19）控制各闸门开启/关闭或到指定开度。

（20）接受操作员站或杂谷脑集控中心的有功/无功的单机或联合调节。

（21）与主控级计算系统的通信。

（22）自诊断。

（23）LCU 通过 MB 现场总线或 RS485 串行接口与微机调速器、微机励磁调节器、机组辅助及公用设备控制柜、闸门现地控制柜等设备进行通信。

5.5　系统主要性能指标

5.5.1　实时性

计算机监控系统设备的实时性反映在系统的各种响应时间上，包括微处理机处理、存储器存储、数据采集及处理、通道传输、软件等的速度或效率，同时还应考虑故障时重载对响应时间的影响。

● 单元级 LCU 响应能力

单元级 LCU 响应能力应该满足对于生产过程的数据采集时间或控制命令执行时间的要求。

状态采集周期：≤1 s；

模拟量采集周期：电量≤250 ms，非电量（包括温度量）≤1 s；

报警点采集周期：≤500 ms；

事件顺序记录点（SOE）分辨率：≤1 ms；

LCU 接受控制命令到开始执行的时间应小于 1 s。

● 主控级的响应能力

主控级的响应能力应该满足系统数据采集、人机接口、控制功能和系统通信的时间要求。

主控级数据采集时间包括单元级 LCU 数据采集时间和相应数据再采入主控级数据库的时间，后者应不超过 1 s。

●人机接口响应时间

调用新画面的响应时间:全图形显示不大于 2 s;

在已显示的画面上实时数据刷新时间从数据库刷新后算起不大于 1 s;

操作员发出执行命令到控制单元回答显示的时间不超过 1 s;

报警或事件产生到画面字符显示和发出音响的时间不超过 1 s。

●主控级控制功能的响应时间

有功功率联合控制功能执行周期为 3 s 可调;

无功功率联合控制功能执行周期为 6 s 可调;

自动经济运行功能处理周期为 5 min 可调;

主控级对调度系统数据采集和控制的响应时间应满足调度系统的要求。

所有传送信息的变化响应时间≤2 s;

事件顺序记录(SOE)分辨率:≤1 ms;

双机(工作站)切换时间:双机热备用,切换时保证无扰动、实时数据不丢失、实时任务不中断。

5.5.2 可靠性

系统中任何设备的任何故障均不应影响其他设备的正常运行,同时也不能造成所有被控设备的任何误动或关键性故障。

主控级的各工作站或计算机的 MTBF(故障平均间隔时间)应大于 16 000 h。

单元级 LCU 的 MTBF 应大于 30 000 h。

对于设备运行中 MTBF 的考核值可以考虑以设备正式投运后的两年时间为计算期限,其中包括正常停机时间。如果故障的处理时间超过规定的维修时间,则计算期限应相应延长。应采用制造厂提供的合格的备件来更换故障组件。

监控系统的使用寿命为 15 年。

5.5.3 CPU 负荷率

按本节所述信息规模及实时响应指标,在电力系统正常情况下,任意 30 min 内主控级计算机和 LCU 负荷率小于40%。在电力系统事故状态下, 10 s 内应小于60%。

薛城电站整个监控系统具有通信速度快、数据处理能力强、安全可靠的特点;主要设备均采用冗余配置,如主机、操作员工作站、调度远程通信工作站等;各 LCU 采用双机热备(如:CPU、通信接口及电源模块等),满足电站运行要求,各硬件设备均采用国际知名品牌产品。

计算机监控系统与主要设备之间的接口配合较好,调试顺利。当机组投运时,计算机监控系统的主要功能便同步投入运行,运行状况较好。监控系统投入运行以来,设备本身可靠性较高,运行情况良好,性能指标均达到规程、规范及合同要求。

薛城电站接入杂谷脑河流域集控中心通信设计方案

徐 牧

(中国电建集团成都勘测设计研究院有限公司)

1 项目建设背景

四川华电杂谷脑水电开发有限责任公司下辖四个水电站,分别是狮子坪电站、红叶二级、薛城电站和古城电站,四级电站依次坐落在四川省阿坝藏族羌族自治州杂谷脑河上。杂谷脑河上理县境内另有理县、甘堡两个电站,隶属于理县星河电力有限责任公司。

薛城电站上游与甘堡电站尾水衔接,下游与古城电站相接。电站装机容量 3×46 MW,年设计发电量 6.492 亿 kW·h。电站设有 2 条出线,1 条 220 kV 出线与薛城电站连接,1 条 220 kV 出线与古城电站连接。电站于 2007 年 12 月投产,受四川省调直接调控。

杂谷脑公司从实际需求出发,由于下辖的电站都处在理县偏僻的山区内,电厂交通不便,将杂谷脑流域集控中心建设在成都市内,可以极大地改善电站运行管理人员的生产和生活条件。

但是薛城电站距离成都直线距离较远,怎样在电站与集控中心之间建立安全、可靠、高效、经济的通信传输通道,就显得尤其重要。

2 薛城电厂通信设备介绍

薛城电站至古城电站出线 1 回 220 kV 输电线路,该 220 kV 输电线路上已敷设 1 根 12 芯 OPGW 光缆,光缆长度约 19 km;回龙桥电站至薛城电站出线 1 回 220 kV 输电线路,该 220 kV 输电线路上已敷设 1 根 12 芯 OPGW 光缆,光缆长度约 5 km。通信设备配置如下:

电站配置有省网中兴光传输设备:薛城至古城电站有 1 + 1 保护 622

Mbit/s 速率的光路,薛城至回龙桥电站 1 + 1 保护 622 Mbit/s 速率的光路;
配置有地网华为光传输设备:薛城至古城电站有 1 + 1 保护 622 Mbit/s 速率
的光路(1 主 1 备),薛城至回龙桥电站有 1 + 1 保护 622 Mbit/s 速率的光路
(1 主 1 备)。

3　薛城电站通道需求

　　薛城电站至杂谷脑集控中心的通道需求包括语音信息(程控交换系统
组网)、电气二次Ⅰ、Ⅱ、Ⅲ区信息和电力生产管理办公信息等。这些信息
根据业务特点又分实时和非实时信息,对传输时延又有不同的要求。薛城
电站至杂谷脑集控中心的信息流量统计见表1。

表1　薛城电站至杂谷脑集控中心的信息流量统计

序号	业务名称	主用电路通道带宽(Mbit/s)	备用电路通道带宽(Mbit/s)	应急电路通道带宽(kbit/s)	备注
1	程控调度交换	2	2	64	
2	视频会议系统	4	0	0	
3	计算机监控系统	4	2	512	
4	Ⅱ区数据网系统	4	2	0	
5	工业电视监控系统	8	8	0	
6	电力生产管理信息系统	4	0	0	
	合计	26	14	576	

4　传输网络设计

4.1　通信方式的选择

　　电力通信常用通信方式有电力线载波通信、微波通信、光纤通信、卫星
通信等,考虑到薛城电站的集中监控对网络业务带宽、安全性、可靠性及经
济性的要求,采用光纤通信与卫星通信联合组建的方式。

4.2　主用通道组网

　　主用通道采用光纤通信方式组网,分薛城电站至信通公司通信组网、梯
级内部通信组网和杂谷脑河集控中心至信通公司通信组网三部分。

4.2.1　薛城电站至信通公司

薛城电站至信通公司组网可采用如下几种方案进行组建：

（1）方案一。

自建光缆线路，形成电站至信通公司的光传输网路。

自建光缆可获得通信带宽较大，但由于薛城电站距离信通公司所在地较远，采用本方式自建光缆费用高昂，且后期维护不便。

（2）方案二。

租用电力公司专用纤芯，自建电站至信通公司光纤传输网络。

租用四川电力通信专网光缆纤芯可靠性高，可获得带宽较大，运行维护方便。但目前四川电力通信专网纤芯资源紧张，租用专用纤芯非常难于实现，且费用较高。

（3）方案三。

租用电力公司电力专网带宽，建设电站至信通公司光纤传输通道。

目前四川电力光纤干线网络已经覆盖全川，电力光网络主要采用电力特种 OPWG 光缆线路，由于 OPGW 光缆复合于输电线路地线中，受自然灾害影响较小，可靠性高，考虑电站与四川电网关系紧密，电站与四川电力有现成的电站接入系统光纤传输通道，租用四川电力通信专网带宽，充分利用四川电力专网资源，是切实可行的，并且相对自建光纤传输通道，无论从建设成本、可靠性以及运行维护等多方面都具有很大优势，目前该运行模式在四川梯级集控中广泛运用。

（4）结论。

根据四川电力调度对远程集控中心通信传输网络的要求，考虑到四川电力光通信专网现状，集控中心通信传输主用通道采用方案三，租用四川电力光纤通信专网光纤电路方式，电站租用电力专网光纤通信电路至信通公司。

4.2.2 梯级内部通信组网

根据各梯级电站接入系统设计，狮子坪、红叶二级电站通过架设在 220 kV 线路上的单回 12 芯 OPGW 光缆线路接入下孟 220 kV 变电站，同时狮子坪电站通过架设在 110 kV 线路上的 24 芯 ADSS 光缆线路接入沙坝 220 kV 变电站；古城、薛城通过架设在 220 kV 线路上的单回 12 芯 OPGW 光缆线路接入汶川 220 kV 变电站。

通过分析杂谷脑河流域 4 个电站的接入系统通信现状，可以发现，由于狮子坪、红叶二级电站和薛城、古城电站地理位置相距较远，分下孟、汶川两个 220 kV 变电站接入，而狮子坪电站同时又接入了沙坝 220 kV 变电站，如果要

利用梯级内部OPGW光缆组建梯级内部光纤环网,需要满足三个必要条件:

(1)下孟220 kV变电站或者沙坝220 kV变电站与汶川220 kV变电站之间有OPGW光缆连接,并且有可利用的纤芯资源。

(2)狮子坪—红叶二级—下孟220 kV变电站或者红叶二级—狮子坪—沙坝220 kV变电站之间的OPGW光缆有充分可利用的纤芯资源。

(3)薛城—古城—汶川220 kV变电站之间的OPGW光缆有充分可利用的纤芯资源。

从目前情况来看,下孟、沙坝220 kV变电站之间建设有24芯OPGW光缆,下孟、汶川220 kV变电站之间建设有2条12芯OPGW光缆,但租用已建的电力通信专网纤芯资源相当困难。而古城电站至汶川220 kV变电站之间已经没有可以利用的OPGW光缆纤芯。

鉴于以上条件难以保证,利用电力通信专网纤芯资源自建梯级内部光纤通信网络,无论是组建链型还是环型网络,都不可行,故采用租用电力公司电力专网带宽,建设梯级电站内部光纤通信网络。

方案一:

从理县闸首自建1条24芯普通架空光缆线路至红叶二级电站,形成狮子坪—红叶二级—理县甘堡联合控制中心—下孟变、薛城—古城—汶川两条链路结构。狮子坪、红叶二级、薛城、古城电站利用省网S380/390设备,理县甘堡联合控制中心新配置一台STM – 16设备,一条链路由红叶二级电站接入下孟变,另一条链路由古城接入汶川变。

方案一的组网方案如图1所示。

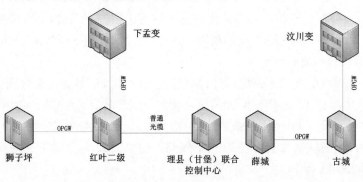

图1 方案一

方案二:

考虑到红叶二级电站距离理县电站闸首较近,薛城电站闸首距离甘堡电站较近,可以通过自建部分光缆线路,从理县电站自建 1 条 24 芯普通架空光缆线路至红叶二级电站,从甘堡电站自建 1 条 24 芯普通架空光缆线路至薛城电站闸首,形成狮子坪—红叶二级—理县闸首—理县—甘堡闸首—甘堡—薛城闸首—薛城—古城的光缆路由。狮子坪、红叶二级、薛城、古城电站利用省网 S380 设备,理县甘堡联合控制中心新配置一台 STM – 16 设备,组建杂谷脑河流域内部光纤通信网络,由红叶二级电站接入下孟变。

方案二的组网方案如图 2 所示。

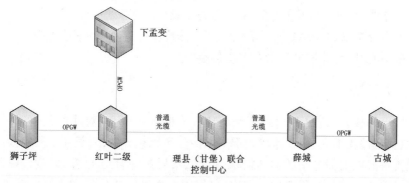

图 2　方案二

结论:

方案一为链路结构,狮子坪、红叶二级、理县甘堡联合控制中心通过下孟变接入,薛城、古城电站通过汶川变接入,可靠性较差;方案二采用光纤环网,利用光环网的自愈功能提高了光纤网络的可靠性。

通过综合比较,本工程采用方案二。

4.2.3　杂谷脑河流域集控中心至信通公司通信组网

根据《四川电网梯级水电站集控中心调度管理规定(试行)》对集控中心通信传输网络的要求,杂谷脑河集控中心至信通公司必须采用双路由,经不同的 2 点接入信通公司。杂谷脑河流域集控中心将采用自建光缆线路的方式接入。

4.3　备用通道组网

为保证薛城电站至杂谷脑河集控中心生产管理数据传输的可靠性,应考虑集控中心备用通信传输通道,以确保其各电站重要监控数据主用通道故障时能及时传送至杂谷脑河集控中心。

结合公网通信的发展现状,目前公网各大营运商光纤传输网络已经全部覆盖电站所在地,根据梯级集控业务传输通道需求,在租用四川电力光纤通道带宽作为主用通道的基础上,通过租用公网带宽作为集控中心备用通信通道。

4.4　应急通道组网

根据《四川电网梯级水电站集控中心调度管理规定(试行)》要求,集控中心应具备防御各种故障和抵抗自然灾害能力,而卫星通信抗自然灾害能力较强,传输容量较大,可满足集控中心对音频、视频、数据多种业务传输的需求。为保证薛城电站与流域其他电站之间及至杂谷脑河集控中心通信系统通道的可靠性,建设1套卫星通信系统,作为梯级集控应急通信传输通道。

系统拟采用VSAT卫星系统,星形结构组网,在杂谷脑河集控中心设立卫星中心站,在薛城电站设立卫星远端站。

5　小　结

电站接入集控中心,特别是距离较远的远控中心,对通信通道的可靠性、安全性要求高,由于流域内部电站的分布比较分散,一般在工程实践中,需要将流域内部电站的通道需求进行汇聚后选择合适的通信节点进行传输。结合目前的工程实际,一般又以租用电力光纤通信专网光纤电路方式为主。但是由于四川电网已经大规模地建设有各种流域、区域甚至是省级集控中心,大量占用了电网的光纤电路资源,因此在以后的流域集控中心建设中,既要摒弃以前粗放的设计方式,需要对流域内部带宽资源精心规划,尽量理清实际需求,集约化设计,又要对通信方式进行思考,转变设计思路,结合目前迅速发展的4G/5G通信,寻求未来更长远的发展方式。

薛城水电站是最典型的中温带
采暖通风模式

陈　川

（中国电建集团成都勘测设计研究院有限公司）

1　技术背景

气候是决定水电站通风空调形式及容量的关键性因素。

中国南北跨越纬度广，各地接受太阳辐射热量的多少不等。根据各地≥10 ℃积温大小的不同，中国自北而南有寒温带、中温带、暖温带、亚热带、热带等温度带，以及特殊的青藏高寒区。也可细分为寒温带、中温带、暖温带、北亚热带、中亚热带、南亚热带、边缘热带、中热带、赤道热带、高原亚寒带、高原温带。

中国的亚热带，全称为中国东部季风湿润区亚热带常绿阔叶林红黄壤地带，属大陆东岸型。它在世界上占有独特的地位。世界上同纬度的其他地方，由于副热带高压带的存在，空气下沉增温，水汽远离饱和点，大都成为极端干旱的荒漠；典型的亚热带气候——地中海型气候，冬湿夏干，水热不甚协调，也远逊于中国季风亚热带。中国的亚热带，由于季风环流和青藏高原的影响，雨热同季，气候适宜，成为举世闻名的鱼米之乡。

四川省大部分地区位于我国秦岭—淮河线以南，属于南方地区，温度带应是亚热带。

以上气候划分方式是以农业为基础的，对于通风空调设计并无太大帮助，故从未作为设计参考。

显然，有必要从暖通专业的角度对气候带进行划分，以利于暖通设计。

2　气候带划分

从暖通专业的角度可将中国的气候带划分为4个，每一个气候带都有其对应的典型水电站暖通空调模式。

中国的暖通气候带划分为寒带、中温带、暖温带、热带。

寒带：冬季采暖室外计算温度 ≤ -5.0 ℃。

典型电站：西藏直孔水电站。

中温带：-5.0 ℃ <冬季采暖室外计算温度 ≤ 0 ℃。

典型电站：四川薛城水电站。

暖温带：夏季空调室外计算温度 <35.0 ℃；冬季采暖室外计算温度 >0 ℃。

典型电站：四川瀑布沟水电站。

热带：夏季空调室外计算温度 ≥35.0 ℃。

典型电站：重庆鱼跳水电站。

四川省大部分地区属于暖温带,相当多的水电站通风空调模式与瀑布沟水电站相近或相似。瀑布沟水电站通风空调模式也是运用最广、最成熟的一种模式。也有相当多的论文和科研成果发表,这里就不再重复。

四川省境内属于中温带的水电站较少,而且中温带水电站通风空调模式相对于其他气候带是最简单的一种通风空调模式。故而目前没有人对这一气候带内的水电站通风空调模式进行总结和归纳。

但是作为一个独立的暖通气候带,总结和归纳出其典型的通风空调模式是很有必要的。

3 薛城水电站

薛城水电站是最典型的中温带采暖通风模式。

3.1 水电站简介

薛城水电站位于四川省阿坝藏族羌族自治州理县境内的杂谷脑河上。闸址距理县 9 km,距成都 194 km。薛城水电站装机容量 138 MW,多年平均发电量 6.492 亿 kW·h,年利用小时数 4 704 h。电站水库正常蓄水位 1 709.50 m,相应库容 114.8 万 m^3,汛期排沙运行水位 1 704 m,水库死水位 1 704.0 m,调节库容 62.3 万 m^3,具有日调节能力。

3.2 室外气象参数

杂谷脑河流域属川西高原气候区,具有山地季风气候特点,冬季寒冷、干燥、降水稀少、气温日差较大,夏季干、雨季明显,伏旱频繁。根据理县气象站提供的气象参数加以修正后确定厂房的主要气象参数。

室外多年平均温度	12.2 ℃
极端最高温度	34.9 ℃
极端最低温度	-10.0 ℃

多年平均相对湿度	67%
夏季通风室外计算温度	27.0 ℃
冬季通风室外计算温度	1.8 ℃
冬季采暖室外计算温度	−2.0 ℃

3.3　通风空调系统设计方案

本电站为地面式厂房,采用自然进风、机械排风的通风方式,对副厂房重要房间如中控室等设空调机进行空气调节;蜗壳层相对比较潮湿,设置除湿机除湿。电站所在地区冬季寒冷,在发电机层设暖风机采暖。

3.3.1　通风部分

(1)主厂房发电机层由窗户及大门自然进风,排风分两部分:一部分排风进入一次副厂房二层,再通过屋顶风机排风至室外;另一部分排风进入电气夹层及以下各层。发电机层通风量为 11.593 万 m^3/h。

(2)电气夹层通过楼梯及吊物孔从发电机层引风,排风分三部分:一部分排风进入一次副厂房一层,再通过风机和预埋风管排风至室外;一部分排风进入油库、油处理室、空压机室;另一部分进入水轮机层。电气夹层通风量为 8.158 万 m^3/h。

(3)水轮机层通过楼梯及吊物孔从电气夹层引风,排风进入蜗壳层。水轮机层通风量为 1.674 万 m^3/h。

(4)蜗壳层通过楼梯从水轮机层引风,通过风机和预埋风管直接排风至室外。蜗壳层通风量为 1.674 万 m^3/h。

(5)油库、油处理室、空压机室为独立的排风系统,均从电气夹层进风,通过预埋风管及风机排风至室外。油库、油处理室、烘箱室通风量均为 3 780 m^3/h;空压机室通风量为 1.07 万 m^3/h。

(6)一次副厂房一层从电气夹层引风,通过预埋风管及风机排风至室外。通风量为 4.28 万 m^3/h。

(7)一次副厂房二层从发电机层引风,通过安装在其屋顶上的屋顶风机排风至室外。通风量为 3.435 万 m^3/h。

(8)GIS 层从室外进风,通过安装在墙上的风机排风至室外。通风量为 4.26 万 m^3/h。

(9)主变室从室外进风,通过安装在墙上的风机排风至室外。通风量为 2.84 万 m^3/h。

(10)蓄电池室从室外进风,通过安装在墙上的风机排风至室外。通风量为 3 780 m^3/h。

3.3.2 空调与除湿部分

副厂房的中控室等房间要求较高。为满足室内设计要求,并保证室内运行人员舒适的工作条件及室内各自动化元件的正常运行,采用空调机进行空气调节。中控室设置 2 台 HF12 空调机,计算机室、通信室各设置 1 台 HF12 空调机。

由于蜗壳层相对比较潮湿,故设置 3 台 CFY5 型除湿机进行通风除湿,以保证该区域环境湿度满足要求。

本电站所处地区冬季寒冷,故在发电机层安装 6 台暖风机进行采暖,其余地区不设采暖装置。

3.4 空调与除湿部分通风、空调设备参数

空调与除湿部分通风、空调设备参数见表1。

表 1 通风空调设备材料

序号	设备名称	规格及参数	单位	数量	备注
1	空调机	HF12 $Q_1=12\,300, V=3\,000, N=13.8$	台	2	中控室
2	空调机	HF12 $Q_1=12\,300, V=3\,000, N=13.8$	台	2	通信、计算机室
3	轴流风机	T35 $-$ 11 No4.5 $n=1\,450, V=5\,580$, $H=115, N=0.25$	台	3	蜗壳层
4	轴流风机	T35 $-$ 11 No5.6 $n=1\,450, V=10\,700$, $H=177, N=0.75$	台	1	空压机室
5	轴流风机	BT35 $-$ 11 No4 $n=1\,400, V=3\,780$, $H=84, N=0.6$	台	1	蓄电池室
6	轴流风机	BT35 $-$ 11 No4 $n=1\,400, V=3\,780$, $H=84, N=0.6$	台	1	油库
7	轴流风机	BT35 $-$ 11 No4 $n=1\,400, V=3\,780$, $H=84, N=0.6$	台	1	油处理室

续表1

序号	设备名称	规格及参数	单位	数量	备注
8	轴流风机	BT35－11 No4 $n=1\,400$, $V=3\,780$, $H=84$, $N=0.6$	台	1	烘箱室
9	轴流风机	T35－11 No5.6 $n=1\,450$, $V=10\,700$, $H=177$, $N=0.75$	台	4	一次副厂房一层
10	屋顶风机	BDW－87－3 No4.5 $n=1\,450$, $V=6\,870$, $H=100$, $N=0.55$	台	5	一次副厂房二层
11	轴流风机	T35－11 No5.6 $n=960$, $V=7\,100$, $H=77$, $N=0.37$	台	6	GIS层
12	轴流风机	T35－11 No5.6 $n=960$, $V=7\,100$, $H=77$, $N=0.37$	台	4	主变室
13	轴流风机	T35－11 No4 $n=1\,450$, $V=3\,920$, $H=90$, $N=0.12$	台	1	电工实验室
14	换气扇	SF5177 $n=1\,200$, $V=780$, $N=0.037$	台	6	中控室等
15	除湿机	CFY5 $G=5$, $N=2.7$	台	3	蜗壳层
16	暖风机	HZ－10, $N=10$	台	6	发电机层
17	防火阀	各型	个	30	
18	百叶风口	各型	个	20	
19	玻璃钢风管		T	5	

注: n—转速,r/min; N—功率,kW; Q_1—制冷量,W; G—除湿量,kg/h; V—通风量,m³/h; H—风压, Pa。

4　典型中温带采暖通风模式

根据薛城水电站经验,典型中温带采暖通风模式总结如下:

(1)中温带夏季通风室外计算温度较低,宜采用通风方式解决厂内温湿度问题,不宜采用空调方式。

(2)中温带冬季采暖室外计算温度低于0 ℃,但不太低。有采暖需求,但并不大。可尽量少设或不设采暖设施。

(3)中温带水电站局部房间或区域有除湿问题需求。可在相对潮湿房间或区域布置除湿设备。

薛城水电站超长引水系统设计
关键技术研究

袁　琼　沈文莉　杨　敬

（中国电建集团成都勘测设计研究院有限公司）

摘　要　引水式电站为利用河流水能落差,引水隧洞多长达几百米到数千米,部分长达十几千米,个别长达几十千米。本文以投运并经历汶川特大地震的薛城电站为依托,对超长引水隧洞设计关键技术进行了总结。薛城水电站引水隧洞长度达到 16.7 km,在同类工程规模中属于超长引水隧洞。隧洞沿线跨沟多、地下水丰富、地层岩性多样、地质条件复杂,引水线路布置技术难度大。工程地处高山峡谷,施工条件差,施工场地布置困难。为确保引水隧洞安全投运,对一系列的关键技术问题进行研究和解决。

关键词　薛城水电站;超长引水发电隧洞;设计关键技术研究

1　引　言

薛城水电站位于四川省阿坝藏族羌族自治州理县境内的杂谷脑河上,是杂谷脑河流域"一库七级"梯级开发中第六级电站。开发方式为闸坝引水式开发,闸址位于甘堡电站厂房公路桥至板子沟电站厂房的顺直河道段,厂址位于杂谷脑河右岸岸边的木卡乡木材检查站附近。

薛城水电站装机 3 台,容量 138 MW,总引用流量 114.33 m³/s,设计水头 136 m,年利用小时数 4 704 h,多年平均发电量 6.492 亿 kW·h。电站水库正常蓄水位 1 709.50 m,相应库容 114.8 万 m³,水库死水位 1 704.0 m,调节库容 62.3 万 m³,具有日调节能力。薛城电站工程等别为中型Ⅲ等,永久性主要建筑物级别为 3 级,次要建筑物为 4 级。

电站引水系统包括有压隧洞、调压井、压力管道,隧洞全长 14.73 m,平均坡降 2.07‰。

薛城水电站闸首至厂房间杂谷脑河谷两岸分布蒲溪沟、孟屯沟等深切沟谷,分布唐家湾、列列寨等大型滑坡。为有效避开深切沟谷、大型滑坡对引水系统的影响,对引水线路、引水隧洞结构、不良地质洞段成洞支护等进行了研究;由于工程地处高山峡谷地带,隧洞深埋山体内,施工作业面狭窄,为确保工程工期和施工安全,对施工布置、施工方法进行了研究。为确保引水隧道运行安全,对引水隧洞的充水、泄水、检查检修要求进行了研究。

薛城电站于 2005 年 9 月开始施工,2007 年 12 月投产,先后经历了 2008 年汶川大地震和 2013 年芦山地震的考验,进行了 4 次充泄水检查,目前引水建筑物整体运行安全。为纪念薛城电站投运 10 周年,对薛城电站引水系统的关键技术研究进行总结,为类似工程提供参考经验。

2　引水线路方案比选研究

2.1　引水区域地形地质条件

薛城水电站地处四川盆地与青藏高原东南缘的过渡地带,总体地势西北高南东低,山岭海拔 2 500 ~ 5 150 m,相对高差 1 000 ~ 3 000 m。区内地形切割强烈,谷深坡陡,以高山、中高山为主,山脊形态类型多为尖山脊。杂谷脑河为岷江右岸的一级支流,河道平均坡降 18.4‰,河流横断面一般呈"U"形峡谷,谷坡坡度 35° ~ 60°,谷底宽一般 40 ~ 120 m。

工程区地层分区属马尔康分区,区内出露地层主要为志留系—二叠系及第四系地层。地层建造以火山岩、海相砂泥岩、碳酸盐岩建造为主,在不同地质时期构造运动中,特别是三叠系末期的印支运动,使区内地层普遍褶皱,并发生区域变质作用,形成了一系列浅变质岩系,局部中等变质。隧洞沿线地层由志留系茂县群第五组(S_{mx}^5)、泥盆系危关群下、上组(D_{wg}^1、D_{wg}^2)及石炭—二叠系(C + P)浅变质岩组成,岩性以千枚岩为主夹变质砂岩、结晶灰岩、石英岩和泥灰岩。第四系覆盖层主要在河床、冲沟沟底及沿河、沟谷坡坡脚出露。

2.2　左、右岸引水线路选择研究

从地形、地质条件看,薛城电站左、右岸引水线路沿线地层岩性主要为千枚岩和砂岩,岩层走向大多与杂谷脑河近于平行或小角度相交,陡倾左岸。隧洞沿线杂谷脑河两岸滑坡和沟谷均较发育,尤以左岸孟屯沟切割深度大、沟谷宽,洞线绕沟和跨沟均具一定难度,对引水隧洞的布置有较大影响。

从首部枢纽建筑物布置条件看,闸址左岸岩体破碎,倾倒变形强烈,变形深度达 60 余米,右岸岩体相对完整,卸荷深度仅 20 余米,隧洞进口条件较好。

从厂区布置条件看,厂址区左岸为规模巨大的列列寨滑坡,滑坡上游为

回龙桥电站的厂房,下游为陡坡,无宽缓台地。但厂址区右岸 I 级阶地发育,具备布置厂房的条件。

从施工条件看,国道 317 线从杂谷脑河右岸经过,右岸引水线路施工交通较为方便,而且右岸支沟处有利于施工支洞的布置。

右岸地形地质条件相对较优越,交通条件便利,综合考虑采用右岸引水线路方案。

2.3 右岸引水洞线选择研究

根据本电站特点,考虑工程区地形、地质条件,引水线路采用有压引水隧洞。

2.3.1 右岸工程区地质条件

引水隧洞区谷坡陡峻,自然坡度一般 35°~50°,相对高差 1 000~1 500 m,属典型的中高山峡谷地貌,山体总体上较完整。沿线从上游至下游依次有蒲溪沟、破碉房沟和薛城沟切割。其中蒲溪沟切割相对较深,坡降较缓,约 12%,沟谷较窄,宽 30~50 m,两岸有基岩裸露;破碉房沟和薛城沟沟谷较宽,其两岸有多处小型滑坡和崩塌堆积体分布。

隧洞沿线岩性以千枚岩为主夹变质砂岩、结晶灰岩、石英岩和泥灰岩。隧洞区地质构造简单,沿线无较大规模的断层通过,区内构造行迹为上述地层构成的一系列 NE 向展布的紧密褶皱,层内小型揉皱发育,千枚岩层面裂隙发育。沿线岩体崩塌、滑坡等不良物理地质现象发育,从上游至下游共发育有唐家湾、望月寨、大河滩、欢喜村四个大型滑坡。据物探测试资料,望月寨、欢喜村滑坡厚度 30~65 m,规模巨大,蒲溪沟和薛城沟两岸有多处小型滑坡和崩塌堆积体分布。

引水隧洞区地下水类型主要有基岩裂隙水和第四系松散堆积层孔隙水,地下水受大气降水补给,向沟谷或杂谷脑河排泄。

2.3.2 引水线路布置

根据隧洞沿线地形、地质特点,结合施工支洞的布置,针对隧洞跨蒲溪沟方式,比较了"跨沟方案"及"绕沟方案"。这两个方案仅在过蒲溪沟处有所区别,其余各控制点均相同,两种方案引水线路工程地质条件总体相同,方案均是可行的。

"绕沟方案"引水线路长 14 815.23 m,过蒲溪沟处埋深约 80 m,其中覆盖层厚 26 m,谷底宽 20~30 m。

"跨沟方案"引水线路长 14 727.28 m,跨沟位置位于绕沟方案下游约 1 km 处,谷宽约 45 m,两岸基岩裸露,地形陡峻,山体完整,具备跨沟的地形地质条件。

2.3.3　引水线路选择

从工程地质的角度来看,两方案地质条件基本相同,均具有建设条件。

从水工枢纽布置来看,"跨沟方案"引水洞线虽较"绕沟方案"短 88 m,但"跨沟方案"有一跨度为 40 m 长的管桥,并无优势。

从施工布置来看,本工程引水隧洞的施工为电站控制工期,为保证电站如期发电,在两方案引水隧洞施工总工期一致的情况下,施工支洞的布置差别较大:

(1)两方案均布置有 7 条施工支洞,"绕沟方案"支洞总长 4 898 m,"跨沟方案"支洞总长 2 816 m,较"绕沟方案"支洞短 2 082 m。

(2)"跨沟方案"中最长的施工支洞为 1# 支洞,长度为 575 m,开挖工期需 5 个月。

"绕沟方案"中 3# 支洞洞线最长,达 1 016 m,开挖工期需 10 个月。两方案相比,"跨沟方案"缩短了支洞施工时间,为提前进入主洞施工创造了条件。

(3)"跨沟方案"与"绕沟方案"相比,施工附加量也有所减少。跨沟方案投资少 290 万元。

总体而言,从工程地质的角度来看,两种方案地质条件基本相同,均具有条件。从设计和施工等综合因素考虑,引水线路选用"跨沟方案"较优。隧洞全长 14.73 km。

3　引水系统结构布置研究

引水系统建筑物由进水闸、有压引水隧洞、调压室、压力管道组成。

电站进水闸设置于杂谷脑河右岸,水库正常蓄水位 1 711.00 m,死水位 1 704.00 m,水位变幅 7.00 m,为适应水位变幅,采用有压引水形式。隧洞进口底高程 1 690.00 m,调压室处隧洞底高程 1 655.00 m,有压隧洞断面形式为圆形,内径 6.8 m。

3.1　有压引水隧洞设计

3.1.1　引水洞洞线布置

洞线布置主要考虑以下四个方面的因素:

(1)隧洞跨越蒲溪沟处,在保证洞线布置的同时,"管桥"尽可能短,且洞线两侧进、出洞处洞脸山体稳定；

（2）引水隧洞穿越破碉房沟和薛城沟时，上覆岩体需有足够的厚度；

（3）沿线有4处崩坡堆积体，设计中采取足够上覆岩体，保证洞身安全；

（4）施工支洞长度应尽可能短，对外交通方便，洞脸山体稳定。

洞线在平面布置上，采用"跨沟"方式布置，设有4个转折点。从引水洞进口Q_2点（底板高程1 690.0 m），至调压室中心点Y_5点（洞底高程1 655.00 m），全长14 727.28 m，平均坡降2.4‰。除过蒲溪沟处采用管桥"跨沟"方式布置外，其余洞段均采用内直径6.8 m的圆形有压隧洞。隧洞纵坡分二段，从进口至管桥前（引3+818.90），底坡为2.468‰，从管桥后（引3+920.90）至调压井Y_5点，底坡为2.387‰。管桥跨度约40 m，钢管内径5.0 m，伸入两侧山体各20.0 m，钢管壁厚20 mm。管桥过蒲溪沟处间隔10.0 m设一支墩，支墩设置于旋喷桩承台之上，每一承台下设有四根旋喷桩，桩径80 cm，伸入基岩0.5 m。右岸洞线布置见图1。

3.1.2 隧洞洞径及断面形式选择

电站设计引用流量114.33 m³/s，初步拟定了6.6 m、6.8 m、7.0 m三个洞径进行比较，经动能经济比较，确定洞径为6.8 m。

经分析论证，圆形断面水力学条件及结构受力状态比较好，考虑到施工的方便，隧洞的开挖断面采用等断面平底马蹄形，衬后断面形式为圆形。既有圆形断面的特点，又便于施工。

3.1.3 引水隧洞衬砌

引水隧洞地层主要由志留系茂县群第五组（S_{mx}^5）、泥盆系危关群下、上组（D_{wg}^1、D_{wg}^2）及石炭二叠系（C+P）浅变质岩组成，岩性以千枚岩为主夹变质砂岩、结晶灰岩、石英岩和泥灰岩，岩层走向大多与隧洞轴线呈小角度相交，对围岩稳定不利。全洞段Ⅲ类围岩占53.1%，Ⅳ类围岩占43.8%，Ⅱ类和Ⅴ类围岩分别占0.8%和2.2%。

Ⅱ类围岩采用喷10 cm厚C20混凝土，Ⅲ类围岩采用系统锚杆加喷10 cm厚C20混凝土，Ⅳ类围岩采用40 cm厚钢筋混凝土衬砌，Ⅴ类围岩采用双层筋混凝土衬砌，衬砌厚度50 cm，顶拱120°范围内进行回填灌浆。隧洞衬砌如图2所示。

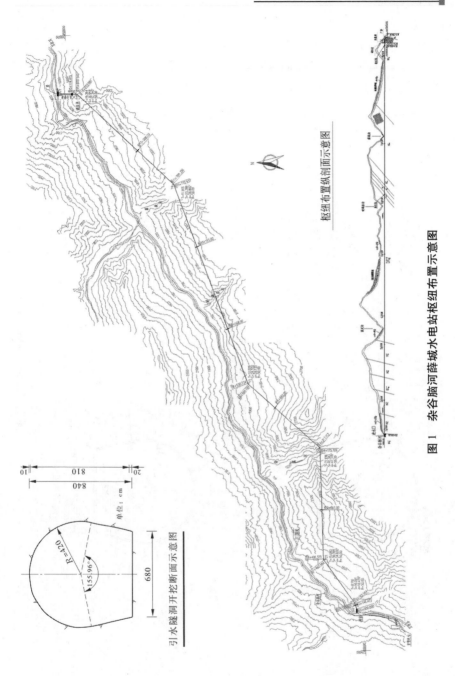

图 1　杂谷脑河薛城水电站枢纽布置示意图

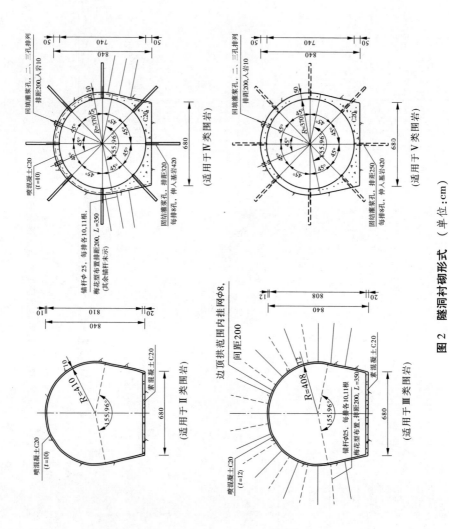

图 2 隧洞衬砌形式 （单位：cm）

3.2　调压技术研究

3.2.1　调压室布置及形式选择

根据厂区地形、地质条件及厂房位置,考虑尽可能缩短压力管道的长度,选择了埋藏式调压室。

调压室位置处山体雄厚,岩石为灰色石英千枚岩、薄—中厚层石英岩夹绢云千枚岩、炭质千枚岩,无规模较大的断层分布,岩体呈中厚层状结构,围岩以Ⅲ类为主,具备成井条件。

本电站引水隧洞长 14.73 km,上、下游水位差约 161.0 m,设计引用流量 114.33 m³/s。具典型的"引水洞线长、水头较高、引用流量大"的特点,结合已有工程的经验,本电站重点比较了圆筒式及阻抗式调压室。

3.2.2　调压室水力计算及尺寸

调压室"托马"临界稳定断面由引水隧洞最小糙率控制,经计算 $F = 142.5$ m²。结合电站特点,重点比较了圆筒式及阻抗式调压室。

调压室控制工况如下:

最高涌浪控制工况:上游库水位 1 711.00 m,3 台机满负荷运行时全甩负荷。

最低涌浪控制工况:上游库水位 1 704.00 m,由 2 台机组增至 3 台机组运行。

针对以上工况,进行了不同尺寸调压室水力计算,计算结果见表1。

表1　各种尺寸调压室水力计算成果

编号	调压室型式	井筒直径(m)	井筒断面积(m²)	阻抗孔直径(m)	最高涌浪水位(m)	最低涌浪水位(m)	调压井高度(m)	调压井总容积(m³)
1	圆筒式	14	153.94		1 764.06	1 672.76	111.3	17 134
2		15	176.71		1 759.06	1 672.97	106.3	18 784
3		16	201.06		1 755.56	1 675.21	102.8	20 669
4		17	226.98		1 752.48	1 676.21	99.7	22 630
5	阻抗式	14	153.94	3.6	1 756.49	1 676.30	103.7	15 964
6		15	176.71	3.6	1 752.73	1 677.51	100.0	17 671
7		16	201.06	3.6	1 748.62	1 678.75	95.9	19 282

经比较得出如下结论：

阻抗式调压室在相同井筒直径时，涌浪较低，且结构简单，施工方便，基本无运行检修要求。结合表1的计算结果，井筒直径14.0 m、阻抗孔直径3.6 m、高度为103.7 m的阻抗式调压室方案相对较优。

3.2.3 调压室结构设计

推荐采用阻抗调压室，井筒内径14.0 m，最高涌浪水位1 756.5 m，调压室顶拱高程1 765.50 m，最低涌浪1 676.30 m，调压室中心线处隧洞底板高程1 655.00 m，调压室总高度103.7 m。调压室井筒顶高程1 756.5 m，阻抗孔顶高程1 670.0 m，孔径3.6 m。

调压室顶拱采用城门洞型断面，拱顶高程1 756.5 m。交通通气洞长116 m，断面净尺寸为3 m×3.5 m(宽×高)。

调压室整个结构均为钢筋混凝土衬砌，井筒衬砌厚1.0 m，交通通气洞衬砌厚0.4 m。竖井周边采用固结灌浆，井筒及交通通气洞顶拱120°范围内进行回填灌浆。

3.3 压力管道设计

3.3.1 压力管道布置

电站地面厂房后地形山高坡陡，自然坡度40°~67°，风化、卸荷较深。根据厂区地形、地质条件及厂区枢纽布置，推荐埋藏式压力钢管。

压力钢管由上平段、斜段、下平段组成。压力管道上平段和斜段穿越岩层为石英千枚岩、薄—中厚层石英岩夹绢云千枚岩、炭质千枚岩等，围岩以Ⅲ类为主。下平段穿越岩层为炭质千枚岩、绢云千枚岩夹石英千枚岩、薄—中厚层石英岩等，主要为Ⅳ类围岩，局部为Ⅲ类围岩，出口段部分为Ⅴ类。

根据厂房位置，压力管道采用一条主管分三条支管向三台机组供水的方式，电站调压室至厂房安装高程高差110.0 m，为方便施工，结合地形、地质条件，斜坡段倾角为52°。压力管道主管长362.13 m，内径5.0 m。由"球"形岔管接三条支管，支管总长123.9 m，管径3.4 m。

根据厂区地形、地质条件，结合厂区枢纽布置，将支管置于混凝土支墩上引至主厂房，钢管外包1.0 m厚钢筋混凝土衬砌，以承担回填土压力及地面荷载。为适应基础变形，各支管中部均设一波纹管($D=3.4$ m)补偿器。

3.3.2 水锤计算及管径选择

压力钢管主管长362.13 m，3条支管总长123.9 m。经济管径按经验公式估算，并复核水锤最大升压小于电站水头的30%，经计算，选择主管管径 5.0 m,2 台机满发时,管内流速 5.82 m/s,支管管径 3.4 m。

压力管道最高压力,出现在库水位 1 711.0 m,3 台机满发运行全甩负荷情况,导叶有效关闭时间 7 s。这时钢管最大内压 2.12 MPa。

压力管道最低压力,出现在库水位 1 704.0 m,由 2 台机满负荷运行至 3 台机满发,导叶有效开启时间 7 s。经计算钢管最低内压 0.21 MPa。

3.3.3　结构设计

压力管道主管总长 362.13 m,包括上平段、斜段、下平段三部分,其后接 3 条支管,总长 123.9 m,均采用 16MnR 钢板衬砌。

内水压力作用下的结构分析,针对不同管段采用了不同的计算方法。

上平段、斜段及下平段靠山内侧部分按埋管方法设计,考虑围岩、混凝土及钢衬联合工作。下平段靠山外侧部分,考虑衬砌与围岩联合受力,围岩分担内压的 15%。

3 条支管按明管方法设计。其外浇钢筋混凝土,以承担回填土压力及地面荷载。

经初步计算,压力钢管各段钢衬设计为:上平段钢衬厚度 16 mm,斜段钢衬厚度 20~24 mm,下平段钢衬厚度 28~34 mm,3 条支管钢衬厚 26 mm。

压力钢管抗外压稳定分析,外压水头按上覆岩体厚度计。经初步计算,"埋管段"需设加劲环,平均间距 2.4 m,平均环宽 250 mm,平均环厚 28 mm。

4　超长引水隧洞施工技术研究

4.1　引水隧洞施工

引水隧洞Ⅱ、Ⅲ类围岩开挖断面为 5.8 m×7.4 m(宽×高)的马蹄形,衬砌断面为直径 6.8 m 的圆形,衬厚 30 cm;Ⅳ、Ⅴ类围岩开挖断面为 6.0 m×7.6 m(宽×高)的马蹄形,衬砌断面为直径 6.8 m 的圆形,衬厚 40 cm。过蒲溪沟处采用管桥"跨沟"方式布置,管桥跨度约 40 m,钢管内径 5.0 m。引水隧洞土石明挖 1 870 m³、石方洞挖 754 000 m³、喷混凝土 15 m³、混凝土 167 190 m³、回填灌浆 129 000 m²、固结灌浆 28 000 m、钢管安装 187 t。工程具有引水线路长、主洞埋深长、施工支洞长、沟谷深切、施工场地狭窄、沟水发育、支沟泥石流发育等技术难题。

4.1.1　支洞布置

根据引水隧洞的洞线布置特点,结合隧洞沿线地形、地质条件及施工总进度计划要求,引水隧洞施工共布置7条施工支洞(见表2)。

表2　引水隧洞施工支洞(通道)特性

项目	施工支洞						
	1#	2#	3#	4#	5#	6#	7#
断面尺寸 (m×m)	6.0×5.0(宽×高)						
支洞长度 (m)	575.00	239.00	177.00	434.00	415.00	476.00	500.00
承担主洞长度,上游(m)	1 137.0	1 311.1	136.3	1 078.4	1 071.885	1 176.75	1 297.264
承担主洞长度,下游(m)	1 327.9	83.9	1 328.4	1 030.115	1 095.25	1 311.406	1 301.61
支洞纵坡 (%)	-2.23	2.78	2.90	-3.59	-1.35	-2.32	1.55

1#~2#支洞间主洞长度为2 639 m,为控制段,包括支洞独头控制段长约1 903 m。

4.1.2　施工方法

隧洞施工采用常规钻爆法,全断面开挖,汽车运输出渣方式。

隧洞开挖采用YT-25气腿风钻钻孔,周边光面爆破,3 m³装载机装15 t自卸汽车运输至渣场。Ⅱ、Ⅲ类为主围岩段,综合开挖循环进尺2.5 m,10 h一个循环,月进尺按130 m考虑;Ⅲ、Ⅳ类为主围岩段,综合开挖循环进尺2.5 m,14 h一个循环,月进尺按100 m考虑。

临时支护参数:Ⅱ类围岩段采用随机喷锚支护;Ⅲ、Ⅳ类围岩段采用喷混凝土10 cm,锚杆ϕ22,L=2.5 m@1.5 m;Ⅴ类围岩段采用喷混凝土10 cm,锚杆ϕ22,L=2.5 m@1.0 m,挂网ϕ10@20 cm,必要时采取钢支撑或格栅拱架。

混凝土衬砌采取先边顶拱、后底板的施工程序进行。边顶拱混凝土衬砌采用组合钢模板施工,8 t自卸汽车运输至工作面,HB-30混凝土泵泵送入仓,插入式振捣器振捣,月浇筑进尺120 m;底板混凝土采用8 t自卸汽车运输,拖模施工,月浇筑进尺300 m。回填灌浆和固结灌浆分别滞后边顶拱和底板混凝土浇筑半个月进行,施工时采用预留灌浆孔或手风钻钻孔,TBW－200/40灌浆泵灌浆。

管桥土石方开挖采用1.6 m³挖掘机挖装15 t自卸汽车运输至渣场;基础旋喷桩采用三重管法施工;镇、支墩混凝土浇筑采用组合钢模板,人工入仓施工;钢管安装采用钢管平台车运输至现场,手动葫芦吊运就位安装。

4.2　调压室及压力管道施工

调压室及压力钢管主要工程量:土石明挖8 455 m³、石方洞(井)挖40 000 m³、锚杆85根、混凝土22 020 m³、回填灌浆3 610 m²、固结灌浆4 410 m、接触灌浆2 270 m²、土石回填4 410 m³。钢管安装1 844 t。

4.2.1　施工通道

调压室井身及压力钢管上平段施工利用设于(管)0＋48.58 m处的压力钢管上平段支洞作为施工通道,支洞长235 m,断面为5.0 m×4.5 m(宽×高)的城门洞形;调压室穹顶施工由上部交通通气洞作为施工通道,压力钢管斜段及下平段施工利用压力钢管下平段出口作为施工通道。

4.2.2　施工方法

调压室施工采用STH－5E阿利马克爬罐开挖导井,导井直径为1.4 m,YT－25气腿风钻自上而下扩大开挖井身的施工方法,2 m³装载机装10 t自卸汽车运输至渣场。调压室井身混凝土衬砌采用8 t自卸汽车运输混凝土,液压滑模施工,HB－30混凝土泵泵送入仓;固结灌浆采用预留灌浆孔或手风钻钻孔,TBW－200/40灌浆泵灌浆。上部交通洞开挖采用风钻钻孔,5 t自卸汽车出渣,混凝土衬砌采用5 t自卸汽车运输至工作面,HB－30混凝土泵泵送入仓,组合钢模板施工。

压力管道平段施工采用YT－25气腿风钻钻孔,全断面光面爆破,2 m³装载机装10 t自卸汽车运输至渣场。压力管道斜段开挖采用STH－5E阿利马克爬罐自下而上开挖导井,YT－25气腿风钻自上而下扩挖,2 m³装载机装10 t自卸汽车经压力钢管下平段出口运输至渣场。

平段钢管安装由8 t平板车运至洞口后转钢管平台车运至工作面,手动葫芦吊运就位安装;斜段钢管安装自下而上进行,管节由10 t卷扬机牵引至工作面,手动葫芦吊运就位安装。钢管安装月进尺40 m。

平段混凝土浇筑滞后钢管安装一个月进行,由5 t自卸汽车运输混凝土,HB－30混凝土泵泵送入仓;斜段混凝土浇筑由自卸汽车运至工作面后转溜槽入仓。灌浆按先回填灌浆、接触灌浆,最后固结灌浆的顺序进行。

5 不良地质条件引水隧洞支护技术

5.1 引水隧洞进口段（引水隧洞进口段（隧)0+000 m~（隧)0+100 m)

由于该段隧洞上覆岩体厚 24~96 m,(隧)0+020 m 处在强卸荷—弱卸荷带内,结构面发育,普遍松弛,裂隙张开—微张,部分充填次生泥,岩体完整性较差,为 V 类围岩。该洞段处在强卸荷—弱卸荷带内,且顶部有 317 国道通过,为了保证围岩稳定及 317 国道的安全运行,处理措施为钢筋混凝土衬砌(V 类围岩永久衬砌),处理后进口段整体稳定。

5.2 不良地质洞段塌方问题及处理

引水隧洞通过地质条件差的洞段,由于结构面不利组合,临时支护不及时,发生洞顶塌方共 4 处,总段长 85 m,地质情况及处理方式如下:

(隧)2+790 m~(隧)2+820 m 段:段长 30 m,岩性为石英砂岩夹石英千枚岩,层面发育(层面产状 EW/S∠60°~65°),层面间距 2~5 cm,除层面裂隙发育外,还发育一组近水平裂隙(产状 N70°~90°W/NW∠20°~30°),两组裂隙切割后岩体破碎,呈碎裂—镶嵌结构,岩体完整性较差,为 V 类围岩,开挖后经钢拱架、挂网、锚杆和喷混凝土进行临时支护,并按 V 类围岩支护方式进行永久衬砌,处理后基本稳定。

(隧)7+670 m~(隧)7+680 m 段:段长 10 m,岩性为石英千枚岩,岩石中硬。层面发育,产状 EW/S∠70°~80°,层理间距 3~5 cm,层面走向与洞轴线小角度相交,因层面可见擦痕,镜面,层面胶结较差,完整性较差,为层状—碎裂结构,为 V 类围岩,成洞条件较差,开挖后经钢拱架和挂网锚喷、灌浆进行临时支护后,现状基本稳定,已按 V 类围岩支护方式进行永久衬砌。

(隧)12+454 m~(隧)12+469 m 段:段长 15 m,岩性为绢云石英千枚岩夹炭质千枚岩,特别是内壁以炭质千枚岩为主,岩层产状 N25°E/NW∠65°~75°,岩层走向与洞轴线小角度相交,层面间距 1~3 cm,岩质较软,岩体完整性差,呈薄层—碎裂结构,为 V 类围岩,经工字钢配合挂网、锚喷进行临时支护后,按 V 类围岩支护方式进行永久衬砌,处理后基本稳定。

(隧)12+541 m~(隧)12+571 m 段:段长 30 m,岩性为绢云石英千枚岩夹炭质千枚岩,层面产状 N50°E/NW∠70°~80°,层面间距 3~5 cm,由于炭质千枚岩为软岩,层面胶结不紧密,且地下水较丰富,岩体完整性差,为 V 类围岩。采用钢拱架支护及全断面回填封堵灌浆重新开挖,经钢拱架喷混凝土灌浆进行临时支护后,按Ⅴ类围岩支护方式进行永久衬砌,处理后基本稳定。

5.3 隧洞过沟段

隧洞从上游至下游依次有蒲溪沟、破碉房沟、薛城沟和欢喜村滑坡下游冲沟切割,其最小埋深分别为81 m、105 m、60 m 和 60 m,过沟处山体总体上较完整。

隧洞在(隧)4 + 095 m 通过蒲溪沟,过沟段长约 127 m,该洞段上覆岩体最小厚度为 81 m,岩性为石英砂岩夹石英千枚岩,层面与洞向斜交,岩质中—坚硬,为层状—次块状结构,N50°W/SW∠65°(层面)、N40°E/⊥两组裂隙较为发育,洞段干燥,局部湿润、滴水,为Ⅳ类围岩,经挂网锚喷临时支护后,基本稳定,已按相应围岩类别进行了永久支护。

隧洞在(隧)8 + 697 m 通过破碉房沟,过沟段长约 100 m,该洞段上覆岩体最小厚度为 105 m,该段岩性为石英千枚岩夹碳质千枚岩,局部 N60°E/NW∠10°~20°长大组裂隙发育,岩体新鲜,完整性较差,层面裂隙和缓倾角裂隙切割易形成掉块,洞段干燥,成洞条件较差,为Ⅳ类围岩,经挂网锚喷临时支护后,基本稳定,已按相应围岩类别进行了永久支护。

隧洞在(隧)11 + 351 m 通过薛城沟,过沟段长约 50 m,该洞段上覆岩体最小厚度为 60 m,岩性为石英砂岩,岩体中 N20°W/SW∠25°、N80°E/SE∠65°两组裂隙局部较为发育,岩体新鲜较完整,呈块—次块状结构,洞段干燥,局部湿润,成洞条件较好,为Ⅲ类围岩,现状较为稳定,已按相应围岩类别进行了永久支护。

隧洞在(隧)14 + 272 m 通过欢喜村滑坡下游冲沟,过沟段长约为 50 m,该洞段上覆岩体最小厚度为 60 m,该段岩性为绢云千枚岩,层面走向与洞向小角度相交,层面极为发育,岩石完整性较差,受层面及优势裂隙 N50°W/NE∠40°、N45°W/NE∠30°切割,局部稳定性较差,易形成掉块,洞段总体干燥,局部潮湿滴水,现场初判为Ⅳ类,经挂网锚喷临时支护后基本稳定,已按相应围岩类别进行了永久支护。

5.4 地下水问题

隧洞区基岩地下水的补给源为大气降水及沟水,分布区与补给区一致,但富水性主要受控于岩体中的结构面发育程度,一般呈带状或脉状分布,没有统一的水力联系及统一的地下水位。综观整个引水隧洞,地下水较丰富段多沿断层影响带,裂隙、节理密集带及岩脉挤压破碎带渗出或滴出,以渗滴水及线状流水为主,局部涌水,隧洞区共发育13段(见表3),均产生于洞室顶部,上述段未采取特殊工程处理措施,通过自然排水,在一段时间后水量减弱,为滴水—渗水,对工程的影响较小,围岩相对稳定,工程处理按该段洞室围岩类别进行,经过8年的运行,洞室围岩基本稳定。

表3 薛城水电站引水隧洞水文地质情况(线状流水、涌水)一览表

编号	桩号(m)	水量 $q(L/(min \cdot 10\ m))$	说明
1	(隧)K1+294~(隧)K1+330	30	线状流水
2	(隧)K1+559~(隧)K1+591	50	线状流水
3	(隧)K1+630~(隧)K+1640	130	涌水
4	(隧)K1+760~(隧)K1+810	50	线状流水
5	(隧)K1+860~(隧)K1+970	50	线状流水
6	(隧)K2+175~(隧)K2+185	30	线状流水
7	(隧)K2+198~(隧)K2+270	30	线状流水
8	(隧)K2+871~(隧)K2+970	30	线状流水
9	(隧)K4+011~(隧)K4+071	30	线状流水
10	(隧)K8+923~(隧)K8+975	30	线状流水
11	(隧)K11+902~(隧)K11+906	30	线状流水
12	(隧)K13+245~(隧)K13+255	30	线状流水
13	(隧)K13+364~(隧)K13+374	30	线状流水

6 隧洞施工过程中的优化设计研究

由于引水隧洞施工进度较计划滞后较多,按原设计施工将无法满足目标工期要求,经研究,为加快施工进度,将部分关键控制洞段Ⅳ类围岩偏好段(围岩地质复核评分>40分;岩体单孔声波>3 000 m/s)共1 310 m洞段的衬砌方式由混凝土衬砌改为加强型锚喷支护,即采用"固结灌浆+挂网锚喷"的支护方案。处理方式为:

(1)锚杆:在原设计锚杆中每排增加10根ϕ25、L3.5 m锚杆,间距2.0 m,同时原设计锚杆每排之间增加一排全长黏结式砂浆锚杆ϕ25、L4.5 m,间距1.0 m,排距2.0 m。

（2）挂网喷混凝土：双层ϕ8钢筋网，@15 cm×15 cm，喷C20混凝土厚18 cm。

（3）围岩固结灌浆。固结灌浆分两序进行，一序灌浆孔间、排距2.5 m，孔深4.0 m，灌浆压力1～1.5 MPa（以抬动变形控制），二序灌浆孔间、排距2.5 m，孔深3.0 m，灌浆压力0.4～0.5 MPa（以抬动变形控制）。经过固结灌浆，提高引水隧洞Ⅳ类围岩整体性、强度等。

经过上述工程措施处理后需要达到下列各项设计指标：①岩体透水率≤5 Lu；②岩体声波平均波速≥3 500 m/s。

处理后经过8年的运行，特别是"5·12"地震后的4次放空检查，加强段洞室岩体未见变形破坏现象，围岩稳定。

7　超长引水隧洞运行安全管理

7.1　引水隧洞最终结构

引水隧洞布置于杂谷脑河右岸，深埋于山体中，垂直埋深50～850 m，水平埋深110～450 m。洞线在平面布置上采用"绕沟"方式布置，设有5个转折点，转弯半径均为50 m。从引水洞进口Q_2点（底板高程1 690.00 m），至调压室中心点Y_6点（洞底高程1 659.00 m），全长14.73 km，纵坡底坡i = 0.002 046，隧洞承受水头为19.5～97.6 m。根据施工需要，洞线上布置了8个施工支洞，为运行管理及检修方便，在$2^{\#}$、$6^{\#}$、$8^{\#}$施工支洞设置了手推式钢闸门，$1^{\#}$、$3^{\#}$、$4^{\#}$、$5^{\#}$、$7^{\#}$施工支洞设置混凝土堵头封堵；在$5^{\#}$、$8^{\#}$支洞附近设置两组集石坑。

为方便施工，开挖断面为统一平底马蹄形断面，开挖底宽6.8 m，高8.4 m，开挖顶拱半径4.1 m。采用钢筋混凝土衬砌和锚喷支护两种衬护形式。Ⅱ、Ⅲ类围岩衬护后断面亦为平底马蹄形，Ⅱ类围岩衬护：边、顶拱喷混凝土衬砌，底板素混凝土；Ⅲ类围岩衬护：边、顶拱喷混凝土衬砌及挂网＋系统锚杆。Ⅳ、Ⅴ类围岩采用钢筋混凝土衬砌，衬护后断面为圆形，Ⅳ类围岩衬护：喷锚支护与钢筋混凝土衬砌联合受力，混凝土衬砌厚0.4 m，顶拱回填灌浆；Ⅴ类围岩衬护：钢筋混凝土衬砌厚0.5 m，顶拱回填灌浆，并进行周边固结灌浆。在施工过程中，根据地质揭示的实际情况，对部分偏好的Ⅳ类围岩洞段采取了喷锚加强支护措施。

7.2　调压井及压力管道监测断面布置

根据地质条件、地下水位和结构布置的具体特点，监测断面主要布置有：调压井顶拱、交通洞各布设 1 个监测断面；压力管道布设 3 个监测断面。采用 8 套多点位移计和 8 支锚杆应力计监测围岩的变形、应力分布状态；设 5 支渗压计监测外水压力；设 16 支钢板计监测钢板衬砌段及岔管的钢板应力；设 16 支钢筋计；设 4 组应变计、4 支无应力计监测钢筋混凝土的受力情况；设 16 支测缝计监测混凝土衬砌与岩石接缝开合度等。

7.3 引水系统充水程序

引水系统充水按以下程序进行，充水前按以下顺序做好准备工作：检查形象面貌—关闭闸门系统—记录初始数据。

（1）检查各建筑物是否已达到形象面貌要求，能否投入正常使用。

（2）关闭隧洞进口及支洞封堵闸门，同时关闭水轮机进水管前的球阀。

（3）检查各观测设备的初始记录情况。

在以上工作完成并确认合格以后，即可进行下一步的充水工作。整个引水系统的充水顺序按压力管道充水—引水隧洞充水的程序进行。充水过程均由引水隧洞进口闸门控制。

引水隧洞充水到一定程度后，有可能会发生涌浪回流，如水库水位过高，涌浪回流会冲击进口闸门平台，所以，在引水隧洞充水时，进水口平台上要撤走非工作人员和非使用设备，以策安全。

充水过程均由引水隧洞进口闸门控制。

压力管道上平段中心高程 1 661.60 m 与机组安装高程 1 545.30 高差 116.30 m，压力管道充水分两节充满。引水隧洞进口底板高程 1 690.00 m 与压力管道上平段高程 1 659.00 m 高差仅 31 m，引水隧洞按一次充满。在每节充水过程中和稳定时间内，应密切观测压力管道压力表读数，施工支洞、厂房内、厂房后坡有无变形、渗漏等情况，观测钢管变形、应力，各监测仪器进行数据测量。

引水系统充水分三节进行，均在水库水位稳定在 1 704.00 m 时进行。

第一节：局部开启首部进口闸门对压力管道进行充水，闸门开度为 1.5 cm，充水流量约为 1.090 m³/s，在闸门开启约 90 min 后关闭进口闸门，停止充水，第一节充水完成。第一节充水大约至压力管道 1 598.00 m 高程。观测压力管道压力表读数，稳定 4 h。若发现有异常情况，应立即停止充水，放水检查。若情况正常，再进行第二次充水。

第二节：局部开启首部进口闸门对引水隧洞进行充水，闸门开度为 1.5 cm，充水流量约 1.090 m³/s，在闸门开启约 25 min 后关闭进口闸门，停止充

水,第二节充水完成。第二节充水大约至压力管道上平段处,高程约
1 655.00 m。观测压力管道压力表读数,稳定 4 h。若发现有异常情况,应
立即停止充水,放水检查。

第三节:局部开启首部进口闸门对引水隧洞进行充水直至完成,闸门开
度为 7 cm,充水流量约为 4.973 m^3/s,在闸门开启约 37 h 50 min 后完成。
在确认引水隧洞充满水后,稳压 6 h。在引水隧洞整个充水和稳压过程中,
应对各施工支洞封堵段(包括引水隧洞、调压室、压力管道施工支洞等)、厂
房后坡、引水隧洞跨沟段边坡沿线等派专人值守进行观察,并做好记录。如
发现厂房边坡、引水隧洞跨沟段边坡沿线渗漏、边坡垮塌;支洞封堵门变形、
渗漏量大;球阀及连接钢管变形、渗漏;观测数据偏离正常范围等异常情况,
应立即报告有关部门,研究采取相关的处理措施。若发现泉涌点或渗漏量
达 0.15 m^3/s 时,应放空检查。引水隧洞满水稳压 4 h 后如无异常情况,可
全开引水隧洞工作闸门。

库水位为 1 704.00 m 时,引水系统初次充水时间约为 54 h,其中压力
管道充水时间约 10 h,引水隧洞充水时间约 44 h。在整个引水系统充水过
程中,压力管道充水水压变化率不大于 3 m/min 水柱,引水隧洞充水水压变
化率不大于 5 m/h 水柱。

首次充水完成后,应放空压力管道及引水隧洞进行全面检查。

7.4　引水隧洞运行要求

(1)在充水或运行过程中,应注意观察引水隧洞及各个支洞周边有无
漏水情况,充水过程中第一周应每天检查一次,第二至第四周应每周一次,
并做好记录。

(2)隧洞充水过程及电站运行初期,要求观察引水隧洞跨越沟估计较
大塌方段邻近的地貌及地表沟谷有无异常情况,以监视过沟及塌方洞段的
运行。

7.5　调压室运行要求

7.5.1　正常运行

由于整条引水隧洞采用混合型衬砌方式,隧洞糙率及水头损失均难以
精确计算,为了解隧洞糙率及水头损失的实际情况,机组(部分或全部)开
启前后对进水口水位、隧洞中的测压表及调压室中的水位、气压等进行同步
观测,以推求隧洞的实际糙率及水头损失值,指导下一步调压室增、弃负荷
试验以及为电站的安全运行收集可靠的基本数据。

7.5.2　增负荷试验

由于每台机组增荷时，调压室内水位将产生较大波动，为防止不利的涌浪叠加，机组增加负荷应按如下要求逐步进行：负荷从 0 增至一台机组满负荷 46 MW；负荷从 46 MW 增至第二台机组满负荷 92 MW；负荷从 92 MW 增至第三台机组满负荷 138 MW。

为避免在增荷过程中，涌浪水位在未稳定的条件下突然出现机组丢弃全部负荷、产生不利的涌浪叠加的情况，要求每阶段之间的间隔时间不少于 600 s。

7.5.3　丢负荷试验

机组丢弃负荷时机组导叶关闭时间为 9 s。为避免在丢荷过程中，涌浪水位在未稳定的条件下突然出现机组增加负荷或丢弃部分负荷、产生不利的涌浪叠加情况，要求机组丢弃负荷（部分或全部）30 min 后才能进行下一步操作。

在增负荷、丢负荷的各阶段，都应同时观测调压室的水位、气压及监测应力应变变化等情况。

7.6　压力管道运行要求

（1）充水后及试运行阶段应对压力管道、各施工支洞进行观察，以便确定运行后的地下水位情况。

（2）压力管道运行过程中，如发现异常情况，应立即研究采取相关的处理措施（包括立即停止运行，打开安全泄放通道将压力管道内水体泄空等措施）。

7.7　引水系统放空检查要求

引水系统运行期间，应定期对引水隧洞跨沟段边坡沿线，各施工支洞封堵段（包括引水隧洞、调压室、压力管道施工支洞等），压力管道，厂房内、厂房后坡以及各部位监测设备等进行观测，并做好记录。如发现异常情况，应立即研究采取相关的处理措施。

引水系统放空检查时间宜选择放在枯水季节、地下水压力较小的时段（试运行放空检查除外）进行，按以下顺序进行：

（1）检查隧洞进口闸门、机组球阀、导叶，确保启闭灵活可靠。

（2）检查首部枢纽及厂区供电系统，确保可靠供电。

（3）关闭机组，40 min 后，调压室内涌浪稳定；关闭隧洞进水闸闸门并锁定，派专人负责看守；检查隧洞进水闸启闭机控制电源，确保隧洞进水闸门不会被误开启。

（4）利用机组间歇泄放水量。泄放水量分三节进行：

第一节，泄放调压室竖井内水体，泄放流量控制在 0.5 m³/s 以下，泄放时间不小于 30 min，调压室水位放至 1 697.40 m 附近；

第二节，泄放隧洞内水体，泄放流量控制在 2.5 m³/s 以下，水面降至压力管道上平段末端（高程 1 659.00 m）约需 75 h 45 min；

第三节，泄放压力管道水体，泄放流量控制在 0.2 m³/s 以下，至压力管道放空约需 10 h 30 min。

整个引水系统放空时间应大于 87 h。

（5）放空后，应对引水隧洞、调压室、压力管道进行检查，并结合监测仪器测量的有关数据进行综合分析，得出引水系统经充放水以后的真实情况；同时清除洞内和集石坑内的污质、杂物。

8　结　语

（1）引水隧洞沿线有多条深沟切割，杂谷脑沿岸大型滑坡分布，设计综合考虑避开滑坡、隧洞埋深要求、施工支洞布置各方面因素提出管桥跨沟方案，有效地缩短总工期和节约投资；针对薛城电站压力管道的特点，结合建筑物布置，取消引水系统压力管道首端蝶阀（或检修门）的设置，简化了施工，减少了道路开挖，保护了生态环境，节约工程建设直接成本和降低运行维护费用；引水隧洞开挖断面设计为统一的平底马蹄形，且综合各方面因素，对部分Ⅳ类围岩的洞段采用喷锚衬砌，保证了施工的质量和进度。引水隧洞合理的开挖、衬砌设计及施工期及时地更改部分Ⅳ类围岩的衬砌形式，保证了施工的质量和进度，使得薛城电站按时于 2007 年 12 月底发电。

（2）引水系统 2008 年 3 月、2008 年 8 月、2012 年 6 月、2016 年 3 月进行了 4 次放空检查，从检查情况看，引水隧洞及调压井水工建筑物结构完好，运行状况良好，引水隧洞局部存在渗水和混凝土喷护局部掉块等现象，均不影响建筑物的安全运行。运行中经过现场运行管理人员定期沿线检查，未发现异常。

（3）薛城水电站安全监测仪器设备的安装埋设工作自 2006 年 3 月开始，到 2008 年 12 月全部完成，之后进入运行期监测。监测资料表明，截至 2013 年度，调压井各部位结构变形合理稳定，渗流渗压变化正常；引水隧洞各部位结构变形合理稳定，渗流渗压变化正常；围岩变形量值较小，且变形已收敛,锚杆支护应力变化不大,钢筋计测值变化不大。

(4)超长引水发电隧洞线路长、地质条件变化大、设计阶段受勘探条件限制,施工期对隧洞地质条件进行跟踪并及时调整支护方式是必要的,对不良地质条件洞段成洞进行及时研究,采取临时支护措施和永久支护措施综合考虑,可确保工程施工安全和运行安全以及投资控制要求。

(5)已建工程中有运行不当,引水隧洞放空速度过快导致衬砌变形的工程实例。为避免引水建筑物工程充水泄水过程中出现工程安全问题,对本工程超长引水隧洞的充水与放空检进行了严格的要求,实际运行效果良好。

(6)薛城电站运行至今已十余年,电站刚建成不久即经历了2008年前所未有的"5·12"汶川特大地震的考验,汶川8.0级特大地震后,由于震中电站、输电线路损毁严重,当地电网基本瘫痪,薛城电站由于损坏不严重且及时抢修后很快并网发电,为当地供电系统的恢复做出了重大贡献,其社会效益和经济效益显著。

第三章　薛城水电站施工组织与技术专题

薛城水电站首部枢纽施工组织管理及主要施工技术研究

李亚林

（中国水利水电第十五工程局有限公司）

摘　要　随着我国水利事业的蓬勃发展,水电建设工程逐渐西移,越来越多的大型水利工程项目正处于规划、设计和建设之中。这些工程的特点是:工程规模巨大、枢纽建筑物多、坝址多位于高山峡谷之中,由于受地形及水力条件约束,在建和即将开发的很多大中型水电工程开发方式为引水式,因此开展并总结引水式电站的施工管理与关键施工技术是十分必要的。研究成果不仅对同类工程有重要的参考价值,也必将有力地推动我国水电站工程设计与施工技术的进步。

薛城水电站是一座高水头、长隧洞引水式电站,首部枢纽施工主要包括土石方开挖工程、混凝土工程、边坡防护工程、砌体工程等几大部分。施工工期较紧是施工中所面临的最主要问题。通过科学的组织管理,选用先进的施工技术,整个工程的施工过程顺利而有序,在紧张的工期情况下,全部工程提前一个月完工。在保证施工进度的同时,建立健全质量监督与管理体系,通过严格的管理与控制,使得施工质量也得到保证,工程验收合格率达到100%,优良率达到88.7%。

通过对薛城水电站首部枢纽施工管理与施工技术的研究探讨,研究成果与施工经验希望能够对类似工程的施工提供帮助与借鉴。

1　绪　论

1.1　研究背景

1.1.1　能源的可持续发展及水电能源开发

经济社会的可持续发展离不开能源的可持续发展,它事关经济发展、社会和谐稳定和国家安全。随着我国社会主义建设事业的飞速发展,能源需求量也大大增加。煤和石油等能源价格一路飙升也体现了能源的日益紧张。为解决好我国的能源问题,除了切实转变经济增长方式,努力提高能源利用效率,全面建设高效、节能型社会外,还必须高度重视可再生能源的开发和利用。全国人大第 14 次会议于 2005 年 2 月 28 日通过了《可再生能源法》,通过立法来高度重视可再生能源的开发和利用,达到切实转变经济增长方式,努力提高能源利用效率,全面建设高效、节能型社会的目标。

水电作为开发技术最成熟的可再生能源,具备大规模开发的技术和市场条件。我国水电资源得天独厚,居世界第一。水电资源理论蕴藏总量达 6.76 亿 kW,可开发的装机容量为 3.78 亿 kW,年发电量可达 1.92 万亿 kW·h,均占世界的 1/6。经济可开发装机容量为 2.9 亿 kW,多年平均年发电量 12 620 亿 kW·h。

我国水电资源分布主要有两个特点:一是总体上"东"少"西"多,东部地区水能资源量仅占全国的 7%,西部地区占 75% 以上,西部又主要富集于青藏高原及其次区域的云南、四川、贵州、广西、西藏、青海和甘肃等省(区);二是大型水电站的比重很大,单座电站规模大于 200 万 kW 的占 50%。如长江三峡工程的装机容量为 1 820 万 kW,多年平均年发电量 840 亿 kW·h。位于雅鲁藏布江的墨脱水电站,经查勘研究,其装机容量可达 4 380万 kW,多年平均年发电量 2 630 亿 kW·h。目前,东部的开发率已超过 50%,个别省区甚至已经达到 80% 以上,而西部的开发率总体上仍然很低,还不到 12%。这说明,加快水电开发的主战场主要在西部地区,更集中在水电资源富集的青藏高原及其次区域内。

1.1.2 引水式电站工程发展趋势

我国水电能源的开发方式有两种:一种是修建高坝大水库和坝后厂房的"堤坝式"开发方式,另外一种就是"引水式"的开发方式。"引水式"的开发方式一般是在合适的地段建立低闸,然后在岸边建立渠道或引水隧洞将水引向下游,充分利用天然河床和引水系统之间的落差,造成发电水头引水发电。

对于地震裂度较高、泥沙含量大、覆盖层比较深厚的地区,如果采用"堤坝式"的方案,大量的泥沙会慢慢地淤积到水库中,使库容逐年减小,严重影响发电质量。而采用"引水式"的开发方式,既能把清水引进机组发电,又能有效地将泥沙拦截在电站水轮机组之外。平时,电站的低闸可以壅高水位,将清水送入大山腹中的引水隧洞,在汛期河流流量较大的时候,它可以方便地将泥沙排向下游。另外,引水式电站还具有拆迁量少、移民少、淹没耕地少的优点,可以最大限度地保护河流两岸的生态环境,用较少的资金,可以较快地获得效益。

目前,引水式电站在成都平原,特别是岷江流域的梯级开发中得到了广泛的采用。引水式电站利用天然落差,通过长距离的引水隧洞和压力管道输水发电,这种引水隧洞与普通的铁路、公路隧道不同,它不仅要承受山体应力的挤压力,而且要承受强大水流的冲击力和膨胀力。在高水头条件下工作的引水隧洞和压力管道对工程设计、施工和管理方面提出了新的挑战,同时,也给水力学、水工结构、材料科学等领域的研究提出了新的课题。

因此,开展引水式电站的科学研究和总结以往工程经验,对工程设计、施工和管理是十分必要的,研究成果和施工经验可以为在建或拟建相似工程提供重要的理论指导和参考。

1.1.3　工程项目管理在我国的发展状况

我国进行工程项目管理的实践活动至今已有两千多年的历史了,很多历史上伟大的工程在全世界都具有极高的知名度和影响力,比如故宫、长城等,在水利方面,公元前 256 年修建的都江堰至今仍然发挥着很重要的作用。这些,都反映了我国工程项目组织管理方面的水平与成就。然而,由于各种原因,我国大规模的工程项目管理实践活动,并没有系统地上升为工程项目管理理论和科学,在工程项目管理科学理论上是一片盲区,更谈不上按工程项目管理模式组织建设了。直到 20 世纪 70 年代末 80 年代初,工程项目管理理论首先从西德和日本分别引进到我国,之后,其他发达国家特别是美国和世界银行的工程项目管理理论和实践经验,随着文化交流和项目建设陆续进入我国,结合建筑施工企业管理体制改革和招标投标制的推行,在全国建筑施工企业和建设单位中开展了工程项目管理试验。

我国对国外工程项目管理理论从引进、吸收、试验、实践到现在,从理论运用到工程项目管理实践、理论研究和探索,都取得了可喜的成绩。布鲁革水电站引水系统工程是我国第一个利用世界银行贷款,并按世界银行规定进行国际竞争性招标和项目管理的工程。1982 年国际招标,1984 年 11 月开工,1988 年 7 月竣工。在 4 年多的时间里,创造了著名的"布鲁革工程项目管理经验",它极大地促进了我国工程项目管理从实践到理论的发展。1994 年建设部召开了"工程项目管理工作会议",明确提出建设项目管理要严格按照项目法规定的两个方面来进行:一是转换建筑施工企业的经营机制,二是加强工程项目施工管理。这在很大程度上强化了工程项目施工管理,继续推行并不断扩大工程项目管理体制改革,标志着工程项目施工管理在我国已步入应用发展的新时期。

1.2　本文研究的主要目的

本文主要针对四川省阿坝州河杂谷脑河薛城引水式电站首部枢纽施工进行施工组织管理和主要施工技术研究,对施工中面临的困难和问题,采取相应的施工与管理技术,科学地予以解决。

1.3　本文研究的技术难点和施工管理难点

该工程施工工期紧,施工强度相对较大,由于处在 317 国道边,因此安全、环保、质量和文明施工要求高。施工中的重点是混凝土施工,混凝土温度控制以及防裂是施工难点。通过科学的组织管理和采取先进的施工方法,使得整个施工过程井然有序,在保证施工质量的前提下,整个工程在合同工期范围内提前一个月完工,确保了按期发电的合同目标。

作为项目经理,作者对薛城水电站首部枢纽施工方法与施工组织管理的研究和总结,希望能够对相似工程的施工提供经验和帮助。

2　工程概况

2.1　基本概况

薛城水电站位于阿坝藏族羌族自治州理县境内的杂谷脑河上。杂谷脑河为岷江干流上游的一级支流,薛城水电站是杂谷脑河流域梯级规划"一库七级"方案的第六级。工程闸址位于理县甘堡乡附近,厂址位于理县木卡乡木材检查站处,闸、厂址间公路里程 17 km。闸、厂址分别距理县县城约 9 km 和 26 km,距成都约 194 km 和 177 km。工程区现有 317 国道通过,并与引水隧洞同处右岸,交通便利。电站为引水式开发,正常蓄水位 1 709.5 m,调节库容 62.3 万 m³,总库容 114.8 万 m³。引水隧洞长 15.174 km,设计引用流量 113.19 m³/s,装机容量 3 × 46 MW = 138 MW,多年平均发电量 6.492 亿 kW·h。

本工程为单一发电工程,无其他综合利用要求。工程枢纽由首部枢纽、引水隧洞、调压井、压力管道和地面厂房等建筑物组成。首部枢纽建筑物从右至左依次为取水口、一孔排污闸、一孔冲沙闸、三孔泄洪闸、左岸挡水坝,总长约 192.27 m。右岸取水口为直立岸塔式,设两孔取水口,孔口内设置一道工作拦污栅及机械清污系统,进水闸为胸墙式,设有一道工作闸门。排污闸、冲沙闸、泄洪闸布置在主河床,排污闸紧邻取水口,孔口尺寸 2.5 m×5.5 m(宽×高);冲沙闸与排污闸及 1# 泄洪闸为同一闸段,孔口尺寸 2.5 m×4.0 m(宽×高);冲沙闸左侧为 3 孔泄洪闸,孔口尺寸 5 m×5 m(宽×高),最大闸高 27.0 m,闸室长 30.0 m。左岸挡水坝为混凝土重力坝,最大坝高27.5 m,坝顶高程 1 711.0 m,坝段长 77.12 m。引水隧洞全长15 174.415m,等效直径为 6.8 m,隧洞平均纵坡 2%。开挖断面为平底马蹄形断面,开挖底宽 6.8 m,高 8.4 m,开挖顶拱半径 4.1 m。Ⅱ、Ⅲ类围岩衬护后断面亦为平底马蹄形,Ⅱ类围岩衬护:边、顶拱喷混凝土衬砌,底板素混凝土;Ⅲ类围岩衬护:边、顶拱喷混凝土衬砌及挂网加系统锚杆。Ⅳ、Ⅴ类围岩则采用钢筋混凝土衬砌,衬护后断面为圆形,Ⅳ类围岩衬护:喷锚支护与钢筋混凝土衬砌联合受力,混凝土衬砌厚 0.4 m,顶拱回填灌浆;Ⅴ类围岩衬护:钢筋混凝土衬砌厚 0.5 m,顶拱回填灌浆,并进行周边固结灌浆。

2.2　水文气象

杂谷脑河流域地处四川盆地西缘山地,西接青藏高原东缘,为四川盆地到高原的过渡地带,属川西高原气候区,具有山地季风气候的特点,冬季寒冷干燥,晴朗少雨,日照强烈,气温日差较大。夏季湿润,雨季明显,并有大风、伏旱等灾害。

杂谷脑河径流主要由降雨形成,其次为地下水和高山融雪水补给。杂谷脑河径流丰沛稳定。据中游杂谷脑水文站及下游桑坪水文站 1955 ~2002 年 47 年资料统计分析,其多年平均流量分别为 64.4 m^3/s、109 m^3/s。折合年径流量分别为 20.3 亿 m^3、34.4 亿 m^3,多年平均径流深分别为 845mm、743 mm。

由于降水年内分布不均匀,使径流年内变化较大。在杂谷脑站,丰水期5~10 月径流量约占全年的 79.8%,枯水期(11 月至翌年 4 月)径流量仅占全年的 20.2%。年最小流量多发生在 2、3 月,历年实测最小流量 5.10 m^3/s。发生于 2002 年 2 月 20 日。在桑坪站,丰水期 5~10 月径流量约占全年的80.5%,枯期(11 月至翌年 4 月)径流量仅占全年的 19.5%。年最小流量多发生在 2、3、4 月,历年实测最小流量 10.8 m^3/s。发生于 1998 年 4 月 3 日。

径流年际变化较小。杂谷脑站最丰水年年平均流量 78.2 m^3/s(1992年 5 月至 1993 年 4 月),最枯水年年平均流量 51.2 m^3/s(1959 年 5 月至1960 年 4 月),两者之比为 1.53,分别为多年平均流量的 1.21 倍和 0.80

倍。桑坪站最丰水年年平均流量 126 m^3/s（1955 年 5 月至 1956 年 4 月，1992 年 5 月至 1993 年 4 月），最枯水年年平均流量 89.8 m^3/s（1997 年 5 月至 1998 年 4 月），两者之比为 1.40，分别为多年平均流量的 1.16 倍和 0.82 倍。

根据两站径流资料统计，杂谷脑站年水量约占桑坪的 59.1%，杂—桑区间占 40.9%，而杂谷脑、杂—桑区间集水面积分别占桑坪站集水面积的 51.9% 和 48.1%。由此可见，杂谷脑站以上来水较丰。

2.3 工程地质

闸址区为较对称的宽"U"形河谷，谷底宽 150～160 m，枯水期河水面高程约 1 692 m，宽 50～60 m。谷底漫滩、Ⅰ级阶地发育，两岸谷坡较陡，山体雄厚，冲沟不发育。左岸谷坡自然坡度为 35°～50°，右岸谷坡下部陡峻，自然坡度为 60°～70°，上部稍缓，自然坡度为 40°～50°。

闸址区两岸基岩裸露，出露岩石为泥盆系危关群下组（D_{wg}^1）灰色石英千枚岩、薄—中厚层石英岩夹绢云千枚岩、炭质千枚岩，其中石英岩较坚硬，石英千枚岩、绢云千枚岩、炭质千枚岩岩性软弱，强度低。

据钻孔揭示，闸址河床覆盖层深厚，最大厚度大于 60.13 m，按其结构、成因和物质组成，可将闸址区覆盖层划分为 3 层。第一层为砂卵砾石层，分布于河床底部，埋深 34.61～50.06 m，顶板高程 1 643.9～1 655.4 m，层厚 8.65～12.69 m，卵砾石成分以砂岩、石英岩为主，少量花岗岩。该层结构较密实，透水性较弱；第二层为含漂砂卵砾石层，为现代河流冲积层，分布于河床中部及顶部，层厚 16.8～50.06 m，漂石成分为砂岩，粒径 20～40 cm，卵石成分以砂岩、花岗岩及石英岩为主，砾石成分为砂岩、花岗岩；第三层为块碎石土层，主要分布于闸下游左岸河床中部，为古老的崩坡积堆积体，埋深约 16.8 m，顶板高程约 1 676.2 m，上覆为第二层含漂砂卵砾石。块碎石成分主要为千枚岩夹石英团块，块石粒径一般 30～40 cm，最大 74 cm，碎石粒径一般 3～5 cm，多呈次棱角或棱角状。该层结构较松散，透水性强。

闸址区位于总棚子倒转复背斜向西凸出部位，区内基岩由泥盆系危关群浅变质岩构成，岩层产状变化较大，总体上为近 SN，W ∠70°～80°，走向与河流近于平行，倾左岸，为纵向谷。区内地质构造简单，无较大规模的断层分布，仅表现为岩层的小型揉皱和节理裂隙。据地表地质调查，除层面外，岩体中主要发育两组优势节理：①N70°～80°W，NE ∠60°～70°；②N60°～70°E，NW ∠60°～70°。其中，层面裂隙延伸长，裂面多平直粗糙，发育程度受岩性的控制，千枚岩中间距一般为 5～15 cm，砂岩中一般为 15～30 cm。

其余裂隙延伸多 1.5 ~ 2 m,少量 3 m,面多微起伏、粗糙,间距 20 ~ 30 cm。闸址区出露基岩主要为泥盆系危关群浅变质岩,风化作用主要沿结构面进行和扩展。因谷坡为纵向谷,岩层陡倾,岸坡倾倒变形明显。地表地质调查表明,右岸闸线上游 60 ~ 180 m 间谷坡岩体倾倒变形强烈。左岸勘探平洞 PD02 揭示,闸接头处岩体倾倒变形深度达 50 m。根据两岸闸肩平洞和地质调查的资料,左岸强卸荷岩体水平深度约 50 m,弱风化、弱卸荷水平深度约 70 m;右岸岩体弱风化、弱卸荷水平深度约 20 m。

　　闸址区地下水按储存介质的不同分为基岩裂隙水和河床松散堆积层孔隙水两种类型,二者主要接受大气降水补给,地下水径流方向与地形起伏情况一致,两岸地表水及地下水向低洼的杂谷脑河河谷排泄,地下水位有随季节变化而变化的规律。

3　施工总体布置研究

3.1　主体工程项目

　　按照合同要求,施工方须完成的施工内容有:①首部枢纽工程施工,其中包括左岸挡水坝段、泄洪闸、冲沙闸、排污闸、取水口、灌浆平洞及过坝公路等所有建筑物的土石方开挖、石方洞挖、喷锚支护、锚杆制安、基础处理(包括防渗墙和帷幕灌浆)、混凝土浇筑、钢筋制安、浆砌石、土石回填等项目的施工;闸门与启闭机的安装与调试、接地与埋设、一般建筑装修项目等。②引水隧洞主洞桩号(引)0 + 000.00 m ~ (引)0 + 100.00 m 段的施工,包括石方洞挖、支护、混凝土浇筑、钻孔与灌浆等工程项目的施工。③317 国道(二级公路标准)永久改线公路、复建公路的修建,以及施工期间的运行、维护和管理。

　　相应需要完成的临时工程项目包括围堰和导流建筑物的设计、施工、维护及拆除、河道截流,基坑排水、安全度汛,施工区沟水处理,临时交通道路、施工场地、生活设施的设计、修建、维护、运行和管理,以及为满足本标工程施工需要,承包人认为必要的附属设施和其他临时设施。主要合同工程量如表1所示。

3.2　施工总体规划内容

3.2.1　施工技术规划原则

　　针对本工程施工特点及重点,围绕本工程重点项目、控制性关键项目,以科学、先进、合理的施工技术措施为先导,确保合同目标的实现。为此,对

本工程的施工技术坚持以下原则进行规划:

表1　主要合同工程量

序号	工作项目	单位	工程量	备注
1	覆盖层开挖	m³	59 190	
2	石方开挖	m³	11 907	
3	混凝土防渗墙	m²	4 366	
4	混凝土	m³	85 740	
5	钢筋	t	2 699	
6	浆砌石	m³	2 332	
7	土石方回填	m³	150 330	
8	金属结构安装	t	360	
9	317国道路基开挖	m³	14 540	
10	317国道路基回填	m³	131 255	

(1)在施工过程中不断优化方案,积极应用先进、合理的施工技术,并优选施工工艺。

(2)以合同控制工期、总工期、施工质量安全目标为基础,制定单位工程、分部工程的施工技术措施,满足工序的合理衔接、协调平衡。

(3)统筹安排,合理计划,科学组织,做好人力、物力的综合平衡,努力实现均衡生产。

(4)投入性能良好、高效先进、保证率高、数量充足的施工机械设备,满足本工程施工需要。

3.2.2　施工技术措施

根据本工程特点,本工程的主要施工技术措施为:

(1)高度重视、重点关注,选派长期从事同类型的闸坝工程施工、具有丰富经验的管理人员和施工技术人员进场,组建专业化的施工队伍,主要施工设备采用性能优良的进口施工机械,部分辅助设备选用性能良好的国产设备,并按需要考虑一定数量的设备以作备用。

(2)加强好现场组织工作,提前做好施工技术方案、资金、物资等方面的准备与储备,优化方案,合理安排各部位的施工时段,尽量做到平行作业、均衡生产。

（3）为确保本工程按期顺利、优质高效地完工，针对此项目拟成立专家咨询组，定期或不定期地亲临施工现场进行施工总协调和技术指导。

（4）大力加强技术交流与学习，积极推广应用新技术、新工艺，确保本工程优质、高效地完成，工程整体优良，争创省级和部级文明工地。

3.2.3　施工管理目标

创优良工程，达到现行的工程质量验收标准，工程合格率100%，优良率达到85%以上，争创行业先进。工程安全做到"四无""一杜绝""一达标"，即无员工因工死亡、无重大交通责任事故、无火灾事故、无重大机械设备事故，杜绝重伤事故，安全生产达国标。工期严格按照合同工期，全部工程施工于2007年7月31日提前1个月工程全面完工。实现"两型五化"文明施工，即安全文明型、卫生环保型，硬化、净化、美化、绿化、亮化，达到水电施工工地文明生产先进水平。

3.3　施工总平面布置研究

薛城水电站施工总平面布置严格按照招标文件要求和工程需要，结合场内外交通条件以及业主提供的条件，综合考虑工期、安全、环保和文明施工的要求进行布置，做到有利生产、方便生活、易于管理。

3.3.1　交通布置

国道317线从电站工程区域通过，对外交通较为方便。从电站闸址沿杂谷脑河上行约9 km至理县，下行约48 km至汉川县城；由汉川县城沿岷江下行，经映秀、都江堰至成都约146 km；闸址至成都的距离为194 km。317国道为二级和三级公路。其中，都江堰市至成都市段有高速公路相通，公路里程为54 km，都江堰至汉川公路为G213国道与G317国道共用路段，公路里程为92 km。

本标工程的施工以G317国道作为场内、外交通主干道，为本标提供了较好的交通条件。根据招标文件和现场踏勘，布置如下临时道路、跨河桥，以满足317国道畅通及施工交通等要求：

（1）G317国道施工区段（1#道路），即原317国道经过施工区部分路段，长约700 m，作为右岸一期施工的主干道，该路段行车条件良好。

（2）施工期317国道改线公路，主要包括1#、2#临时施工桥及两桥之间的道路，改线公路规划如下：在施工期为保证317国道的畅通及沟通左、右岸的施工要求，拟在闸址上游（约400 m处）、下游（约500 m处）分别修建1#、2#临时交通桥。两桥跨度均为33 m，设计均采用单跨径33 m双排单层结构的贝雷桥(装配式公路钢桥),桥面高程 $1^\#$ 桥为 1 696 m、$2^\#$ 桥为 1 695 m,桥面宽均为 3.7 m,满足单向车辆通行,下部结构为重力式钢筋混凝土墩台,扩大基础厚为 2 m,钢筋混凝土结构,墩台基础迎水侧采用 $1 \text{ m} \times 1 \text{ m} \times 1 \text{ m}$ 铅丝笼石防护,防止河水冲刷基础。交通桥设计标准为汽 - 20。

(3)在左岸新修道路 750 m,连接 $1^\#$、$2^\#$ 临时交通桥,作为施工期国道临时通行线路及左岸施工主干线,路面宽 8 m,50 cm 厚块石路基,20 cm 厚泥结碎石路面。

(4)由上游生活生产区经弃渣场接 $1^\#$ 桥,再向下游至闸基础,作为国道临时改线公路及弃渣、通往生活、生产区道路。新修道路 900 m,路面宽度 8 m,50 cm 厚块石路基,20 cm 厚泥结碎石路面。

除利用 317 国道及改线公路之外,另布置临时施工道路如下:

(1)修建 $3^\#$ 道路由拌和站至引水洞进水口及闸基坑,作为一期右岸施工道路。新修道路 300 m,路面宽 7 m,50 cm 厚块石路基,20 cm 厚泥结碎石路面。

(2)由 $2^\#$ 道路至左岸挡水坝施工区域修建 $4^\#$ 道路,作为二期左岸挡水坝施工道路。新修道路 150 m,路面宽度 7 m,50 cm 厚块石路基,20 cm 厚泥结碎石路面。

场内道路特性见表 2。

表 2　场内道路特性

道路编号	路基宽(m)	路面宽(m)	路面结构	路长(m)	最大纵坡(%)	说明
$1^\#$	9~10	7.5	沥青	700		即 317 国道经过施工区部分路段,作为一期右岸施工主干道
$2^\#$	10	8	泥结碎石	750	6	左岸 317 国道临时改线路段,作为二期施工的主干道
$3^\#$	8	7	泥结碎石	250	3	一期右岸下游施工道路
$4^\#$	8	7	泥结碎石	150	7	二期左岸挡水坝施工道路
$5^\#$	10	8	泥结碎石	900		国道临时改线公路及上游通弃渣场、生活生产区道路

3.3.2 施工供电

根据施工总进度及施工机械配置情况,该工程施工用电高峰负荷主要集中在一期右岸施工期。主要用电负荷情况见表3。

表3 用电负荷情况

序号	项目名称	单位	数量	功率(kW)	备注
1	办公、生活			20	
2	施工附属企业			130	
3	混凝土拌和站	套	2	110×2	
4	C7050 塔吊	座	1	170	
5	C7022 塔吊	座	1	110	
6	钻孔设备	套	12	35×12	防渗墙施工
7	混凝土输送泵	台	1	90	
8	电动空压机	台	2	130×2	供风站
9	抽水泵	台	8	7×55	经常性排水及施工供水
10	混凝土浇筑振捣			15	
11	施工照明			30	
	总功率			1 850	

根据施工用电设备总功率估算电源容量为:

$$P \approx (0.6 \sim 0.7)W \tag{1}$$

式中 P——施工电源总容量,kVA;

W——各种施工用电设备总功率,kW。

经计算,施工高峰期电源总容量约为 1 295 kVA。为保证工程施工生产和生活用电需要,用电总容量为 1 420 kVA,共布置两个配电室,具体配置如表4所示。

为保证施工用电安全,每台变压器均设置接地装置,其接地电阻一般应≤4 Ω。严格按照现行规程规范设计、架设、安装、管理及维护本工程施工配电线路及电气设备。配置专业电气工程师全面负责施工供电相关技术和安全工作,电气作业人员持证上岗。为保证施工供电的可靠性,对于较重要的设备如混凝土拌和系统等尽可能采用双回路供电或环网供电。

表 4　配电室配置情况

配电室编号	安装位置	变压器(容量)		供电范围、用电设备	备注
		数量(台)	规格型号		
1#	临建区内	1	S9 – 160 kVA/ 35/0.4 kV	施工附属设施、办公生活区等	
2#	右岸引水洞进水口下游岸坡	2	S9 – 630 kVA/ 35/0.4 kV	施工区施工、混凝土拌和、供风站、抽排水等	

3.3.3　施工供水

招标文件提供的施工用水水源为杂谷脑河,水源符合《混凝土拌和用水标准》(JGJ 63—89)的规定,水源符合国家饮用水有关规定。汛期或非汛期施工用水及生活用水水源,若达不到相关规定标准,均经过一体化压力式净水器处理后方可使用。

主要供水项目包括办公生活区用水、生产区供水(混凝土拌和附属设施及消防用水等)和施工区供水(钻孔与灌浆、混凝土浇筑养护、堆石料填筑及消防用水等)。

经计算,高峰期用水量为:生活区高峰用水量为 5 m³/h,生产区高峰用水量为 15 m³/h,施工区高峰用水量为 30 m³/h。

根据施工特点,本工程共设三套供水系统,分别设抽水站及调节(沉淀)水池。

(1)1#供水系统,主要供应办公生活区、附属设施及消防等用水。在生活区附近布设一个容量为 5 m³ 的水池,旁设一个容量为 10 m³ 的沉淀池。抽水站为潜水式水泵抽水,布置在临建区附近河岸适当位置。抽水站内选用两台(备用一台)QY15 – 26 – 2.2 型水泵,$Q = 15$ m³/h,$H = 26$ m,$N = 2.2$ kW。敷设 $DN50$ 管道直接抽取河水至沉淀水池(底板高程 1 703 m),通过 $DN30$ 输水主干管再接支干管自流向各用户供水。汛期施工时,水在水池沉淀处理后,若水质检验仍未达标时,采用一体化饮用水净水器处理后接 $DN30$ 供水主干管再接支干管向办公生活区及其他用户自流供水。

(2)2#供水系统,主要供应一期右岸施工区生产、混凝土拌和及消防等用水。调节水池布置在右岸闸轴线下游侧高程 1 725 m 处,水池容量为 60 m³。抽水站布置在右岸下游围堰外侧,抽水站内选用两台(备用一台)IS80 - 50 - 250B 型水泵,$Q = 40$ m³/h,$H = 63$ m,$N = 15$ kW。敷设 DN100 取水管道直接抽取河水至调节水池(底板高程 1 725 m),通过 DN80 输水主干管再接支管自流向各施工工作面供水。高程在 1 725 m 以上的工作面用水则在调节水池布设一台 2 吋潜水泵抽取。

(3)3#供水系统,主要供应二期左岸施工区生产及消防等用水。调节水池布置在左岸闸轴线上游侧高程 1 725 m 处,水池容量为 50 m³。抽水站布置在左岸上游围堰外侧,抽水站内选用两台(备用一台)IS80 - 50 - 250B 型水泵,$Q = 40$ m³/h,$H = 63$ m,$N = 15$ kW。敷设 DN100 取水管道直接抽取河水至调节水池(底板高程 1 725 m),通过 DN80 输水主干管再接支管自流向各施工工作面供水。高程在 1 725 m 以上的工作面用水则在调节水池布设一台 2 吋潜水泵抽取。

另外,在生活营地建 55 m³ 化粪池一座进行污水处理,生活污水由 F300 及 F400 的涵管引至化粪池处理后,同雨水合流经明沟排放。

施工供水主要设备及材料如表5所示。

3.3.4　施工供风

本工程用风项目主要为石方开挖、支护及灌浆工程等,根据现有工程量及工期安排计算高峰耗风量为 30 m³/min。考虑空压机效率降低及未计入的小量用风,取修正系数 1.1,计算得施工高峰耗风量约 33 m³/min。

根据施工现场情况,设置供风站一座。布置在右岸引水洞下游,供风站内分别设置两台 HP200 电动空压机,主要供应引水洞石方开挖、永久上坝路、灌浆作业等施工用风。另配备两台 DY - 12/7 油动移动式空压机满足左岸坝肩开挖、灌浆平洞开挖、前期道路施工及其他零星施工用风需要。

3.3.5　混凝土生产系统

施工需用混凝土总量为 85 740 m³,根据施工总体规划,为缩短混凝土的运输距离,降低混凝土的运输成本,混凝土系统布置在业主提供的下游临建场地内,主要供应挡水坝及泄冲闸混凝土、引水洞及进水口混凝土等。

混凝土拌和系统布置位置距闸轴线约 300 m,距木卡砂石骨料厂约 17 km。布置的主要设施有拌和站系统、水泥输送系统、煤灰输送系统、空压机系统、外加剂系统、骨料输送系统,其他生产用房等。

表5 施工供水主要设备及材料

序号	名称	规格型号	单位	数量	备注
1	水泵	IS80－50－250B	台	4	$Q=40\ \mathrm{m^3/h}, H=63\ \mathrm{m},$ $N=15\ \mathrm{kW}$（2用2备）
2	水泵	QY15－26－2.2	台	2	$Q=15\ \mathrm{m^3/h}, H=26\ \mathrm{m},$ $N=2.2\ \mathrm{kW}$（1用1备）
3	抽水站		座	3	棚建36 $\mathrm{m^2}$
4	供水管	$DN100$	m	350	钢管
5	供水管	$DN80$	m	600	钢管
6	供水管	$DN50$	m	70	镀锌钢管
7	供水管	$DN30$	m	350	镀锌钢管
8	沉淀池	10 $\mathrm{m^3}$	座	1	砖砌体
9	水池	5 $\mathrm{m^3}$	座	1	砖砌体
10	水池	60 $\mathrm{m^3}$	座	1	砖砌体
11	水池	50 $\mathrm{m^3}$	座	1	砖砌体
12	消火栓	SN100	只	10	
13	化粪池	55 $\mathrm{m^3}$	座	1	
14	污水管	$\phi400$	m	100	水泥管
15	污水管	$\phi300$	m	150	水泥管
16	一体化饮用水净水器		座	2	

系统工艺流程如下：

（1）骨料输送系统。生产混凝土所需的成品骨料由木卡砂石加工系统成品料仓提供,成品骨料经自卸汽车倒运至骨料堆放场内,用ZL－50装载机上料至自动称量系统,自动称量后经胶带机进入拌和机进行拌和。

（2）胶凝材料输送系统。根据招标文件要求,本系统所用水泥均为袋装。因此,袋装水泥在拆包间人工拆包后,经GX型螺旋机输送至拌和站称量系统。

（3）系统附属设施。混凝土拌和系统附属设施由外加剂室、实验室、调度室、检修室、空压机房及现场办公室等组成。

（4）混凝土拌和。HZS50 混凝土拌和系统,骨料、水泥、外加剂、水等先经拌和站或配料装置系统精确称量,然后进入拌和机充分拌和,最后由集料斗卸入混凝土运输机械。

（5）混凝土运输设备。挡水建筑物主体混凝土采用 6 m^3 混凝土搅拌车水平运输、C705 塔吊垂直运输,引水洞则采用 6 m^3 混凝土搅拌车水平运输,混凝土泵车入仓。

3.4 工期安排

依据招标文件主要控制性施工进度要求和相关规范,计划控制性工期如下:

2005 年 7 月 15 日进场;

2005 年 8 月 1 日工程开工;

2005 年 10 月 21 日至 2005 年 10 月 25 日完成左岸河道扩挖;

2005 年 10 月 28 日一期河道截流;

2005 年 11 月至 2006 年 4 月底,完成一期基坑内排污闸、冲沙闸和 1$^#$泄洪闸施工;

2006 年 4 月 21 日至 2006 年 4 月 25 日拆除一期围堰;

2006 年 10 月 28 日二期河道截流;

2006 年 11 月至 2007 年 4 月,完成左岸挡水坝混凝土浇筑和 2$^#$、3$^#$泄洪闸施工;

2007 年 4 月 16 日至 2006 年 4 月 25 日拆除二期围堰、浆砌石纵向导墙;

2007 年 6 月 10 日下闸蓄水;

2007 年 7 月 31 日工程完工。

如遇其他特殊情况,工期随时做出调整。

3.5 工期保证措施论述

为了能够按期完成施工,采取工期保证措施如下:

（1）迅速成立项目部,进行人员和设备的调配以及全面的组织协调工作,保证人员、设备按投标书规定的进场日期进入施工现场;

（2）按项目法施工要求进行施工和管理;

（3）密切与业主、监理、设计等各方面的配合;

（4）项目经理部将委派 1 名副经理主抓建筑材料的采购、运输和验收,以确保本标工程物资的及时供应;

（5）层层签订目标工期责任制,使施工进度与员工的经济利益挂钩,充分调动员工的生产积极性,提高员工的劳动效率。

4 主体工程施工方法研究

4.1 土石方工程研究

土石方开挖工程主要包括:左、右岸坝肩土石方开挖,挡水坝基础开挖,右岸进水口、引水隧洞及泄洪冲沙闸基础开挖和永久上坝公路开挖。

土石方开挖主要开挖量以覆盖层开挖为主,其工程量主要分布在河床部位,自右岸进水口、挡水坝、泄洪冲沙闸到施工导流工程左岸扩挖,呈带状分布,以表土和河床含漂砂卵砾石为主;石方明挖工程量较小,其工程量主要集中在右岸永久上坝公路和进水口、引水隧洞开挖部位。

土石方回填包括砂卵石回填、土石回填、洞渣回填等工程项目。

土石方主要工程量如表6所示。

表6 土石方主要工程量

序号	项目名称	单位	数量	备注
1	覆盖层开挖	m³	59 190	
2	石方明挖	m³	4 850	
3	石方洞挖	m³	7 057	
4	塌方石渣清除	m³		
5	土石填筑	m³	122 060	
6	砂卵石回填	m³	18 790	
7	块石回填	m³	2 580	

4.1.1 作业程序及工艺流程

土石方开挖施工程序及流程:岸坡开挖和河床建筑物基础开挖,遵循自上而下的开挖顺序,开挖顺序如下:表土清理→覆盖层开挖→岩石开挖→开挖料清理运输。

土石方回填施工程序及流程:基础平整碾压→填料装车→运输卸料→平整碾压→检测检验→转入上层填筑。

4.1.2 土石方开挖施工方法研究

采取上、下立体交叉,同时施工的整体方案,即根据工期及施工计划安排,坝肩与河床段覆盖层开挖同时交叉进行。坝肩高处开挖,先修一条临时施工便道,机械无法施工时,以人工开挖为主;机械能去的部位,人工配合机械开挖;河床土石方开挖以机械为主,人工辅助。开挖装车机械以 1.2 m³ 反铲为主,ZL - 50 装载机辅助;运输用 15 t 自卸汽车;集料及场地平整用 220HP 推土机;钻爆设备主要使用 YT - 28 型手风钻,灌浆平洞采用 ZL15 装载机出渣。

4.1.2.1　测量放线

用 TCR - 305 型全站仪、钢卷尺结合、实地测放出开挖边线,打桩并用白灰标识。施工中注意保护测量标记和桩点,如发现桩点位置有变化,及时进行复测,确保按设计开挖线施挖。

4.1.2.2　覆盖层开挖

主要为含漂砂卵砾石开挖。人工配合 1 m³ 反铲开挖,ZL50 装载机配合修筑施工便道、进行集料,并进行基础面的整平。在含漂砂卵砾石开挖过程中遇到大孤石或少部分石方时,采用手风钻造孔,小药量解爆。

4.1.2.3　坝肩石方开挖

对爆破设计参数,根据爆破料的块径、坡面平整度及爆破振速等,进行爆破参数优化,以保证爆破料利于清运装车,可利用料的块径能尽量满足坝体填筑的需要。采用 2# 含岩石钱梯炸药(孔内有水时,采用乳化炸药),装药结构为不连续偶合形式,起爆采用孔内延时,孔外接力的非电毫秒微差起爆网络。

施工过程中,严格遵守爆破作业安全规程,施工过程中,由安全员警示鸣笛,警戒标志明显。施爆完成后,对出现的哑炮,由人工掏除处理。对经爆破开挖后坡面已松动的浮石、危石,人工配合机械撬除或浅孔爆破进行处理,以防边坡失稳发生坍塌现象,造成人员设备损伤。

4.1.2.4　平洞石方洞挖

洞身石方开挖:采用全断面掘进施工,造孔由 YT - 28 气腿式手风钻钻孔,爆破开挖采用中部掏槽、周边光面爆破技术,按每循环进尺 2.0 m 进行控制;出渣用 ZL30 装载机运往洞外。在洞室爆破作业中,遵循"短进尺、小药量、弱爆破、强支护、勤观测"的原则,按照爆破设计参数,根据爆破料的块径、孔壁预留残孔率、开挖面平整度及爆破振速等,对爆破参数不断优化,以确保爆破后开挖面满足设计要求。

特殊地段开挖:对岩石中因地质原因,如断层、裂隙及软弱夹层等部位,应做专门爆破设计,以免爆破震动破坏岩面;必要时,由人工配合机械对其进行开挖。

锁口支护:对灌浆平洞进口段,为确保洞口因开挖而带来不安全因素发生,及时对该部位进行锁口支护(规格 $\phi25$,单长 $L=5$ m 的砂浆锚杆)及混凝土衬砌。

变形观测:对在开挖过程中,因岩石应力而引起的变位,根据设计要求的观测断面,埋设 GY - 85 型坑道式岩石收敛计,定时检测,以便确定岩石变位,为后续工程处理提供依据。

洞内排水:对岩石裂隙渗水及施工弃水,采用挖沟自流引排或集水坑水泵集中抽排至洞外。

安全处理:对爆破开挖面上已松动的浮(危)石及凸出部位,由人工配合机械进行撬除或浅孔爆破予以处理;为防止洞内岩体发生坍塌现象,应适时支护(锚杆、挂网、喷射混凝土及钢支撑等),必要时采取特殊支护处理(如钢柱、棚架、混凝土预制件、砌体支撑等)。

4.1.3 土石方回填施工方法研究

该部分土石方填筑遵循由低到高、水平分层填筑的原则,铺料厚度控制在 40 ~ 50 cm(洞渣回填除外)。回填料运输用 15 t 自卸汽车,后退法或进占法卸料,220HP 推土机平料,18 t 自行式振动碾压实。已有建筑物周围和周边压不倒的部位,用蛙式打夯机夯实;填筑体有设计坡比时,坡面用 1.2 m³ 反铲人工配合削坡。

测量放线:用全站仪进行回填边界和高程测量,边界线用白灰标识。

装车:用 1.2 m³ 反铲结合 ZL - 50 装载机装车。

运输:用 15 t 自卸汽车运至工作面,根据工作面大小,采取进占法或后退法卸料。

碾压:用 18 t 振动碾结合 220HP 推土机碾压;建筑物周围用推土机履带碾压,或用振动夯夯实。

坡面修整:用 1.2 m³ 反铲人工配合修整坡面。

4.2 混凝土施工研究

4.2.1 闸室混凝土

其主要工程量为:底板混凝土 3 090 m³,胸墙混凝土 390 m³,闸墩混凝土 14 050 m³,护坦、海漫、铺盖混凝土 12 310 m³,HFC40 混凝土 1 320 m³,工作桥混凝土 78 m³,钢筋制安 1 657 t。

闸室混凝土采用 6 m^3 混凝土罐车水平运输,C7050 塔吊吊 3 m^3 吊罐入仓浇筑方案。其中,闸室底板采用台阶法浇筑,闸墩胸墙混凝土则采用平层法浇筑,浇筑高度 3 m;溢流堰混凝土采用滑模法浇筑混凝土施工方案。

4.2.1.1 闸室混凝土施工总平面布置

(1)施工交通:利用长约 300 m、宽 7.0 m 的 3# 施工道路进行一期闸室混凝土水平运输。利用长约 750 m、宽 8.0 m 的 2# 施工道路进入到坝区左岸工作面。利用长约 150 m、宽 7.0 m 的 4# 道路进行二期闸室混凝土水平运输。为沟通左、右岸交通,以满足二期闸室混凝土施工及保证 317 国道畅通,在闸址下游约 500 m 处修建跨河军用钢架桥一座,桥面宽度 3.7 m,单跨跨度约 33 m。

(2)混凝土拌和系统:经分析,闸室底板最大仓面面积达 563.10 m^2,采用台阶法进行闸底板混凝土浇筑,台阶宽 6 m、长 18.77 m,分层铺料层厚 0.5 m,考虑在混凝土中掺加缓凝高效减水剂后,初凝时间可延长至 4 h,则每小时混凝土最高浇筑强度为 30 m^3,据此配置混凝土拌和系统,采用 4 台 750 型自落式拌和机。

(3)塔吊布置:闸室混凝土采用一台 C7050 塔吊,吊幅选 70 m,吊 3 m^3 吊罐入仓,塔吊安设中心纵向位置在排污闸坝段坝 0+050 处,横向位置安设闸 0+20 处。塔吊除吊运混凝土外,还负责吊运钢筋及大块模板安拆等工作,该机具有轨行、固定、附着和内配等多种使用类型,最大起重量 20 t。

4.2.1.2 施工方案

(1)闸室底板:底板长 30 m、宽 18.77 m,最大仓面面积达 563.1 m^2,厚 4.0 m,其中 C25 混凝土厚 3.6 m,HFC40 混凝土厚 0.4 m。每层铺料厚度按 0.3 m 计,掺加缓凝剂后混凝土初凝时间为 4 h,则每小时须浇筑混凝土 42.23 m^3,用塔吊入仓,平层法浇筑闸室底板混凝土难以满足 42.23 m^3/h 混凝土浇筑强度要求,因此采用台阶法进行闸底板混凝土浇筑,台阶宽 6 m、长 18.77 m,分层铺料层厚 0.5 m,软轴插入式振捣器分层振捣密实。

闸室底板分两次施工,第一次浇筑混凝土 2.0 m 厚,第二次浇筑 C25 混凝土 1.6 m 厚后在其层面上铺设 10 mm×10 mm 的钢丝筛网后继续浇筑 HFC40 抗冲耐磨护面混凝土 0.4 m 厚,同时全断面浇筑闸墩混凝土 1.0 m 高。

(2)闸墩、胸墙混凝土:分层进行闸墩、胸墙混凝土浇筑,其分层高度 3 m,闸墩牛腿部位混凝土与闸墩混凝土同仓进行浇筑,塔吊吊 3 m^3 吊罐入仓,全断面平层法进行混凝土料摊铺,层厚 0.5 m,软轴插入式振捣器振捣密实。

（3）溢流堰混凝土：溢流堰混凝土采用滑模法浇筑方案。

（4）工作桥混凝土：工作桥板梁模板采用组合钢模板，ϕ 48 双钢管围图加固，利用已浇墩墙上的搭设悬挑架在工作桥板梁底部搭设满堂架进行支撑，混凝土采用 6 m³ 混凝土罐车水平运输，C7050 塔吊底部搭设吊 3 m³ 吊罐入仓，插入式振捣器振捣密实，人工收面压光。

（5）二期混凝土：二期混凝土主要包括门槽二期混凝土和门机轨道二期混凝土，混凝土由 6 m³ 混凝土罐运输，塔吊结合溜管（溜筒）入仓。

4.2.1.3　施工工艺流程

施工工艺流程如图 1 所示。

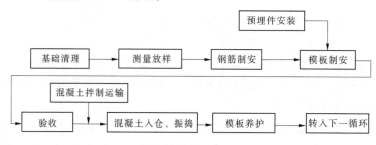

图 1　混凝土施工工艺流程

4.2.1.4　施工方法研究

1. 基础处理

混凝土浇筑前，按规范要求清除建基面或结合面上的杂物，用压力水冲洗干净，使建基面无杂物、无污垢、无积水，并在混凝土浇筑前保持清洁、湿润，自检合格后，书面通知监理工程师进行验收，验收合格后方可进行下道工序。

2. 测量放线

用 TCR－305 全站仪测放出结构物边（中）线及高程。

3. 钢筋制安

钢筋在加工前做材质试验，并将表面油渍、漆污、锈皮等用风砂枪清除干净。用于本工程的所有钢筋集中在钢木加工厂加工，加工前先对每批钢材按规定取样试验，并将其表面油渍、漆污、锈皮清除干净。

加工时先按设计图纸进行下料，尽量减少弃料，再进行弯制加工，并留足搭接长度。

加工好的钢筋必须分类挂牌进行堆放,并标明型号、尺寸、部位。钢筋运输采用 5 t 载重汽车运至现场人工进行绑扎焊接。

安装前按设计图纸对照钢筋进行复检,检查其规格型号、尺寸、部位、根数是否与设计相符。

安装时严格按施工图纸的要求规范施工,保证其强度质量要求。底板钢筋安装前先焊接板凳架立筋,再进行绑扎焊接;墩墙钢筋绑焊好后,再用ϕ12 钢筋对两层钢筋网进行点焊加固,以确保钢筋层间距。安装后需验筋,严格控制其准确位置,并在钢筋和模板间按混凝土保护层厚度预制砂浆垫块支撑,以确保混凝土保护层厚度满足设计要求。

4. 止水、预埋件安装

用于本工程的止水有两种,止水材料尺寸和规格严格按设计规定加工与选择,材质符合设计要求。在定型模板的定位尺寸部位安装,止水中心线与设计线偏差不超过 5 mm 翼缘端部的上下倾斜值不大于 5 mm。接头采用硫化机热黏合,搭接长度不小于 20 cm,接头处加工平整、打毛、表面处理干净,然后黏结。

伸缩缝止水材料按照施工详图进行加工制作安装,安装时要使止水带平、实、稳且不得卷曲、移位,接缝处搭接长度要满足规范和设计要求,接缝要黏结密实。止水形式、材料和位置做到准确无误。

橡胶止水带形式、埋设位置除满足设计要求外,其拉伸强度、伸长率、搭接长度等还须符合有关规定。止水铜片连接采用搭接,搭接长度不小于 20 mm,搭接部位采取双面焊。已安装好的止水设施,及时进行保护,以防意外破坏。

抗冲耐磨钢板等预埋件安装前,先按图纸对预埋件的规格、型号、尺寸、材料进行检查,无误后再按施工详图及施工技术要求进行安装。安装时位置做到准确,焊点结实牢固,必要时焊接加固钢筋,混凝土振捣时在预埋件部位保持 10 cm 距离,不得触及埋件,并辅以人工振捣。

混凝土浇筑过程中及时检查止水等预埋件,发现问题及时纠正处理。对于各种爬梯、扶手及栏杆铁件,其埋入部分须具有足够长度,以满足施工、设计及规范要求。

5. 模板制安

(1)闸室模板:闸室底板采用组合钢模板,在止水部位配以木模,确保止水安装位置的准确性。纵、横围图采用ϕ48 双钢管围图加固,纵、横围图间距均为 0.75 m,并用斜撑加固。内侧用ϕ12 拉锚筋斜拉加固。

闸墩墙直立面模板采用 $B \times H = 300 \ cm \times 310 \ cm$ 的大块翻升模板,墩头曲面采用定型钢模板,胸墙顶板采用曲面可调模板,由 $12^{\#}$ 槽钢制作的钢桁架进行支承围固,内、外工作架均采用双排脚手架;墩头、闸门槽配以木模外包镀锌铁皮,大块模板安装采用塔吊吊装、人工配合就位。

(2)溢流堰模板采用滑模法进行混凝土施工。

(3)工作桥模板:工作桥板梁模板采用组合钢模板,悬挑架结合满堂脚手架进行底模支撑加固。

6. 混凝土浇筑

(1)现浇混凝土浇筑:混凝土在拌和站集中拌制,施工配合比严格遵守由试验确定并经监理工程师批准的配料单,混凝土拌和过程中及时测定砂石料的含水率,根据含水率变化,及时调整配合比,使用外加剂时,严格控制其掺量,并将外加剂均匀掺配到拌和水中。闸室混凝土由 $6 \ m^3$ 混凝土罐车运至现场,由 C7050 塔吊吊 $3 \ m^3$ 吊罐入仓。浇筑第一层混凝土前,先铺 $2 \sim 3 \ cm$ 厚的同标号水泥砂浆,铺设砂浆面积与混凝土浇筑强度相适应,并且尽快覆盖混凝土,保证新浇混凝土与基础面或老混凝土结合良好。在浇筑闸墩混凝土时,模板两侧混凝土做到均匀上升。混凝土自由下落高度不大于 $1.0 \sim 1.5 \ m$,铺筑厚度控制为 $0.5 \ m$,底板采用台阶法浇筑,闸墩、胸墙按每层 $3 \ m$ 高平层法浇筑混凝土,浇入仓面的混凝土做到随浇随平仓,不得堆积。仓内若有粗骨料堆叠,则均匀地展布于砂浆较多处,以免造成内部蜂窝。严禁不合格料入仓。浇筑保持连续性,如因故中断且超过允许间歇时间,则按工作缝处理。平仓后及时振捣密实,防止漏振与过振。结构物的设计顶面混凝土浇筑完毕后,人工用铁抹子收光,高程符合图纸规定。

(2)HFC40 抗冲耐磨混凝土:C40 抗磨混凝土振捣后主要采用提浆滚来回滚动提浆,再用长刮板刮平,然后用木抹粗抹,待表面不泌水后,用铁抹抹光至要求的平整度。

(3)二期混凝土浇筑:二期混凝土浇筑前将结合面的老混凝土凿毛,冲洗干净,保持湿润。混凝土由混凝土搅拌运输车运至施工现场,塔吊结合溜管(溜筒)入仓,软轴插入式振捣棒振捣,振捣层厚 $30 \sim 50 \ cm$,一次浇筑高度 $3 \ m$。

(4)桥面混凝土浇筑:桥面混凝土在拌和站拌制,$6 \ m^3$ 混凝土罐车运输,塔吊吊入仓面,现场进行摊铺,机械振捣,人工抹面。

7. 混凝土养护

混凝土浇筑完毕后,采用洒水等养护措施,使混凝土表面经常保持湿润状态。实际施工时,仓面用草帘子或草袋覆盖洒水养护,墙面悬挂草帘子洒水养护,养护时间满足规定要求。

4.2.2　闸前铺盖混凝土

闸前铺盖长 38.37 m、宽 15.0 m、厚 2.0 m,其中表面 0.4 m 厚为 HFC40 抗冲耐磨混凝土,混凝土总计 1 469 m³,混凝土在坝址下游右岸混凝土拌和站集中拌制,6 m³ 混凝土罐车水平运输,C7050 塔吊吊 3 m³ 混凝土吊罐入仓,台阶法浇筑,台阶宽度 6 m,长度为 15.0 m,混凝土铺料厚度 0.50 m,先浇筑 C20 混凝土,最后浇筑 HFC40 混凝土,软轴插入式振捣器振捣密实。铺盖模板采用组合钢模板,φ48 双钢管围囹加固支撑,纵、横围囹间距均为 0.75 m,并用 φ12 拉锚筋进行内拉加固。

4.2.3　护坦混凝土

4.2.3.1　概述

闸后护坦长 55 m,总宽 36.0 m,底板混凝土厚 2.5 m,两边墙为混凝土重力式挡墙,泄洪闸两侧边墙为中导墙。除坝 0+030.00~坝 0+045.00 段护坦底板为 1:5 斜坡外,坝 0+045.00~坝 0+085.00 段全部为平直段,护坦底板表面 0.4 m 厚为 HFC40 高强抗冲耐磨混凝土。

4.2.3.2　施工方案

混凝土由 6 m³ 混凝土罐车从混凝土拌和站拉运,坝 0+030.00~坝 0+045.00~坝 0+060.00 段护坦混凝土采用 C7050 塔吊吊 3 m³ 混凝土吊罐入仓,坝 0+060.00~坝 0+085.00 段采用活动皮带机入仓,底板混凝土采用台阶法分层浇筑,台阶宽 6 m、长 15.0 m,铺料厚度 0.5 m,侧墙混凝土采用平层法浇筑,软轴插入式振捣器振捣密实。

必须指出的是,混凝土建基面验收合格后,先按施工图纸要求人工埋设好 φ100 反滤排水管网后,方可进行护坦底板混凝土施工。

4.2.3.3　施工顺序

施工顺序:底板混凝土→边墙基础混凝土→边墙混凝土。

4.2.3.4　施工程序

施工顺序:基础面验收→反滤排水管网埋设→钢筋制安→模板制安→现浇混凝土→拆模及养护。

4.2.3.5　施工方法

1.反滤排水管网埋设

反滤排水管采用 φ100 的 PVC 塑料管,电钻造孔,其施工程序为:管底铺设砂砾石反滤料→排水花管外包裹土工无纺布→埋设排水管→排水管四周铺设反滤料。

混凝土浇筑前,用φ8钢筋连接加固排水管网,确保排水管位置准确。为防止混凝土浇筑时混凝土流入排水管内,须用土工无纺布将其管口予以封闭。

2. 模板制安

护坦底板侧模、挡头模板及重力式边墙、中导墙采用大块竹胶钢框模板配少量钢木组合模板,采用φ48双钢管围图支撑,纵、横围图间距均为0.75 m,并用φ12拉锚筋内拉加固。模板安装前在其表面涂刷脱模剂,模板之间的接缝做到平整严密,并在模板之间夹塞海绵条,确保不漏浆。

3. 混凝土浇筑

(1)底板混凝土:台阶法浇筑底板混凝土时,先浇筑C20混凝土,然后在HFC40高强抗冲耐磨混凝土底面铺设10 mm×10 mm钢丝筛网后再浇筑HFC40高强抗冲耐磨混凝土。斜坡段底板采用滑模法进行混凝土浇筑,平段底板混凝土表面主要采用提浆滚来回滚动提浆,再用长刮板刮平,然后用木抹粗抹,待表面不泌水后,用铁抹抹光至要求的平整度。

(2)边(导)墙、中(导)墙混凝土:采用平层法浇筑护坦边导墙、中导墙混凝土,施工中,先浇筑导墙墙基础混凝土(带100 cm侧墙),再按每层2~3 m高进行边导墙或中导墙混凝土浇筑,软轴插入式振捣器振捣密实。

4.2.4 海漫混凝土

混凝土柔性海漫长30 m,宽36.0~40.0 m,混凝土底板共分40块,每块厚1.0 m,边墙为混凝土重力式挡墙。

海漫混凝土在大坝混凝土拌和站集中拌制,6 m³罐车水平运输,活动皮带机入仓浇筑,海漫底板混凝土采用分块跳仓法进行混凝土浇筑,两边墙混凝土施工顺序为:边墙基础混凝土—边墙混凝土,边墙混凝土按每层2.5 m高进行分层浇筑,混凝土铺料厚度0.5 m,平层法进行浇筑,人工平仓,软轴插入式振捣器振捣密实。

4.2.5 挡水坝混凝土

4.2.5.1 概述

薛城水电站左岸挡水坝为混凝土重力坝,坝顶长77.12 m,坝顶宽6.0 m,其中储门槽坝段顶宽11.0 m。坝顶高程为1 711.0 m,储门槽坝段建基面高程为1 693.50 m,最大坝高24.00 m。挡水坝基础混凝土厚4.0 m,基础以上为混凝土重力坝,其中,挡水坝段下游面坡比为 1:0.85,储门槽坝段下游面坡比为 1:0.75,大坝上游面 1 764.50 m 高程以上为直立面,以下为1:0.5 的斜坡。

其主要工程量为:坝体 C20 混凝土 20 950 m³,钢筋制安 100 t。

挡水坝混凝土均在大坝下游混凝土拌和站集中拌制,6 m³ 混凝土罐车沿下游跨河交通桥,右岸 2# 施工道路、4# 施工道路水平运输,由 1 台 HB60 混凝土泵配 1 座 C5015 塔吊吊 1 m³ 混凝土吊罐入仓浇筑坝体混凝土。

4.2.5.2　混凝土施工方案

1. 混凝土施工顺序

2#、4# 坝段基础混凝土→3#、5# 坝段基础混凝土→储门槽坝段基础混凝土→储门槽坝段▽1 691.0 m~▽1 697.5 m 坝体混凝土→逐层浇筑储门槽坝段、3#、5# 坝段坝体混凝土→逐层浇筑 2#、4# 坝段坝体混凝土。

2. 混凝土分层、分块

2#~5# 挡水坝段基础及坝体混凝土均采用分块跳仓法浇筑方案,即先浇筑 2#、4# 坝段,再浇筑 3#、5# 坝段。

考虑到坝体大体积混凝土施工有温控等技术要求,坝体混凝土采用分层法进行浇筑,在底部强约束区混凝土分层厚度不大于 2 m,中、上部弱约束区混凝土分层高度为 3 m。

3. 基础混凝土施工

储门槽坝段基础混凝土最大仓面面积达 544.32 m²,混凝土铺料厚度按 0.50 m 计,则每层混凝土为 272.16 m³,掺加缓凝剂后混凝土初凝时间为 4 h,则每小时须浇筑 68.04 m³,而采用塔吊每吊 3 m³ 混凝土至仓面约需 10 min,则每小时混凝土浇筑强度仅为 18 m³/h,采用台阶法浇筑基础混凝土,混凝土铺料厚度 0.5 m,台阶宽 6 m、长 14 m,以确保混凝土施工质量。

挡水坝段基础混凝土亦采用台阶法浇筑混凝土,混凝土铺料厚度 0.5 m,台阶宽 6 m、长 15 m,人工平仓,φ100 变频振捣器结合软轴插入式振捣器浇捣密实。

4. 坝体混凝土施工

坝体混凝土在混凝土拌和站拌制,6 m³ 混凝土罐车运输,由 1 台 HB60 混凝土泵配 1 座 C5015 塔吊吊 1 m³ 混凝土吊罐入仓,分层、分块跳仓法浇筑。

经分析,储门槽坝段坝体混凝土最大仓面面积达 402.5 m²,混凝土铺料厚度 0.5 m,采用塔吊入仓,平层法浇筑难以满足坝体施工要求,宜采用台阶法进行坝体混凝土分层浇筑,台阶宽 6 m,台阶长 14~18 m,混凝土铺料厚度 0.5 m。

4.2.5.3 施工方法

挡水坝段模板主要采用 $B \times H = 1.5$ m $\times 2.0$ m 大块钢模板,ϕ48 双钢管围图加固,纵、横围图间距 0.75 m,并采用 ϕ12 拉锚筋内拉,其他部位则采用组合钢模板。

其施工方法同泄洪冲沙闸施工方法。

4.2.6 闸坝混凝土施工质量控制

4.2.6.1 原材料质量控制

工地设立试验室,运至现场的水泥必须有生产厂家的品质试验报告,试验室按规范要求分批取样复检;混凝土所掺外加剂必须有出厂合格证,采用湿加法。每班须抽检外加剂溶液的浓度;砂、石骨料严格控制其含水量和含泥量,超标时应进行冲洗,并调整配合比,而且还要定期检测砂的细度模数和石子的级配,对于级配不符合要求的砂石料禁止使用。

混凝土拌和物设有专职质检员检测坍落度和混凝土和易性,调整和控制水灰比及拌和时间,在冬季或夏季施工时,定期检测原材料温度、混凝土出机口温度、混凝土入仓温度,并做出详细记录,以确定合理的保温或散热措施,确保混凝土施工质量。

4.2.6.2 混凝土拌和物质量控制

严格按施工配合比称量拌制,安排专人随时检测砂、石料的含水量和含泥量,对含泥量超标的进行人工冲洗,并根据含水量大小及时调整水灰比,外加剂掺量必须按配合比精确称量。

混凝土拌制时间不小于 2 min,严格控制加水量。

4.2.6.3 混凝土运输质量控制

混凝土运输严防离析,尽量缩短运料距离,气温较高时搭设遮阳棚,防止太阳对混凝土的暴晒;雨季时在仓面搭设防雨设施,并调整水灰比、减水加水量。

4.2.6.4 模板质量控制

模板是影响混凝土外观质量的关键因素,因此对模板的选材、安装质量的控制尤为重要,拟采取以下措施:

(1)模板选材选用有足够刚度、强度的组合钢模板、定型钢模板和大块翻升模板。

（2）墩面、墙体大面积部位采用大块翻升钢模板，以减少模板接缝；墩头、进出水流道等部位采用定型模板或曲面可调模板，以保证结构物曲线平顺流畅。

（3）模板缝间夹塞 1 cm 厚的海绵条，防止漏浆；模板表面涂刷脱模剂，避免因污染而影响钢筋及混凝土表面质量。

（4）模板支撑选用强度、刚度满足要求的 ϕ48 钢管和型钢，使用之前需对其加固形式、用材进行详细验算，以保证模板加固质量。

（5）模板拆除时间，严格执行规范规定的拆模时间，对于非承重模板，如需提前拆除，需报监理工程师批准方可进行。

（6）混凝土浇筑时派木工跟班检查模板的支撑加固情况，发现问题及时处理。

4.2.6.5　钢筋制安质量控制

钢筋必须对原材料和焊接头进行试验，钢筋下料制作按设计尺寸进行，并对钢筋进行挂牌，标明部位、型号、材质、尺寸，分类堆放，钢筋底部用方木垫高 30 cm，以免钢筋锈蚀。

钢筋安装，按设计图纸画线定位，采用绑、焊结合，层间焊接支撑筋，并在外层钢筋上绑扎预制砂浆垫块，以确保保护层厚度。

4.2.6.6　混凝土浇筑质量

混凝土浇筑时严格控制铺料厚度，卸料不得倾倒或集中卸料，对于墩墙部位必须均匀对称铺料。振捣时采用套花法捣固，振捣棒必须插入下层混凝土 5~10 cm，并距模板边以 10 cm 为宜，不得碰撞模板、预埋件等，振捣标准为"表面泛浆，不冒泡，无显著下沉，达到既不漏振，又不过振"。

4.2.6.7　混凝土养护质量

混凝土养护在混凝土浇筑完成 12~14 h 开始，混凝土表面覆盖草袋洒水养护，养护时间满足有关规定，养护设专人进行，充分保持混凝土表面湿润。冬季施工时应加强混凝土的保温，表面覆盖 1.5 cm 厚聚氯乙烯板保温，必要时加盖棉被保温，确保混凝土不被冻裂，高温时段施工时对混凝土面进行遮阳，主要采用定时洒水，对于立面，在监理工程师同意下，可以喷涂 LP-2 型养护剂，以保证混凝土养护质量。

4.2.6.8　混凝土施工缝处理

混凝土建基面和分层施工缝须进行凿毛处理，然后用水冲洗干净，浇筑时先在缝面铺一层 2 ~ 3 cm 同强度砂浆,以利于层间结合。

4.2.6.9 混凝土质量检查

混凝土的模板、钢筋严格按照"三检制"进行检查验收,不合格不得开仓;混凝土浇筑时派专职质检人员对混凝土进行取样检验,并随时检测混凝土坍落度,严格控制水灰比。所有混凝土的配合比必须在具有资质的试验室试验,施工时按试验确定的施工配合比配制混凝土。

混凝土成型后,采用超声波或回弹仪对混凝土内在质量进行无损检测,若存在问题,应及时制定处理措施报监理工程师审批实施。

4.2.7 闸坝混凝土防裂措施

闸坝混凝土裂缝产生的原因有以下几点:闸坝混凝土浇筑强度高、体积大,容易产生温度裂缝;闸墩体型属窄长型,闸室底板混凝土对墩墙混凝土的约束会产生裂缝;水灰比过大或粉煤灰掺量过大产生干缩裂缝;低温季节混凝土施工产生的裂缝。

针对以上裂缝产生的原因,在保证施工强度的前提下,拟采取以下防裂措施:

(1)采用常态三级配混凝土替代泵送混凝土,减少水泥用量,降低水化热,加大骨料粒径、改善骨料级配、降低混凝土坍落度和水灰比,防止温度裂缝和干缩裂缝。

(2)浇筑闸底板时同时浇筑 1 m 高墩墙,以减少约束,避免裂缝的发生。

(3)严格控制混凝土出机口温度,采用加冷水和骨料预冷等措施,降低混凝土出机口温度,减少温度裂缝产生。

(4)掺入适量粉煤灰和缓凝高效减水剂,采用低热水泥,增加混凝土和易性、减少水泥用量、降低水化热温升。

(5)低温季节混凝土施工时,对正在浇筑混凝土和浇筑后龄期 7 d 以内的混凝土,模板外用 1.5 cm 厚聚氯乙烯板覆盖保温,必要时覆盖棉被或搭设暖棚,棚内温度保持在 5 ℃ 以上,防止冻裂;对于龄期超过 7 d 的新浇混凝土,表面采用塑料薄膜和 3 cm 厚聚氯乙烯板双层覆盖。同时,及时注意近期的气象预报,防止温度骤降。冬季气温过低时,采用热水拌和、掺加防冻剂等措施,进行混凝土施工。

(6)高温时段混凝土浇筑时,一般安排在当天的 16:00 至第二天 12:00 完成,避开温度高峰值,对于方量较大混凝土,应在仓面、运输骨料和混凝土施工机具搭设遮阳棚,缩短骨料和混凝土暴晒时间,防止骨料和混凝土运输过程中温度升高,加强管理,加快施工速度。

(7)加强养护。有条件时,采用流水养护;无条件时,应定时洒水养护,保证混凝土表面湿润。养护派专人进行,养护时间一般控制在28 d。

(8)加强混凝土设备的保养和维修,确保混凝土的连续浇筑,资源配备应和混凝土浇筑强度匹配,防止发生施工冷缝。

(9)在结构许可的条件下,合理进行混凝土分层、分块,减轻约束作用,缩小约束范围,合理安排施工程序,使混凝土总体均匀上升,缩短上、下层混凝土浇筑间歇期。

(10)在浇筑底板等结构尺寸较大的混凝土时,采用台阶浇筑法,减少混凝土温度回升。

(11)对重点防裂部位,有必要时在混凝土内部及表面埋设适量的温度计。观测混凝土内外温差,控制拆模时间。

4.2.8　混凝土的内在和外表美观质量保证措施

(1)混凝土配合比严格执行经监理工程师批准的配合比,不得私自更改。

(2)严格控制水灰比和振捣时间,掺入高效减水剂,以减少混凝土表面的蜂窝麻面。

(3)加强测量放线及检查工作,配备充足的测量仪器和测量人员,确保结构尺寸和位置的准确。

(4)编制大块模板加工、安装、拆除作业指导书,并在施工中贯彻执行,以保证模板施工工艺的落实,防止模板在使用期间因变形或使用不当造成结构尺寸变化及边角、棱线等变形或损坏。

(5)混凝土模板采用大块翻升模板,减少接缝。模板表面光洁平整,杜绝变形模板进入工程实体。木模内侧张贴镀锌铁皮,所有模板表面涂刷脱模剂,模板接缝处夹塞1 cm厚海绵条,防止漏浆。

(6)模板安装后,设置足够的固定设施,其支撑保证混凝土在浇捣过程中不致发生移位和变形。

(7)模板用钢桁架和φ48钢管加固,双排或满堂钢管脚手架支撑,模板和支撑的刚度及强度必须通过计算校核。板缝的拼接形式和拉锚间距必须对称,以保证混凝土表面美观整齐。

(8)混凝土浇筑时,按次序依次振捣,振捣棒距离模板不得小于10 cm,并安排专人跟班检查模板拉锚和支撑的牢固性,及时处理发现的问题。

（9）混凝土浇筑过程中，严格按照振捣要求进行，并加强周边混凝土的振捣，做到不漏振、不过振。

（10）根据浇筑条件的变化，及时调整混凝土配合比，加强混凝土拌和质量控制，保证混凝土达到设计的坍落度。

（11）混凝土浇筑时，严禁在拌和站外加水，如发现混凝土和易性较差，采取加强振捣等措施，以避免出现蜂窝麻面。

（12）浇筑混凝土允许间隔时间，严格按照试验确定或按有关规定执行，保证混凝土浇筑的连续性，避免出现冷缝。

（13）混凝土浇筑施工架和模板支撑架应分开搭设，不得连接，以免模板发生变形、移位。

（14）拆模时，严格控制拆模时间，对于立面未承重模板以不致使混凝土掉角、倒棱为宜，承重模板必须达到 28 d 龄期后进行。拆模时，根据锚固情况，分批拆除锚固连接件，防止大片模板坠落。撬杠底部应支垫木块，不直接在混凝土表面撬除模板，以免损坏混凝土表面。

（15）严格控制拆模时间，模板必须待混凝土强度达到要求的强度后方能拆除，拆模时必须保证留最上一层模板，使上层新立模和下层模要反结合良好，以避免上、下层模板接缝处出现错台现象。

（16）采用可靠措施及时排除混凝土表面泌水，并用铁抹子抹光压实。

（17）必要时在闸室底板两侧安设滑轨，用振动梁对底板进行找平，并辅以人工配合抹面，以确保底板表面的平整和光滑。

（18）为避免高速水流引起空蚀，施工中严格控制以下部位表面的不平整度。闸门底槛及邻近闸门底槛的混凝土表面要求光滑，与施工图纸所示理论线的偏差不大于 3 mm/1.5 m。

4.2.9　闸坝混凝土温控措施

为了保证混凝土施工质量，混凝土在施工过程中必须采取多种温控措施，有效地防止混凝土干缩和温度应力裂缝，保证混凝土外在质量和内在质量良好。根据水工混凝土施工规范要求以及同类工程混凝土施工的实践经验，混凝土浇筑应控制在 5~25 ℃ 范围内，气温低于 5 ℃ 时，混凝土浇筑应采取保温措施，当混凝土浇筑温度高于 25 ℃ 时，混凝土浇筑应采取降温措施。

4.2.9.1　成立混凝土温控技术小组

成立质量副经理、项目总工、质安主任及有关技术人员参加的混凝土温控技术小组,指导、控制、监督温控工作。

4.2.9.2 降温措施

(1)合理安排施工程序和施工进度。合理安排大体积混凝土的浇筑时间,避开高温时段。混凝土浇筑时间尽量安排在早晚和夜间施工,高温时段只做浇筑前准备工作。

(2)合理优化混凝土配合比。

闸坝混凝土抗冻、抗渗要求高,相应的混凝土强度等级高、水泥用量较大,产生的水化热大,因此在满足混凝土设计强度和耐久性的前提下,选用多级配混凝土(大体积混凝土选三级配),胶凝材料选用中、低热硅酸盐水泥,并采用在混凝土中掺入 20% ~25% 的粉煤灰和适量外加剂(高效减水剂及引气剂),合理减少单位水泥及水的用量,有效地降低混凝土的水化热温升,以改善混凝土的和易性,降低混凝土温度应力。

4.2.9.3 混凝土施工过程控制

(1)将混凝土拌和站建在距混凝土浇筑现场最近的地方,尽量缩短混凝土的运输距离,减少温度回升;混凝土拌和站、骨料堆放场搭棚遮阳;适当加高骨料堆放高度,并在拌和站堆料场表面少量喷水,保持表面湿润。

(2)混凝土运输设备(混凝土罐车、吊罐)外包浅色的保温材料并配置活动或遮阳棚遮阳隔热。

(3)根据已有的施工经验,当拌和水温大于 20 ℃时,拌制用水可采用冰冷的河水,使拌和水温降至 10 ℃以下,再加上拌和骨料,降低拌和物温度。

(4)在浇筑闸墩、重力坝等大体积混凝土时,采用台阶法浇筑,以减少混凝土温度回升。

(5)及时做好温度监控工作:在混凝土出机口及仓面上设测温计,随时监控混凝土出机口和仓面浇筑温度。高温时段设专人随时测量仓面温度,若超过允许幅度,及时通知拌和站进行调整,采取有效措施进行降温,使浇筑温度控制在设计规范要求的范围内。

(6)混凝土浇筑完成后及时进行混凝土表面洒水养护,高温时段实行全龄期流水养护,其方法为:采用 1 吋 PVC 花管,长流水养护,并在混凝土表面覆盖草帘子或草袋进行保湿养护。

4.2.9.4 混凝土保温措施

根据工程所在地的气候特点,混凝土施工一般安排在每年 11 月 1 日至次年 4 月 30 日,根据当地气象预报,施工时间避开寒流,若恰逢混凝土正在

连续施工,遇气温骤变,须采取以下保温措施:

(1)混凝土骨料采取搭棚保暖,拌和料采用加热水拌和,必要时对砂石骨料进行加热。

(2)混凝土拌和及运输设备外裹保暖品进行保暖。

(3)必要时在混凝土浇筑仓面搭暖棚、生火炉进行保暖。

(4)固定专人做好温度监控工作,随时测温,及时采取针对性的保温措施,确保拌和物温度在设计要求的范围内,确保混凝土顺利施工,按期完成。

(5)采取保温措施养护,用塑料薄膜和棉帆布覆盖保温,并在混凝土脱模后及时覆盖。

(6)对于当年浇筑的所有混凝土,从当年11月起开始选用厚约1.5 cm的聚氯乙烯泡沫板,对暴露面保温,上面设置压重,时段延长至次年气温升高时。

4.2.10 进水口及引水隧洞工程

4.2.10.1 工程概况

本工程主要包括进水口右侧上游导墙、截水墙、进水口段及引水隧洞等工程中的现浇混凝土及洞室衬砌混凝土。

1.进水口工程

右岸进水口位于河床右岸,为直立岸塔式,设两孔取水口,孔口内设置一道工作拦污栅及机械清污系统,进水闸为胸墙式,设有一道工作闸门。由拦污栅段、闸室段构成。

(1)拦污栅段(进 0 + 000.00 ~ 0 + 027.00):该段长 27.00 m,由两侧墙、中墩组成。拦污栅栅槽净宽 10 m,边墙、中墩混凝土厚2.5 m,底板高程为 1 695.00 m,采用1:30 的斜坡面与下游闸室端相接。

(2)闸室段(进 0 + 027.00 ~ 0 + 058.00):此进水口闸室为胸墙岸塔式结构,塔内闸室进水口为喇叭式,出水口与方变圆隧洞段连接,中间设检修门及工作门,闸室净宽 7.4 m,底板高程 1 690.00 m,闸顶高程 1 711.0 m。

2.上游导墙及截水墙工程

上游导墙为混凝土挡墙,迎水面铅直,背水面为1:0.5 斜坡面,后背回填土石方,导墙顶宽 2.0 m,底宽 6.0 m。顶高程 1 711 ~ 1 704 m,地板高程 1 687 m,截水墙为扶壁式挡墙形式,长 5 314.4 m,与上游导墙相连,挡墙两侧对称布置肋板,挡墙顶宽 1.0 m,底宽 2.8 m,底板高程 1 687.0 m,底板厚 3 m,下设防渗墙。

3.引水隧洞段(0 +000. 000 ~ 0 + 100. 000)

本标段主要承担引 0 +000. 000 ~ 0 + 100. 000 段的施工。引水洞进口在进 0 + 58. 00 m 处与进水口相接,底板高程 1 690. 00 m,纵坡底坡 i = 0.001 531,等效直径为 6.8 m,隧洞平均纵坡 0. 002。开挖断面为平底马蹄形断面,开挖底宽 6.8 m,高 8.4 m,开挖顶拱半径 4.1 m。Ⅱ、Ⅲ类围岩衬护后断面亦为平底马蹄形,Ⅱ类围岩衬护:边、顶拱喷混凝土衬砌,底板素混凝土;Ⅲ类围岩衬护:边、顶拱喷混凝土衬砌及挂网 + 系统锚杆。Ⅳ、Ⅴ类围岩则采用钢筋混凝土衬砌,衬护后断面为 ϕ = 3.7 m 圆形,Ⅳ类围岩衬护:喷锚支护与钢筋混凝土衬砌联合受力,混凝土衬砌,顶拱回填灌浆;Ⅴ类围岩衬护:钢筋混凝土衬砌,顶拱回填灌浆,并进行周边固结灌浆。

支护参数如下:

(1)Ⅱ、Ⅳ类围岩顶拱及边拱喷 C20 混凝土,10 cm;Ⅲ类围岩顶拱及边拱喷 C20 混凝土,12 cm;Ⅱ、Ⅲ类围岩洞底板采用 C20 素混凝土衬护,20 cm;Ⅳ、Ⅴ类围岩全洞室钢筋 C20 混凝土衬砌,Ⅳ类围岩混凝土衬砌 0.4 cm,Ⅴ类围岩混凝土衬砌 0.5 cm。

(2)Ⅲ、Ⅳ类围岩洞顶及边拱布置系统锚杆,锚杆长度 3.5 m,直径 25 mm,梅花形布置,间排距 2.0 m。

(3)Ⅲ类围岩视地质情况,边顶拱范围内挂 ϕ 8、间距 20 cm × 20 cm 钢筋网。

4.2.10.2　施工方案综述

(1)由于上游挡墙等部分结构简单,设计方案单一,施工中不属关键线路,其施工方法与进水口墙体混凝土基本相同,在此从略。

(2)进水口、上游挡墙、截水墙根据设计图纸分段、分块,以及墙体施工时的分层浇筑的需要,浇筑次数频繁、工程量大、工期紧等特点,为保证混凝土浇筑的外观质量,主要采用大块钢框竹胶板作为模板工程的面板材料。在施工中将根据不同体形、部位,采用不同的模板方案,在满足施工质量的前提下,使施工更为方便、快捷。结合其他混凝土工程施工强度要求采用 2 座 HZS50 混凝土拌和站(生产能力 100 m³/h)拌制闸坝及进水口混凝土,水平运输主要采用 6 m³ 混凝土搅拌运输车,混凝土入仓设备采用塔吊与 HB –60T 混凝土泵结合使用。

(3)引水隧洞洞身段混凝土衬砌采用全断面跳仓法按设计分段进行混凝土浇筑。模板采用 P1015、P2015 平面组合钢模板,底拱中部 50 cm 不安设模板,以利于底拱混凝土的振捣密实。钢拱架由16#工字钢组装而成;混凝土水平运输主要采用 6 m³ 混凝土搅拌运输车,混凝土入仓设备采用 HB－60T 混凝土泵。

(4)施工分层、分块原则。

进水口、上游挡墙及截水墙工程浇筑顺序及分层、分块:进水口工程主要由拦污栅段、闸室段及渐变段组成。根据该工程的结构特点,考虑到引水隧洞的石方开挖、支护、衬砌的施工道路的畅通,渐变段可适时浇筑,属非关键任务,拦污栅段及闸室段属控制该工程工期的关键任务,其二者基本均由底板混凝土、墙体混凝土及二期混凝土组成,浇筑顺序应为先底板混凝土,然后自下而上进行墙体混凝土(墩墙、边墙、胸墙)浇筑,最后进行二期混凝土随埋件安装浇筑。拦污栅段与闸室段由收缩缝隔离,因此将该部分自然划分为上游区的拦污栅段及下游区的闸室段。混凝土浇筑时上下游两区(拦污栅段及闸室段)交替上升,底板按不大于 2.0 m,按功能段分区、分层;墙体、闸墩、胸墙等按不大于 3.0 m 进行分层。上游挡墙及截水墙根据该工程的结构,按功能段分块、分层,底板按不大于 2.0 m、墙体等按不大于 3.0 m 分层,局部部位根据结构特点适当调整。

引水隧洞衬砌混凝土浇筑顺序:洞身段混凝土衬砌顺序分别由里向外分段跳仓法进行混凝土浇筑。为确保混凝土衬砌任务的顺利完成,各道工序穿插进行,需两套钢模板及钢拱架。

4.2.10.3 进水口混凝土施工方法

1. 施工工艺流程图

施工工艺流程如图 2 所示。

2. 基础及缝面处理

施工人员测放建筑物轮廓线,经内部"三检"合格报监理工程师验收。对于分层浇筑的混凝土,原混凝土表面凿毛,采用高压风、水办法等清理干净,自检合格后,书面通知监理工程师进行验收,验收合格后方可进行下道工序。

3. 钢筋工程

1)钢筋制作

钢筋制作程序如下:钢筋号表→调直→放样→切断→弯曲→成品堆放。

钢筋在钢筋加工厂依据钢筋下料单人工放样,采用 GTJ4－4/4 型钢筋调直机调直,切断采用 GJ5－40 型钢筋切断机,弯曲采用 GJ7－40 型钢筋弯

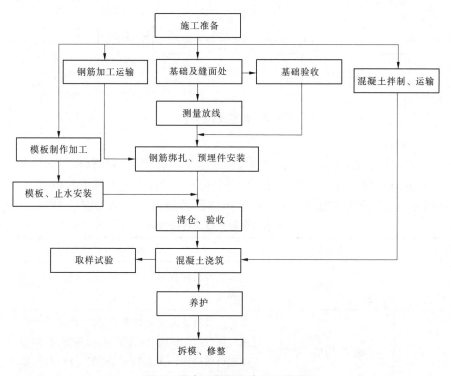

图 2　进水口混凝土施工工艺流程

曲机,加工制作完成后,为了防止运输时造成混乱和便于安装,每一型号的钢筋必须捆绑牢固并挂牌明示。钢筋的表面应洁净无损伤,油污和铁锈等在加工前清除干净。钢筋应平直,无局部弯折。钢筋加工的尺寸符合施工图纸的要求,钢筋末端弯钩长度和钢筋加工后的允许偏差符合规范SDJ207-82第3.2.2～第3.2.4条的规定。

2)钢筋安装装车

钢筋安装程序如图3所示。

钢筋在加工棚制作好后,人工装5 t载重汽车运输。钢筋在现场按施工图纸进行安装,按照安装需要,先安好架立筋,把钢筋的位置在架立筋上进行标示,并严格按标示的位置进行安装钢筋,用扎丝进行梅花形绑扎,弧焊机进行钢筋接头的焊接,墙体钢筋安装时,搭设临时施工脚手架和钢筋临时支撑架。钢筋安装结束后,对钢筋型号、钢筋接头、数量、间距、保护层等进行质量检查,安装位置的偏差、接头、保护层满足设计及规范要求。

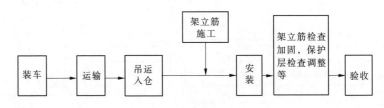

图3　钢筋安装程序

4.模板工程

为保证混凝土浇筑的外观质量,主要采用大块钢板和竹胶板作为模板工程的面板材料。在施工中将根据不同体形、部位,采用不同的模板方案,在满足施工质量的前提下,使施工更为方便、快捷,具体情况如表7所示。

表7　进水口混凝土施工模板方案

序号	浇筑部位	模板方案
1	底板	大块竹胶模板辅以组合钢模,钢管围图,拉筋固定
2	墩墙、边墙、胸墙	墩头及边墙采用定型钢模,其他均为大块钢模板辅以组合钢模,钢管围图,拉筋固定;胸墙喇叭口采用曲面可调模板,桁架支撑;曲面墙体采用曲面可调模板,钢管围图,拉筋固定
3	闸室进水口顶板方变圆渐变段	顶板竹胶模板,方木围图,满堂架及拉筋固定;渐变段采用组合钢模板结合定型木模,钢管围图,满堂架及拉筋固定
4	栅槽、闸槽、预留洞	一期采用木模,二期采用组合钢模

1)模板制作

精度要求:模板面板的平整度、模板的刚度是影响混凝土外观平整度的主要因素,模板制作的允许偏差符合规范 DL/T 5144—2001 中相应的规定;异型模板、滑动式、永久性特种模板的允许偏差,按监理工程师批准的模板设计文件中的规定执行。

加工制作:模板的面板采用经专业厂家生产的钢面板、竹胶板,钢桁架式背架需专门设计加工。模板的加工制作在综合加工厂进行。用于现场施工模板的加工制作以及组装须满足以下各项要求:

（1）模板的面板及支撑系统必须保证有足够的强度和刚度，以承受荷载、满足稳定、不变形走样等要求，并有足够的密封性，以保证不漏浆；

（2）钢桁架式背架的焊接制作在专用模具上进行，其用于连接组装的插口及调节螺杆需保证其加工精度；

（3）钢模面板及活动部分涂防锈的保护涂料，其他部分涂防锈漆。

2）模板安装

底板模板：采用大块竹胶模板辅以普通组合钢模板。采用常规方法施工，即在现场先按结构测量线立竖带，并临时加固，再立模，上螺杆 ϕ16 锚筋斜拉、ϕ48 钢管斜撑加固，最后焊拉杆，校正模板面。

墩墙、边墙、胸墙模板：墩头及边墙采用定型钢模，其他均为大块竹胶模板辅以组合钢模，钢管围囵，拉筋固定；曲面墙体采用曲面可调模板，钢管围囵，拉筋固定。

为保证渐变段、引水隧洞施工道路的畅通，闸室段混凝土施工不影响其施工，胸墙承重模板采用带斜撑工字钢梁作为支撑平台，悬空支撑。▽1 544.3 m 反弧胸墙，第一层浇筑厚度 0.6～2 m，凌空 8.3～9.5 m，采用带斜撑工字钢梁作为支撑平台。纵向布置或横向布置 8～8.3 m 钢梁，线荷载 3～8 t/m，承重钢梁埋设约 20 榀，钢梁斜撑均采用 I25b 工字钢，单榀重 380 kg/榀，合重约 7.6 t。

反弧胸墙模板采用曲面可调模板，采用拱架定型，拱架与钢梁间采用圆木或方木支撑。施工时注意事项如下：

（1）振捣器振捣模板边混凝土时，注意振捣器不要碰撞定位锥，以防变形。模板直接提升安装时，下方严禁作业和通行。

（2）模板安装时按混凝土结构物的施工详图测量放样，必要时加密设置控制点，以利于模板的检查和校正。模板在安装过程中要有临时固定设施，以防倾覆。

（3）局部大模板不能安装的部位，采用普通钢模板，用拉条固定。模板的钢拉条不弯曲，直径 16 mm，拉条与锚环的连接牢固可靠。预理在下层混凝土中的锚固件（螺栓、钢筋环等）在承受荷载时，要有足够的锚固强度。

顶板模板：为确保现浇顶板混凝土有一个可靠的模板支撑体系，根据不同高度及不同顶板厚度，分别进行校核，采用 ϕ48 钢管满堂架，间排距 1.0 m×0.8 m，为确保其整体稳定性，内设剪刀撑加固支撑。

喇叭口斜坡底板简易牵引式拉模施工：为保证底板表面抗冲蚀和抗磨部

位的表面平整度,采用自制牵引式简易拉模表面整平,拉模长 3 m、宽 0.7 m,板面采用 8 mm 厚的钢板,拉模上安置附着式振捣器振捣混凝土。其施工顺序为:绑扎结构钢筋→安装轨道→组装模板→人工牵引提升装置→辅助装置。

施工注意事项:施工荷载不超过额定值,且不集中堆放,以免造成不均匀滑移;模板在滑移时,安排专人在模板四角检查,如发现局部出现拉裂现象,则用木槌轻击模板、使混凝土不至于继续裂开而酿成事故;拆模后的混凝土表面,安排专人及时进行修整,提高混凝土的外观质量。

3)模板拆除

(1)模板拆除时限,除符合各施工图纸要求外,对于不承重侧面模板,应在混凝土强度达到其表面及棱角不因拆模而损伤时,方可拆除;在墩、墙和柱部位其强度不低于 3.5 MPa,方可拆除。

(2)对于承重模板应在混凝土强度达到表 8 的规定后,方可拆除。

表 8 承重模板拆模标准

结构类型	结构跨度(m)	按设计的混凝土强度标准值的百分率(%)
板	≤2	50
	>2,≤8	75
	>8	100
梁、拱、壳	≤8	75
	>8	100
悬臂构件	≤2	75
	>2	100

5. 止水带、预埋件安装及预留洞处理

伸缩缝、施工缝止水材料尺寸及规格严格按照施工详图加工;材料质量符合设计要求,橡胶止水带、尺寸除满足设计要求外,其拉伸强度、伸长率等均要符合有关规定,预埋件及插筋,在其埋设前,应将表面的锈皮、油漆和油渍清除干净,埋设位置力求准确。橡胶止水安装时,搭接长度不小于设计规范要求。伸缩缝的混凝土缝面要干净,夹缝材料在浇筑混凝土前安设平整,以使结构既有伸缩变形的特点而又不损伤混凝土。已安装好的止水设施及时保护,以防意外破坏,在止水及预埋件附近浇筑混凝土时,要认真仔细振捣。预埋件、预埋管等安装符合设计要求,并且牢固可靠,在混凝土施工中不得移位和动摇,且须满足施工及设计、规范要求。

6. 混凝土运输及入仓

根据工程特点、结构形式、工期要求,为加快施工进度、确保施工质量,水平运输主要采用 6 m³ 混凝土搅拌运输车,入仓设备采用以下两种。

(1)塔吊。布置一座 C7022 塔吊,覆盖半径 50 m。主要承担进水口拦污栅段、闸室段底板、墙体、闸墩、顶板、工作桥及其部位的二期混凝土、上游导墙塔吊覆盖范围内的混凝土施工。

(2)HB – 60T 混凝土泵。主要承担引水隧洞混凝土衬砌、塔吊覆盖范围以外的上游导墙混凝土及赶工期的拦污栅段、闸室段底板、墙体混凝土。

7. 混凝土平仓、振捣

混凝土入仓后,人工平仓,大体积混凝土采用 ϕ 100 变频式振捣器和 ϕ 70 软轴式振捣器振捣,墙体混凝土或薄壁结构混凝土采用 ϕ 70 或 ϕ 50 软轴式振捣器振捣,结构断面较小、钢筋较密处采用 ϕ 30 软轴式振捣器振捣。振捣必须密实,不能漏振、欠振、过振。振捣时间宜为 20 ~ 30 s,以混凝土开始泛浆,无气泡产生,不明显下沉为准。振捣时快插慢拔,振捣要均匀。在施工缝、预埋件、预留洞处加强振捣,以免振捣不实,形成渗水通道。振捣时应尽量不触及钢筋、模板、止水带、预埋件、预留洞,以防止其位移、变形。

混凝土的铺料方式采用下列两种方案:

(1)平层法浇筑。对于板厚≤50 cm 的各种板结构、墙体、闸墩等结构物采用平仓法浇筑。每层铺料厚度 20 ~ 30 cm,对于预埋件、预留孔洞、预埋管及止水处,铺料厚度不应大于 20 cm。

(2)台阶法浇筑。对于板厚 >50 cm 的各种板结构物采用台阶法浇筑。每层铺料厚度 0.5 m,铺料宽度为 2.0 m,不加缓凝剂的混凝土初凝时间按 2 h 控制,加入缓凝剂的混凝土初凝时间按 4 h 控制。

8. 混凝土保温养护

由于进水口施工要经过一个冬季,混凝土的养护至关重要,必须采取温控技术措施,部位不同,养护要求及方法略有不同。

(1)混凝土浇筑仓面搭设暖棚,内生火炉,保证仓面温度控制在 5 ℃以上。

(2)低温季节根据气温预报,如拆模后混凝土表面温降可能超过 6 ~ 9 ℃或气温骤降期,推迟拆模时间,或在拆模后混凝土表面覆盖一层塑料薄膜,竖立面外包裹塑料薄膜,外层覆盖聚乙烯塑料泡沫板保温层,保温保湿,即采用蓄热法保温。

（3）当气温降到冰点以下,龄期短于 7 d 的混凝土应覆盖泡沫塑料板或其他材料作为临时保温层。

（4）拆模时,根据锚固情况,分批拆除锚固连接件,防止大片模板坠落,影响混凝土表面质量。

4.2.10.4 引水隧洞工程施工方法

1. 施工工艺流程

施工工艺流程:测量放线→清理基础→钢筋制安→灌浆管埋设→止水、模板制安→清仓验收→混凝土浇筑→拆模→养护。

2. 施工方法

1）钢筋制安

钢筋到货后,按等级、规格在钢筋场分别挂牌堆放,底部用方木垫高,并用篷布覆盖。按规范要求抽样送试验室检验,检验合格后方可使用。

钢筋依据设计图纸统一在钢筋加工厂制作。加工前,用风砂枪将钢筋表面油渍、锈皮等清除干净,人工调直。根据钢筋下料单机械加工成型,加工好后分类挂牌堆放。用 5 t 载重汽车运至现场,人工装卸并抬至工作面绑扎或焊接。钢筋安装时,其规格、形式、尺寸符合设计要求,安装偏差满足规范规定的允许值。钢筋焊接时,焊接长度、焊缝高度和宽度须满足设计及规范要求(绑扎时,绑扎长度满足设计及规范要求),同一截面接头数量符合有关规定。

钢筋安装的同时,按设计灌浆孔位预埋灌浆管,并用 $\phi 8$ 环向筋固定在钢筋上,浇筑混凝土之前,用编织袋堵塞管口,并在模板上加劲肋侧用红漆准确标识孔位。钢筋安装完成后认真检查,经验收合格方可进行下道工序。

2）模板制安

采用间距 1.5 m 的钢拱架和间距 1.2 m 的 $\phi 48$ 横向围图钢管以及平面钢模板组装而成,拱架上部三层用 $\phi 48$ 钢管纵围图加固、支撑模板并兼作工作平台,侧、底拱采用 $\phi 48$ 钢管剪刀撑进行支撑固定,以防漂模。

挡头模板采用木模,以便准确固定止水在设计位置,用间距 1.0 m、排距 0.60 m 的 $\phi 48$ 双排钢管纵横围图及 $\Phi 12$ 拉锚筋内拉固定挡头模板;6 等块的钢拱架由 $16^{\#}$ 工字钢加工而成,每块端头焊接 16 mm 厚的钢质连接板,用 M14 螺栓将两块拱架连接固定。模板接缝处用海绵条填塞。在下部距拱架圆心 1.0 m 处设置 $14^{\#}$ 工字钢横梁,其端头与拱架进行焊接。在横梁中部与拱架上下四根 $\phi 48$ 钢管用于加固、支撑模板。

模板安装程序为:测量放线→搭设简易工作架→安装钢拱架→$\phi 48$ 钢管加固→模板安装→止水及挡头模板安装→模板验收。

按照设计线先安装洞底拱范围内的模板(洞轴线中部 50 cm 内不安装模板),再加固支撑钢拱架,随着混凝土的浇筑、上升分别安装组合钢模板。两侧平行作业,对称安装、对称浇筑,以便克服混凝土入仓及振捣的困难,确保混凝土的密实度。

3)混凝土浇筑

6.0 m^3 混凝土运输车将拌好的混凝土从拌和站拉运至施工现场,并卸料于 HB - 30T 混凝土泵集料罐中,再由混凝土泵压送至浇筑仓面,软轴式振捣棒振捣密实。每次入仓高度不大于 30 cm,平齐、均衡入仓。振捣时棒头插入下层深度不小于 5 cm,分层振捣,振捣有序、密实、不漏振。

混凝土浇筑次序为:先安装底部大块模板,并进行浇筑、振捣。随后左、右两侧同时安装钢模板。最后安装带封拱盒(管)的顶拱模板。每个工序循环按立模顺序进行立模浇筑,倒退法依次完成混凝土衬砌任务。

浇筑时,泵管水平安设在洞轴线顶部,自顶部向两侧卸料,并在仓面上搭设铁皮溜槽以防混凝土外溢,安装模板时予以拆除。特别注意的是,采用一端进料的倒退法进行顶部封拱。起始端头安装木挡头模板及橡胶止水带,挡头模板采用内拉双钢管围囹进行固定。

4)养护

混凝土浇筑结束 3 d 后方可拆模,拆模后立即用涂刷两遍优质养护剂进行保水养护,并对底拱和侧拱下部用湿草帘子覆盖,安排专人搞好下部洒水和上部养护剂养护工作。

4.2.11 灌浆平洞混凝土

4.2.11.1 施工方法

1.基础面(施工缝)处理

隧洞基础岩面在混凝土浇筑前须用高压风、水枪清吹干净,人工对松动石块等进行撬挖处理,待基面验收合格后再进行钢筋安装等工序。

2.钢筋制安

钢筋在钢筋加工厂加工成型后,用 5.0 t 载重汽车运至施工现场,人工扛抬至工作面,人工搭设简易双排 $\phi 48$ 钢管脚手架进行钢筋绑扎、焊接。

3.模板安装

隧洞模板采用 14# 工字钢作支撑拱架,钢模板作为侧、顶模,内部采用

ϕ 12 拉锚筋焊 M12 螺杆进行内拉,外部采用双排ϕ 48 钢管横向围图支撑,围图间距 60 cm。纵向采用钢拱架并搭设ϕ 48 剪力撑进行加固,拱架支撑间距 0.75 m。

拱架由四节 14# 工字钢拼装而成:支柱(两节),顶拱(两节)。拱架节点间用 8 mm 厚的钢板穿四个 M16 螺栓进行连接。

4. 混凝土浇筑

混凝土在拌和站集中拌制,6.0 m³ 混凝土罐车运至洞口处,采用 HB-60T 混凝土泵泵送入仓浇筑。

5. 混凝土养护

待混凝土强度达 75% 后,再进行拆除顶拱模板。模板拆除后,安排专人立即进行洒水养护,养护时间 28 d。

4.3　边坡防护工程研究

本工程边坡包括挂网锚喷混凝土施工及预应力锚索施工。挂网锚喷混凝土穿插在开挖中进行,做到分层开挖分层支护,以保证边坡稳定。预应力锚索施工在边坡开挖完成后搭设脚手架平台至工作面进行施工。混凝土在现场用 JS350 拌和机拌制。

4.3.1　挂网锚喷混凝土施工

4.3.1.1　砂浆锚杆施工

1.砂浆锚杆施工工艺流程

砂浆锚杆施工工艺流程如图 4 所示。

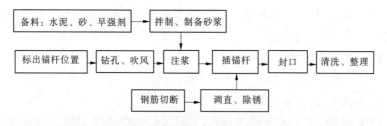

图 4　砂浆锚杆施工工艺流程

2.锚杆施工工艺

(1)锚杆预先在洞外按设计要求加工制作;施工时锚杆钻孔位置及孔深必须精确,锚杆要除去油污、铁锈及杂质。

(2)锚杆采用 YT-28 气腿钻造孔。

(3)钻孔达到标准后,用高压风清除孔内岩屑,然后采用 MZ-1 注浆机将配制合格的砂浆注入孔内,人工利用作业平台将加工好的锚杆插入锚孔。

4.3.1.2　喷混凝土施工

1.施工方法及要求

(1)喷混凝土分初喷和复喷二次进行。初喷在每循环爆破后立即进行,以尽早封闭暴露岩面,防止表面岩石风化剥落。复喷混凝土在锚杆安插和挂网后,以 20~30 m 为一个单元集中进行,尽快形成喷锚支护整体受力,以抑制围岩变位。

(2)采取湿喷法施工,喷混凝土料采用拌和站集中拌制,8~10 t 自卸车运输至工作区,喷混凝土采用 P3 喷射机,人工持喷头在可移动作业平台上施喷。

(3)混凝土喷射前做好如下工作:

①撬去表面危石和欠挖部分,用高压水、高压风清除杂物,用高压水冲洗岩面。

②在受喷面各种机械设备操作场所配备充足照明及通风设备,进行电器和机械设备检查与试运转。

③按照设计厚度利用原有部件如锚杆外露长度或岩面上打入短钢筋,标出刻度,作为控制喷层厚度的标记。

2.喷射混凝土施工工艺

(1)混凝土喷射机安装调试好后,在料斗上安装振动筛(筛孔 10 mm),以免超粒径骨料进入喷射机;用高压水冲洗干净检查后的受喷岩面,然后即可开始喷混凝土施工。

(2)喷射时,送风之前先打开计量泵(此时喷嘴朝下,以免速凝剂流入输送管内),以免高压混凝土拌和物堵塞速凝剂环喷射孔;喷射中喷射司机与喷射手要密切配合,按混凝土回弹量小、表面湿润有光泽、易黏着为度来掌握喷射压力,根据喷射手反馈的信息及时调整风压和计量泵,控制好速凝剂的掺量。

(3)喷嘴与岩面的距离保持在 80~150 cm,喷射方向尽量与受喷岩面垂直,拱部尽可能以直径方向喷射;受喷岩面被钢筋网覆盖时,可将喷嘴稍加倾斜,但不宜小于 70°。如果喷嘴与受喷岩面的角度太小,会造成混凝土物料在受喷面上滚动,产生出凹凸不平的波形喷面,增加回弹量,影响喷混凝土的质量。

(4)一次喷射厚度不超过 10 cm,以防削弱混凝土颗粒间的凝聚力,促使喷层因自重过大而大片脱落,或使拱顶处喷层与岩面形成空隙;如一次喷射厚度过小,则粗骨料容易弹回。第二次喷至设计厚度,两次喷射的时间间隔为 15～20 min。

（5）为提高工效和保证质量,喷射作业分片进行,一般为 2 m 长、1.5 m 宽的小片;为防止回弹物附着在未喷的岩面上影响喷层与岩面的黏结力,按照从下往上施喷,呈"S"形运动;喷前先找平受喷面的凹处,再将喷头成螺旋形缓慢均匀移动,每圈压前面半圈,绕圈直径约 30 cm,力求喷出的混凝土层面平顺光滑。

4.3.2 预应力锚索施工

右岸边坡预应力锚索支护处理,位于高程 1 700 m 以上开挖边坡上。共布置 9 根预应力锚索,其中 $L = 30$ m 预应力锚索 6 根,$L = 25$ m 预应力锚索 3 根。锚索长度 30 m,其中锚固段 10 m,用 M35 水泥浆锚固,自由段 20 m,补偿张拉后用 M20 水泥浆封锚,锚墩采用 C30 钢筋混凝土。

4.3.2.1 工艺流程

预应力锚索施工工艺流程如下:锚孔定位编号→钻机就位→钻孔→吹孔→下锚→锚索体注浆→封锚。

4.3.2.2 施工工艺

1. 锚孔定位编号

（1）锚孔定位,孔口坐标误差≤10 cm。观测孔位,采用全站仪进行锚孔测放定位。严格检测开孔钻具与设计锚孔轴线方向保持一致。

（2）锚孔编号,本标工程预应力锚索工程分部在开挖边坡上,其锚孔编号如下:从上至下、从左至右的顺序编制,$1^{\#}$、$2^{\#}$、…、$8^{\#}$、$9^{\#}$。

（3）标志,用红漆在所测放的孔位处标明锚孔中心点及编号。

2. 钻机就位

为使锚孔在施工过程中及成孔后其轴线的俯角、方位角符合设计要求,必须保证钻机就位的准确性和稳固性。因此,钻机安装平台要平整、坚实、不变形、不震动等,拟采用架管顺斜坡搭设施工平台,并严格检测开孔钻具的轴线与设计锚孔轴线方位是否保持一致。

1）准确性

（1）调整钻具立轴轴线和边坡岩面接触点高程与标定孔位一致。

（2）调整钻孔立轴的轴线,使其与锚孔设计中心轴线的俯角及方位角保持一致。

（3）由技术人员测校开孔钻具轴线,使其与锚孔设计轴线方向一致,然后才能开孔。

2）稳定性

（1）用卡固管件使钻机牢固，卡牢紧稳。

（2）试运转钻机，再次校测开孔钻具轴线与锚孔中心的轴线，使其保持一致，拧紧紧固螺丝。

（3）必须随时保证施钻过程中钻机的稳固性。

（4）设置孔口导向管或小型导向柱，保证施工的锚索顺直、倾角、方位角符合设计要求。

3. 造孔

1）锚孔基本技术参数

（1）锚孔中心轴线的方位角与水平线成5°夹角。

（2）孔斜误差：≤3%，钻孔偏差：≤1°。

（3）锚孔孔径参数：110 mm。

（4）孔深参数，各锚孔深度均应按设计要求严格执行，严格控制有效孔深 $\Delta L \leqslant 20$ cm。锚固段设置在新鲜基岩体内。

2）造孔主要设备、机具

（1）造孔设备：2台套 MGJ - 50 钻机。

（2）机具：冲击器偏心钻头共4台套。

（3）辅助设备：135 mm 无缝钢套管50 m。

3）钻进工艺及参数

（1）钻进工艺：采用风动潜孔冲击回转钻机。

（2）工艺参数。

钻进压力：开钻时，使冲击器能紧贴岩面的低压力冲击，平稳缓慢推进即可，钻进过程中 $P_f = 294$ kN。

转速：开钻转速，$n = 0$；

　　　　钻进转速，$n \leqslant 50$ r/min。

风量：$Q_{风} = 9$ m³/min。

4）岩性及钻进质量控制措施

（1）岩性：锚索穿越绢云母片岩岩体。

（2）质量保证技术措施：为有效控制孔斜，使钻孔倾角在设计规范允许误差范围内，CIR110 冲击器加扶正器。保证钻孔质量，控制钻进，每钻进1 m 必须缓慢倒杆1 m，往返至少2次，以便充分排粉。每钻进10 m 左右，修正和校正钻孔孔斜误差。

5)对破碎地层段的钻进措施

在钻遇破碎地层时,钻机会发生跳动,钻进负荷增大,甚至塌孔、埋孔、卡钻,给正常钻进施工带来一定的影响。为此,必须采取有效措施,以保证正常钻进施工,分情况具体为:

破碎地层钻进一定深度,发现掉块,钻进负荷加大,立即倒杆,让钻具退出破碎段。采用0.5∶1水泥浆固壁措施,待凝24 h后进行扫孔钻进,若遇孔内漏浆、耗浆很大,可采用1∶1砂浆进行灌注,使孔壁岩体稳定。

4.扫孔、清孔、测孔

(1)扫孔:钻孔钻到设计孔深后,用同级钎头扫孔。

(2)清孔:指终孔后的清孔,采用>0.8 MPa压缩空气冲洗钻孔,保证孔内清洁干净。

(3)测孔:综合测定钻孔各项技术指标,必须符合设计规范要求,否则及时校正。钻孔孔斜采用钻孔孔斜仪检测。

5.锚索制作与安装

(1)锚索选用1 860 MPa无黏结低松弛拉压复合型预应力锚索。

(2)锚索体系选用7束ϕJ15.2,锚具型号分别选用OVM15-7锚固体系。

(3)钢绞线采用高强度低松弛钢绞线,其抗拉强度不低于1860级。锚索张拉吨位与理论伸长值如表9所示。

表9 预应力锚索张拉吨位与理论伸长值计算

序号	张拉吨位(t)	计算伸长值(m)	说明
1	0	0.000 0	钢绞线弹性模量$E=195$ GPa
2	5	0.004 0	钢绞线截面积$A=7\times165$ mm^2
3	30	0.024 0	钢绞线自由端长度$L=18.0$ m
4	60	0.048 0	
5	80	0.063 9	
6	100	0.079 9	
7	120	0.095 9	
8	132	0.105 5	

(4)制作。

下料:使用砂轮切割机,其下料长度:$L=L_下+L_0+L_{垫墩}+L_张$。

调制:采用冷拉法。

组装：

①将钢绞线顺直排列在平台上，保持长度一致。

②锚固段钢绞线清洗。剥离聚乙烯塑料套。剔出钢绞线表面保护油脂。按使用 $C^#$→$Q^#$→JSQJ 剂→高温清洗液→热水(60 ℃)顺序将钢绞线清洗干净，直至手感无油腻且表面光亮，用手捏摸要有涩滞感，经终检合格后，再制作成索。

③顺直装置注浆管，注浆管端距孔底 0.5 m。

④捆扎为使锚索处于锚孔中心，应在锚索体上每 1P1.2 m 安设一个隔离架。自由段每 2 m 间距用黑铁丝捆扎成型至锚固段顶部。锚固段每 1.2 m 间距用黑铁丝捆扎成型，锚固体底部安置导向槽。

（5）检查。

①锚索各类材质须满足设计及规范要求，并由监理工程师认可后方可使用。

②成型锚索体经由监理工程师检测各项指标满足设计及规范要求后，方可使用。

③每束锚索体按锚索孔号对应挂牌。

6.下锚

（1）下锚方式：人工推入。

（2）下锚措施：下锚前，仔细检查锚索编号是否与锚孔号相符，并再次检查锚索长度是否与所要下锚孔深相符。应防止锚体扭曲、压弯。下锚过程中，锚索体不与孔壁接触。往孔内推送锚索时，操作人员要协调一致、动作均匀，只能往里推，不能往外拉，保证锚索体在孔内顺直不弯曲。

7.高压注浆

1）制浆

（1）设备：NJ-400 砂浆泵。

（2）浆材：

水泥，P.O.42.5 普通硅酸盐水泥(加速凝剂、早强剂)。

水，符合拌制规定用水。

（3）浆液配合比：1:0.4 水泥浆；水泥浆强度等级：M35。

（4）注浆压力：≥0.3 MPa。

（5）搅拌时间：≥5 min 并随灌随搅拌，保证浆液稠度均匀。

2）灌注

（1）设备配置：一根锚索两套注浆系统，采用 BW200/100 型泥浆泵。

（2）方法：注浆采用反向施工工艺，即通过注浆管将浆液压至孔底，再由孔底返至孔口，待孔口溢出浆液时，停止注浆。

（3）注浆完毕后将外露的锚体清洗干净，保护好以备张拉与锁定。

（4）每注浆 1 个工作台班须制作水泥浆试块 1 组，进行压模试验。

（5）特殊情况处理：

出现堵管现象，可用另一套注浆管继续注浆。

出现异常吸浆现象，采用间歇灌注方法。

相邻孔串浆现象，采用两孔同时灌注或单孔施工，即选其中一个孔下锚灌注一层再施工相邻锚孔方法。

8. 张拉

锚索张拉在锚墩混凝土和锚索孔内水泥浆达到设计强度后进行。

（1）程序：穿锚→初始循环张拉→第一循环张拉→第二循环张拉→第三循环张拉→第四循环张拉。

（2）穿锚：

①将钢绞线按周边线和中心线顺序理出，穿入夹片，套上锚板。

②用尖嘴钳、改刀及榔头调整夹片间隙。

③推锚板与钢垫板平面接触。

（3）初始循环张拉：

①张拉设备：ZB4 – 500S 电动油泵、YCQ 整束张拉千斤顶、OVM15 – 7 工具锚。

②张拉原则：

升荷载率：每分钟不宜超过设计压力的 10%。

泄荷载率：每分钟不宜超过设计压力的 20%。

第一循环张拉：初始张拉结束后，在 $\delta/4$ 荷载的基础上继续加载至 $\delta/2$ 荷载稳定 3 min。

第二循环张拉：第一循环张拉结束后，在 $\delta/2$ 荷载的基础上继续加载至 $3\delta/4$ 荷载稳定 3 min。

第三循环张拉：第二循环张拉结束后，在 $3\delta/4$ 荷载的基础上继续加载至 δ 荷载稳定 4 min。

第四循环张拉：第三循环张拉结束后，在 δ 荷载的基础上继续加载至 1.1δ 荷载稳定 10 min。

（4）张拉伸长值异常时，检查夹片是否打滑，若打滑更换夹片。

4.3.2.3　生产性预应力锚索试验

在预应力锚索正式施工前,按设计及规范要求任意选择一个已验收合格的孔,按预定施工程序进行预应力锚索试验,其主要目的是验证预应力锚索施工设计方案的合理性,确定锁定吨位和设计张拉吨位,检验施工工艺,以指导今后的施工,保证施工质量。

试验严格按前述施工工艺进行。

在试验完成后,及时对现场各项技术参数进行整理分析,并同时呈报监理人一套完整的数据。通过对现场生产及技术数据的分析、总结,对原方案进行相应的调整,经监理人同意后正式开始施工。

4.3.3　支护施工质量控制

4.3.3.1　挂网锚喷混凝土

(1)挂网锚喷混凝土施工前,对用于边坡防护施工的钢筋、水泥及砂石料取样检验,严禁不合格的原材料用于本工程。

(2)支护施工前对岩层及边坡进行安全检查。

(3)支护作业严格按照施工规范、规程进行。锚杆的安装方法,包括钻孔和注浆等工艺,均应经监理工程师的检查和批准。

(4)锚杆和钢筋网严格按照施工图纸标准要求进行制作,严格执行锚杆、钢筋网安装工艺。锚杆安装质量我部采用无损检测及拉拔仪拉拔试验两种方式进行。拉拔试验由我部实验室进行操作,监理工程师旁站进行。锚杆无损检测委托中国电建集团成都勘测设计研究院科研所进行检测。

(5)喷混凝土施工的位置、面积、厚度等均按施工图纸的规定,喷混凝土采用符合标准和技术规程规范要求的砂、石、水泥及外加剂,认真做好喷混凝土的配合比设计,通过试验确定合理的施工参数。喷混凝土前,必须对所喷部位进行冲洗,预埋规定长度的检验标记以测量厚度。喷混凝土采用钻芯检验喷护厚度。喷混凝土厚度检测由现场监理工程师旁站,项目部实验室、质量安全部进行检测。

(6)喷射混凝土初凝后,立即洒水养护,持续养护时间不小于 14 d。

(7)锚杆注浆严格按照设计要求的砂浆强度进行灌注,灌注砂浆按照规范要求频率取样进行 7 d、28 d 砂浆强度试验。喷射混凝土取样现场随机喷大板,养护室养护至龄期后加工成 10 cm × 10 cm × 10 cm 试件进行抗压试验。

4.3.3.2　预应力锚索

(1)健全项目经理负责制的施工组织、质量管理机构,明确各级质量管理人员和施工人员的质量责任,各尽其职、各负其责。员工经培训考核合格后,持证上岗。

(2)编制完善的质量管理文件,包括施工组织设计,施工技术要求,工程质量手册,施工质量控制标准及质量控制实施细则,质量奖罚办法,施工布置图,月、季施工进度计划等,做到合理、准确、有效、可操作性强。

(3)用于预应力锚索施工的钢绞线、钢筋、水泥及人工砂取样试验,严禁不合格的原材料用于本工程。钢绞线材质试验委托具有相应资质的西南交通大学结构工程试验中心进行试验,经检验均合格。

(4)仪表仪器率定:张拉用压力表、千斤顶、油泵、测力计、灌浆用压力表等均委托西南交通大学结构工程试验中心校验,仪器、仪表校验合格后方可用于预应力锚索张拉施工。

(5)加强设备的维修和保养,并备齐足够数量的配件和易损件,确保施工连续进行。

(6)加强施工过程控制,坚持质量检查"三检制"和工序质量责任人制,自觉接受业主、设计、监理、质检等各方面的监督。施工中每道工序,项目部实行"三检制",即班组自检、施工队复检、质量工程师终检。

(7)施工过程控制是指使该工程项目整个生产过程每道工序处于监控状态,确保工程质量符合合同、设计规定和竣工验收规范的要求。

(8)实行现场 24 h 技术值班制,值班技术人员检查指导按照技术要求施工,进行工序质量检查,及时解决施工中的技术问题,配合监理工程师等有关人员进行经常性质量检查。

(9)加强资料的及时收集、整理、分析、归档工作。

4.4 基础混凝土防渗墙工程研究

4.4.1 概述

闸基础防渗采用单道厚 0.8 m 的混凝土防渗墙防渗,采用悬挂式混凝土防渗墙,M6 ~ M5 段底设计高程 1 660 m,墙顶设计高程 1 688 m,其造孔深度 27.0 m,长度为 35 m,墙顶部采用混凝土台帽及铜止水连接。其主要工程量为:混凝土防渗墙建槽 4 366 m²,C20 防渗墙混凝土浇筑 4 366 m²,施工平台结构如图 5 所示。

防渗墙布置分二期,共 27 个槽段槽孔,混凝土强度为 C20。槽孔划分基本按主孔 0.8 m、副孔 1.2 m,槽长以 5.8 m 和 6.8 m 为主,局部槽段长度根据实际施工情况做出调整。最终完工槽段共 27 个。"一期"最终完工槽段共 14 个,"二期"最终完工槽段共 13 个。

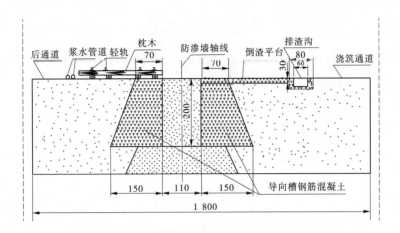

图5　施工平台结构图

4.4.2　施工工艺流程

防渗墙施工工艺流程如图6所示,成槽工艺流程如图7所示。

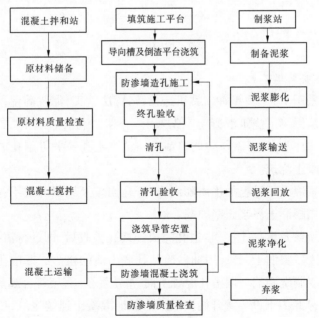

图6　防渗墙施工工艺流程

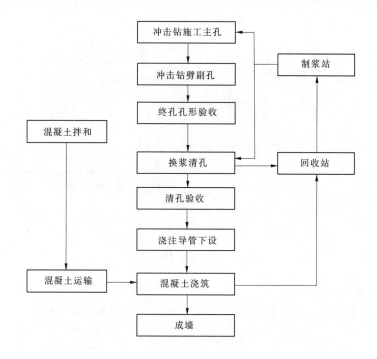

图 7　成槽工艺流程

4.4.3　主要施工工艺

施工采用 CZ – 22 型冲击钻机造孔,钻劈法施工,泥浆固壁,抽筒出渣,直升导管法泥浆下浇筑混凝土。先施工"一期"槽孔,后施工"二期"槽孔。槽孔施工顺序为:钻机就位→调整钻机→钻进主孔→劈打副孔成槽→终孔验收→混凝土浇筑。

固壁浆液采用黏土加优质膨润土,开孔回填及堵漏时采用黏土。所有槽孔均采用膨润土泥浆固壁护壁。

清孔换浆及混凝土浇筑:造孔完成经终孔验收后,即进行清孔换浆:向槽孔内加入新膨润土泥浆,用抽砂筒从孔底出渣换浆。二期槽孔使用钢丝刷钻头反复刷洗两端一期槽孔混凝土面,清洗泥皮,直至符合规范要求。清孔合格后,4 h 内下设导管开始浇筑。为保证混凝土连续浇筑,技术人员实施全过程监控;浇筑流程为:混凝土拌和机拌和混凝土→装载机→溜槽→漏斗→导管→槽孔。

特殊情况处理:在防渗墙的钻进过程中,因地层情况复杂多变,施工地层中孤石、粉细砂层、淤泥层在局部或大面积分布,再加之外部水文环境恶劣,造成6#、7#、9#、10#、11#、19#、22#、23#、24#、25#、26#等槽段发生严重坍塌,有的部位出现漏浆。在事故发生后,对坍塌事故立即进行处理,先是在上部浇筑钢筋混凝土顶盖,然后对塌孔段进行了炮渣石掺黄泥投入孔内反复打回填,使块石黄泥被均匀地挤入两边壁内。再换用浓泥浆加强护壁,有效解决了槽段坍塌问题。

当坍塌事故处理养护期满后,槽孔处理采用回填黄泥、炮渣石后再钻进,另外在泥浆采用性能良好、密度较小、泥皮致密的固壁泥浆等措施,效果明显。

在砂层造孔过程中,存在易塌孔、缩径、钻进较慢、钻头磨损严重、塌槽被埋的钻头抽砂困难等问题。采用了如下处理方法:

(1)向孔内投放块(碎)石和黏土球,用钻头冲击后对地层进行改造、固壁和增强钻渣悬浮力。

(2)向孔内投水泥,增加槽内浆液比重、黏度。

(3)对因塌槽被埋的钻头均进行了打捞、套取、铲、劈等手段处理。因特殊情况未能处理的钻头,均采取砸、锤、打等方式将被埋钻头挤出墙体段外和槽底部设计高程以下,不影响防渗墙浇筑成墙的质量。

4.4.4　施工质量检验

防渗墙施工根据技术规范要求,其施工质量检测项目为混凝土防渗墙单孔基岩面鉴定、混凝土防渗墙造孔质量检测、混凝土防渗墙清孔验收、混凝土浇筑质量控制等。

防渗墙工序质量检测统计情况如表10所示。

根据设计要求,对防渗墙墙体进行钻孔取芯、分段压水,以检验混凝土浇筑的质量。孔位布置由现场监理工程师根据施工情况指定,最后确定"一枯"14#槽、"二枯"3#及23#槽进行了钻孔取芯。

对3#、14#、23#三个槽段防渗墙混凝土进行了取芯,孔直径为110 mm,岩芯采取率94.5%,混凝土芯为柱状,均匀致密,无夹泥、蜂窝等不良情况。对三个孔进行压水试验,均满足设计要求;对三个孔的芯样均进行了抗压、抗渗及弹性模量试验,均满足设计要求。三个孔的芯样抗压、抗渗及弹性模量试验成果见表11,压水试验代表孔14#槽成果见表12。

表10　防渗墙工序质量检测统计

项次	检查项目		总测点	合格点		不合格点		最大值	最小值
				点数	合格率（％）	点数	比率（％）		
1	孔形	中心偏差	149	149	100	0	0	3 cm	0.5 cm
2		孔深偏差	54	54	100	0	0	符合要求	
3		孔斜率	54	54	100	0	0	0.089%	0.014%
4		槽孔宽	54	54	100	0	0	1 m	0.8 m
5	清孔	接头刷洗	8	8	100	0	0	符合要求	
6		孔底淤积	54	54	100	1	1.85%	9 cm	4 cm
7		浆液比重	54	54	100	0	0	1.29	1.11
8		浆液黏度	54	54	100	0	0	30	27
9		浆液含砂量	54	54	100	0	0	8	2
10	混凝土浇筑	导管间距	18	18	100	0	0	符合要求	
11		导管埋深	27	27	100	0	0	6 m	2 m
12		混凝土上升速度	9	9	100	0	0	符合要求	
13		混凝土坍落度	9	9	100	0	0	22 cm	18 cm
14		混凝土扩散度	9	9	100	0	0	40 cm	34 cm
15		浇筑高程差	9	9	100	0	0	1 m	0
16		记录、图表	9	9	100	0	0	清晰、准确	

表11　抗压、抗渗及弹性模量成果

孔号	抗压		抗渗		抗冻		弹性模量（MPa）		综合评定
	设计	实际	设计	实际	设计	实际	设计	实际	
3#	C20	28.3	W8	合格	F50	合格	$(2.0 \sim 2.5) \times 10^4$	21 098	合格
14#	C2O	25.9	W8	合格	F50	合格	$(2.0 \sim 2.5) \times 10^4$	20 870	合格
23#	C20	23.9	W8	合格	F50	合格	$(2.0 \sim 2.5) \times 10^4$	20 541	合格

表 12　14#槽检查孔压水试验

孔号	段次	孔深（m）	孔径（mm）	压力（MPa）	压入稳定流量（L/min）				吸水率值（Lu）	设计标准（Lu）
14#槽	1	5.2	110	0.5	1.94	1.92	1.96	1.94	0.717	≤1
	2	10	110	0.5	1.98	1.92	2.02	1.92	0.766	≤1
	3	14.9	110	0.5	1.96	1.98	2.04	1.94	0.740	≤1
	4	19.9	110	0.5	2.02	1.96	2.02	1.96	0.750	≤1
	5	23.4	110	0.5	1.52	1.50	1.52	1.50	0.840	≤1
	6	28.0	110	0.5	1.90	1.90	1.88	1.88	0.820	≤1

薛城水电站防渗墙造孔、清孔的各项指标符合要求,墙体混凝土施工配合比正确、合理,施工质量控制严密、完善,墙体经监理工程师检查,最终质量检查符合设计、规范要求,所施工的混凝土防渗墙共 33 个槽段,每个槽段为一个单元,33 个单元合格率为 100%,其中优良槽段为 33 个,优良率达到了 100%。

4.5　钻孔与灌浆研究

钻孔与灌浆包括回填灌浆、固结灌浆、帷幕灌浆、接触灌浆以及排水孔施工。

4.5.1　施工方案

4.5.1.1　灌浆试验

为求得固结灌浆、帷幕灌浆的施工方案、方法,有关技术参数在实施上的可能性、效果上的可靠性和经济上的合理性,并取得设计所需的各项技术参数,选择地质条件与实际灌浆区相似的地段作为灌浆试验区进行灌浆试验。

根据施工图纸的要求及按监理人指示选定试验孔布置方式、孔深、灌浆分段、灌浆压力等试验参数进行施工。

试验工作除严格执行有关设计文件、监理文件外,还编制经监理批准的详细的试验大纲(操作细则),配备事业心强、经验丰富的操作和管理人员,做到精心组织、精心施工。试验结束,及时提交试验报告和相关资料,请有关部门审批。

4.5.1.2　施工方案

回填灌浆在预埋好的灌浆管内钻孔灌浆。搭设满堂架完成钻孔和灌浆操作。由于引水洞洞径较大、洞长较短,故在洞外设集中制浆站供浆。回填灌浆按引水洞衬砌混凝土段长划分区段,在区段内由下游端向上游端推进灌浆施工。

固结灌浆按环间分序、环内加密的原则进行。

接触灌浆在泄洪冲沙闸底板及 1 m 高墩墙混凝土浇筑完 7 d 后进行。

在各建筑物附近,选择较为合适的部位分别设集中制浆站,安装满足灌浆需要的制浆机(高速搅拌机)集中制浆,然后通过管道用泵送到各工作面。

灌浆施工过程中,采用目前具有国内领先水平的 G2000 全自动智能灌浆数据采集及处理系统,即用自动记录仪完成裂隙冲洗、压水试验、灌浆记录工作和报表统计工作,对工程量较小的建筑物,使用 J31C 型手提式灌浆自动记录仪。

固结灌浆单元划分以引水隧洞衬砌混凝土段为单元,回填灌浆以 50 m 区段为单元。帷幕灌浆每 10 个孔为一单元,帷幕灌浆先导孔沿帷幕线每 20 ~ 30 m 布设一个。

观测孔的施工以监理指示执行。灌浆前,拟在混凝土盖重上布置一定量的抬动变形观测。裂隙冲洗、压水试验、灌浆过程中,安装观测仪器(千分表)进行观测,发现异常立即停灌并报告监理。

灌浆孔施工结束后接着进行排水孔施工。施工时,随时准备完成设计、监理下达的观测孔施工任务。

4.5.2 灌浆材料

4.5.2.1 主剂

本工程灌浆主剂为水泥,根据施工图纸或监理人指示,选用水泥品种。用于回填灌浆、帷幕灌浆的水泥强度等级不低于 P. O 32.5,固结灌浆、接触灌浆的水泥强度等级不低于 P. O 42.5。细度要求通过 80 μm 方孔筛时筛余量不大于 5%,水泥必须是经过生产厂家鉴定,并附有出厂合格证的,而且在施工中我项目部质检站还要对水泥进行分批抽样检验,取用符合规定质量标准的水泥。受潮结块,出厂超过 3 个月的水泥坚决不得使用,不合格品不使用,未经检验的不使用。

4.5.2.2 溶剂

本工程灌浆溶剂为水,灌浆施工用水应符合《混凝土拌和用水标准》(JGJ 63—89)第 3.0.4 条的规定,水温不超过 40 ℃。

4.5.2.3 掺合料、外加剂、特种水泥

按监理指示或试验结果,可在水泥浆液中加入一定量的掺合料或外加

剂,其质量符合《水工建筑物水泥灌浆施工技术规范》有关规定。

施工中监理指示需要使用细水泥或超细水泥时,依监理指示执行。

4.5.3　施工方法

4.5.3.1　钻孔

回填灌浆孔用 YT - 28 型手风钻,固结灌浆孔用 YT - 28 型手风钻、YG40、YGZ90 圆盘钻,接触灌浆孔用电钻,排水孔用手风钻、圆盘钻。

观测孔可根据设计、监理指示进行施工。

帷幕灌浆采用回转式地质钻机造孔。先导孔(沿帷幕线 20 ~ 30 m 范围在一序孔上设一个)和检查孔全取岩芯并按顺序编号、装箱和编录。钻机安装要周正、平稳,天车、立轴、孔位三点一线,开孔孔位与设计孔位偏差不大于 10 cm,孔向、孔径、孔深要满足设计或监理的要求,金刚石或硬质合金钻头钻进。采用符合拌制水工混凝土时的用水作为钻孔冲洗液。帷幕灌浆孔,每 5 ~ 10 m 测斜一次,发现偏差超过标准,及时纠正;终孔必须测斜,钻孔偏差超过设计标准时,要结合有关资料进行全面分析,如确认对灌浆质量有影响时,要采取补救措施,以免影响帷幕灌浆质量。用 KXP - 1 型测斜仪进行钻孔偏斜观测。

根据监理人指示,对钻取的岩芯和混凝土芯进行试验,并将试验记录和成果提交监理人。

4.5.3.2　钻孔冲洗、裂隙冲洗和压水试验

用大流量进行钻孔冲洗,直至回水清净后再冲 10 min,孔(段)底沉积厚度不超过 20 cm。用压力水进行裂隙冲洗,冲至回水清净后 10 min 结束,且总的冲洗时间不应少于 30 min,冲洗压力采用灌浆压力的 80% ,若该值大于 1.0 MPa,取 1.0 MPa。帷幕灌浆先导孔及检查孔在裂隙冲洗工作完成后逐段进行"五点法"压水试验,另外帷幕灌浆孔总数 20% 的孔也要做压水试验;固结灌浆孔总数 5% 的孔与检查孔在裂隙冲洗工作完成后进行"单点法"压水试验。其余各序灌浆孔(固结、帷幕)的各灌浆段在灌浆前结合裂隙冲洗进行简易压水,压水 20 min,每 5 min 测读一次压入流量。

接触灌浆在灌浆前采用稍高于灌浆压力(其压力不高于钢板抗外压的安全压力)的压力水,挤开钢板与混凝土间的缝隙。

4.5.3.3　灌浆

浆液温度保持在 5 ~ 40 ℃,低于或超过此标准的应视为废浆。浆液从开始制备至用完的时间宜少于 4 h(细水泥浆液应小于 2 h)。

1. 回填灌浆

回填灌浆按两个次序进行,先施工Ⅰ序孔,后施工Ⅱ序孔。依据规范规定,两序孔中都应包括顶孔。

灌浆采用纯压式。压力以设计图纸及已批准的试验结果为准。灌浆结束标准为灌浆孔停止吸浆继续灌注5 min即可结束。一序孔水灰比为0.6∶1,二序孔水灰比为1∶1、0.6∶1两级;空腔大的部位灌注水泥砂浆。灌浆时应密切监视衬砌混凝土的变形,若发现异常,应立即降压,报告有关人员,并做好详细记录。

2. 固结灌浆

按环间分序、环内加密的原则分两个次序进行,地质条件不良地段可分为三个次序,但需经监理人批准。采用循环式。灌浆孔围岩段长不大于6.0 m时可全孔一次灌注。当地质条件不良或有特殊要求时,可分段灌注。灌浆压力、水灰比以设计图纸、招标文件《技术条款》为准。结束标准为在规定的压力下,注入率不大于1 L/min时,再延续30 min。

3. 帷幕灌浆

帷幕灌浆的方式采用循环式,灌浆管距孔(段)底不大于50 cm。帷幕孔第一段深入基岩不大于2.0 m单独进行接触灌浆(待凝时间不少于24 h)。其余各段(一般段长按5~6 m控制)拟采用综合灌浆法(实际施工中按监理人指示的方法进行)。先导孔和检查孔自上而下分段压水结束后自下而上分段灌浆。

灌浆浆液遵循由稀到浓的原则逐级改变,水灰比和浆液变换执行行业标准DL/T 5148—2001规范,灌浆分段、灌浆压力、结束标准严格按设计文件或监理指示执行。

4. 接触灌浆

接触灌浆采用循环灌浆法。先施工Ⅰ序孔(单排),后施工Ⅱ序孔(双排)。Ⅰ序孔灌浆时,Ⅱ序孔作排气、出浆孔;Ⅱ序孔灌浆时,留顶上一孔排气及出浆;当排出浆液浓度与灌注浆液浓度相近时关闭出浆孔。灌浆要连续的自低孔到高孔进行灌注,以确保所有的收缩缝充分填实。当浆液从邻近的孔中流出时收缩缝已成功地被填实。水灰比采用0.8∶1、0.6∶1,Ⅱ序浆液较稀。灌浆压力以设计图纸、招标文件《技术条款》为准。灌浆结束标准为:在规定的压力下,灌浆孔停止吸浆,继续灌注5 min即可结束。接触灌浆除严格控制压力,还应设置变位计,观测钢板变位,发现异常应立即停灌并报告监理。

4.5.3.4　封孔

(1)回填灌浆孔和检查孔检查结束后,用水泥砂浆将钻孔封填密实,孔口压抹齐平。

(2)固结灌浆孔采用"机械压浆封孔法"或"压力灌浆封孔法"。

(3)帷幕灌浆孔全孔灌浆结束后,会同监理及时验收,对验收合格的灌浆孔进行封孔。封孔方法按监理指示执行。

(4)接触灌浆结束后,割除接触灌浆管,并封焊灌浆孔;磨平过高的余高飞溅物等残迹;焊缝质量检验要求同《技术条款》第11.3.3.5条。

4.5.3.5　质量检查

(1)回填灌浆质量检查。该部位灌浆结束7 d后进行,采用钻孔灌浆法,检查孔的数量为灌浆孔总数的5%。向孔内注入水灰比为2:1的浆液,在规定的压力下初始10 min内注入量不超过10 L即为合格;否则,要按监理人指示或批准的措施进行处理。

(2)固结灌浆质量检查,检查孔数量为灌浆孔总数的5%。在该部位灌浆结束3~7 d后,采用"单点压水法"进行检查,同时按监理要求在该部位灌浆结束14 d后进行岩体波速测试。

(3)帷幕灌浆质量检查以分析检查孔压水试验成果为主,结合钻孔、取岩芯资料、灌浆记录和测试成果等评定其质量。检查孔数量为灌浆孔总数的10%,一个单元工程内至少布置一个检查孔,检查结束按要求进行灌浆和封孔。检查不合格时,按监理批准的措施进行处理。帷幕灌浆的封孔质量依据招标文件《技术条款》进行检查。

4.5.4　帷幕灌浆施工质量控制与评价

4.5.4.1　施工质量控制

帷幕灌浆孔采用单排布置,孔距2.0 m,灌浆方式:灌注采用孔口封闭不待凝、孔内循环、自上而下分序分段钻灌的原则。灌浆方式:采用"孔口封闭,孔内循环,自上而下分段灌浆法"进行灌浆,用钻杆作灌浆(射浆)管,灌浆起初压力为0.5 MPa,随深度加大灌浆压力加大。

施工程序:钻孔定位→ϕ91 mm金刚石钻进(孔口段)→灌注孔口管→待凝3~4 d→ϕ54 mm金刚石钻进(第一段)→钻孔冲洗→压水试验→孔口封闭灌浆→ϕ54 mm金刚石钻进(第二段)→钻孔冲洗→压水试验→孔口封闭灌浆→循环钻灌以下孔段至终孔→封孔。

4.5.4.2　施工质量评价

灌浆质量检查根据设计通知和帷幕钻孔灌浆成果表,由监理工程师与设计人员共同确定检查孔的孔位及孔数(每个单元一组)。对检查孔进行压水试验检查,结合钻孔取芯(取芯口径采用 $\phi91$ 或 $\phi76$)。压水试验参照灌前压水进行,压水压力为灌浆压力的80%。

通过加密帷幕灌浆完成之后,根据设计通知,对帷幕灌浆进行了压水试验检查结合钻孔取芯。经过压水试验检查,各个单元的帷幕检查孔各孔段压水吕容值均小于3.0 Lu,达到了设计透水率防渗标准(≤3.0 Lu)。根据灌后钻孔所取岩芯观察分析,岩芯裂隙含一定的水泥结石,水泥结石含量较高,且强度较大。而岩芯采集率较灌前有很大提高,且岩芯成型率达到了90%以上。综合分析,灌浆效果是显著的,而且灌后质量检查也是合格的,各段检查孔透水率吕容值见表13。

表 13　透水率分序统计

序号	工程部位	孔序	压水断数	透水率(Lu)			总段数
				最大值	最小值	平均值	
1	左岸帷幕灌浆	Ⅰ序	64	180.00	3.89	47.38	182
		Ⅱ序	73	97.00	3.13	24.01	
		Ⅲ序	45	78.80	6.50	23.56	
		检查孔	6	2.75	0	1.34	11
2	右岸帷幕灌浆	Ⅰ序	135	66.25	4.82	18.05	261
		Ⅱ序	126	94.30	3.13	17.76	
		检查孔	3	2.50	0.00	0.99	21

由透水率分序统计表及帷幕灌浆成果分序统计表,可看出帷幕灌浆前压水试验所得透水率:

(1)左岸帷幕灌浆单元:Ⅰ序孔最大值为180.0 Lu,最小值为3.89 Lu,平均值为47.38 Lu;Ⅱ序孔最大值为97.0 Lu,最小值为3.13 Lu,平均值为24.01 Lu;Ⅲ序孔最大值为78.8 Lu,最小值为6.5 Lu,平均值为23.56 Lu。综合分析Ⅰ序、Ⅲ序帷幕灌前平均透水率可以看出,Ⅱ序孔较Ⅰ序孔明显降低,累计平均透水率降低了80.16 Lu;Ⅲ序孔比Ⅱ序孔的累计平均透水率降低了33.07%,且帷幕检查孔压水试验吕容值均小于3.0 Lu(设计标准),最大值为

2.75 Lu,最小值为 0 Lu,平均吕容值为1.34 Lu,完全满足设计要求。

(2)右岸帷幕灌浆单元:Ⅰ序孔最大值为 66.25 Lu,最小值为 4.82 Lu,平均值为 18.05 Lu;Ⅱ序孔最大值为 94.3 Lu,最小值为 2.29 Lu,平均值为 17.76 Lu。分析Ⅰ序、Ⅱ序帷幕灌浆前平均透水率可以看出,由于地层裂隙分布和走向原因,造成个别Ⅱ序孔在少数段长内的透水率值较大,致使Ⅱ序孔平均透水率增大,并造成Ⅰ序孔与Ⅱ序孔平均透水率相当;经过灌浆处理后,帷幕灌浆检查透水率单元最大值为 2.5 Lu,最小仅为 0.1 Lu,平均值为 0.99 Lu;经过灌浆后,右岸检查孔透水率均小于帷幕检查孔压水试验吕容值 3.0 Lu(设计标准),完全满足设计要求。

由以上数据可以看出,右岸Ⅰ序、Ⅱ序孔通过分序帷幕灌浆,灌浆效果明显,右岸基岩由于裂隙分布和走向原因,致使Ⅰ序、Ⅱ序孔在分序帷幕灌浆上没有体现出明显效果。比较右岸帷幕Ⅰ序、Ⅱ序灌前吕容值,通过分序帷幕灌浆Ⅰ序、Ⅱ序透水率呈明显递减状态。从透水率平均值可以看出,通过分序灌浆,各次序孔透水率都显著降低了,而且累计平均透水率最大分别降低80.16 Lu、33.07 Lu。比较左岸帷幕Ⅰ序、Ⅱ序灌前吕容值,通过分序帷幕灌浆Ⅰ序、Ⅱ序透水率没有呈明显的递减状态,分析左岸透水率平均值,由于基岩裂隙分布和走向原因,致使各次序孔平均透水率没有呈显著递减状态。综合以上数据,对比灌浆前后压水试验吕容值,右岸平均透水率降幅频率显著,但左岸平均透水率降幅频率不大明显,但在灌浆完成之后,帷幕检查孔透水率均不大于 3.0 Lu,由此可以看出,通过分序帷幕灌浆,灌浆作用显著,灌后质量检查合格。左岸防渗墙帷幕透水频率累计曲线如图 8 所示,右岸防渗墙帷幕透水频率累计曲线如图 9 所示。

通过图 8、图 9 所示透水率频率累计曲线,分析左、右岸帷幕灌浆灌前透水率,在相对集中的 5 ~ 50 Lu Ⅰ序孔累计频率为 50.0%,Ⅱ序孔为 90.0%,Ⅲ序孔为 95.0%。对比各次序孔累计透水频率,Ⅱ序孔、Ⅲ序孔与Ⅰ序孔比较,累计透水频率递增速度显著,同时,Ⅲ序孔在 5 ~ 10 Lu 透水频率段,递增率是十分明显的,说明Ⅰ序孔、Ⅱ序孔的前序灌浆施工的高效。

通过图 8、图 9 所示透水率频率累计曲线,分析左岸帷幕灌浆灌前透水率,在透水率相对集中的 5 ~ 50 Lu 段,Ⅰ序孔累计频率为 90.91%,Ⅱ序孔为 91.66%;Ⅰ序孔、Ⅱ序孔在透水率的累计频率比较接近,分析其原因为地层中的裂隙、节理分布及走向造成,结合土建开挖揭露的基岩节理情况,累计频率接近原因为岩石节理走向与帷幕灌浆轴线几乎成 90°角相交,由

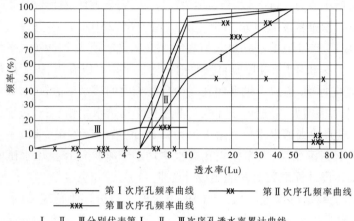

第Ⅰ次序孔频率曲线 ——×—— 第Ⅱ次序孔频率曲线 ——××——
第Ⅲ次序孔频率曲线 ——×××——
Ⅰ、Ⅱ、Ⅲ分别代表第Ⅰ、Ⅱ、Ⅲ次序孔透水率累计曲线

图8　左岸防渗墙帷幕透水频率累计曲线

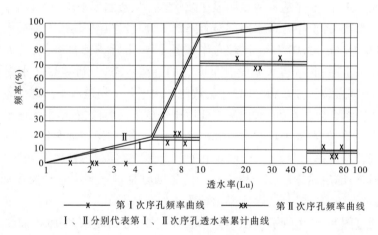

第Ⅰ次序孔频率曲线 ——×—— 第Ⅱ次序孔频率曲线 ——××——
Ⅰ、Ⅱ分别代表第Ⅰ、Ⅱ次序孔透水率累计曲线

图9　右岸防渗墙帷幕透水频率累计曲线

于节理分布、走向,再加上岩石的不透水性,造成浆液横向贯通系数小,在竖向灌浆力度较强。虽然在灌浆在横向上成果较小,但还是有所作为,从图8、图9中可知,在5~10 Lu透水率段,Ⅱ序孔单段累计频率高于Ⅰ序孔,而在10~50 Lu透水率段,Ⅱ序孔单段累计频率低于Ⅰ序孔,说明Ⅰ序孔灌浆施工虽然受到基岩节理作用,但仍取得理想效果。

综合以上数据分析,通过左、右岸帷幕分序灌浆,作用明显,灌浆效果显著,说明本次帷幕灌浆施工分序是合理的。实际施工中尽管灌前最大吕容值有Ⅱ序孔较Ⅰ序孔有稍大的现象,但这只说明后序施工孔个别孔段存在透水率较大的现象。综合分析频率累计曲线图,透水率整体分布合理,满足帷幕灌浆透水率频率累计分布的一般规律。帷幕灌浆成果分序统计情况如表14所示。

表14　帷幕灌浆成果分序统计

序号	工程部位	灌浆次序	钻孔长度（m）	总段数	总耗量（t）	灌浆量（m）	单耗量（kg/m）
1	左岸帷幕灌浆	Ⅰ	411.19	64	78.99	377.14	209.45
		Ⅱ	522.56	73	53.31	522.55	102.02
		Ⅲ	390.10	45	30.77	390.10	78.88
2	右岸帷幕灌浆	Ⅰ	908.32	136	128.04	759.54	168.57
		Ⅱ	852.54	130	102.17	648.71	157.50
3	合计		3 084.71	448	393.28	2 698.04	145.77

由表14所示帷幕灌浆成果分序统计看出,通过分序灌浆,左右岸帷幕灌浆各次序孔耗灰总量及单位耗灰量变化较显著。

(1)右岸帷幕灌浆:综合分析Ⅱ序孔与Ⅰ序孔比较,Ⅱ序孔递减特性;统计分析耗灰量,Ⅱ序孔水泥耗量较Ⅰ序孔降幅为25 638 kg,降幅比率为32.51%;Ⅲ序孔水泥耗量较Ⅱ序孔降幅为22 537 kg,降幅比率为42.3%。

(2)左岸帷幕灌浆:综合分析Ⅱ序孔、Ⅰ序孔比较整体上呈递减特性;统计分析耗灰量,Ⅱ序孔较Ⅰ序孔降幅为25 867 kg,降幅频率为20.2%。

累计分析得出,Ⅰ序孔灌浆总段数为200段,耗灰总量为207 029 kg;Ⅱ序孔灌浆总段数为203段,耗灰总量为155 479 kg;Ⅲ序孔灌浆总段数为45段,耗灰总量为30 773 kg;累计完成帷幕灌浆448段,耗灰总量393 281 kg(含灌浆废弃浆量)。从单位耗灰量分析,Ⅰ序孔单位耗灰量为182.14 kg/m,Ⅱ序孔单位耗灰量为132.75 kg/m,Ⅲ序孔单位耗灰量为78.88 kg/m,综合统计帷幕灌浆单位注入量为145.77 kg/m。由以上数据统计分析,耗灰量Ⅱ序孔较Ⅰ序孔单位耗量减少了49.39 kg/m,降幅频率为27.12%;Ⅲ序孔单位耗灰量较Ⅰ序孔减少了53.86 kg/m,降幅频率为40.58%。由此可以看出,帷幕灌浆分序合理,通过分序灌浆效果明显。右岸帷幕灌浆单耗量频率累计曲线如图10所示,左岸帷幕灌浆单耗量频率累计曲线如图 11 所示。

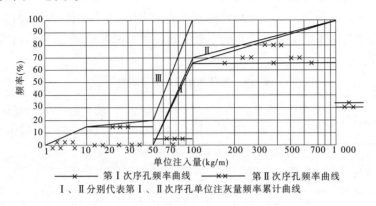

　　━━×━━ 第Ⅰ次序孔频率曲线　　　━━×━━ 第Ⅱ次序孔频率曲线
　　Ⅰ、Ⅱ分别代表第Ⅰ、Ⅱ次序孔单位注灰量频率累计曲线

图 10　右岸帷幕灌浆单耗量频率累计曲线

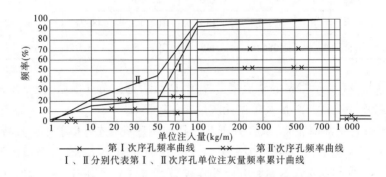

　　━━×━━ 第Ⅰ次序孔频率曲线　　　━━×━━ 第Ⅱ次序孔频率曲线
　　Ⅰ、Ⅱ分别代表第Ⅰ、Ⅱ次序孔单位注灰量频率累计曲线

图 11　左岸帷幕灌浆单耗量频率累计曲线

　　根据图 10、图 11 所示注入量频率累计曲线,分析右岸帷幕灌浆单位注入量区间分布情况,可以看出,右岸帷幕灌浆单位注入量区间分布完全符合一般规律。在吸浆量较小的 0 ~ 100 kg/m 区间中,Ⅰ序孔累计频率为0.0%,Ⅱ序孔累计频率为 0.0%,Ⅲ序孔累计频率为 20.0%,Ⅲ序孔较Ⅰ、Ⅱ序孔累计频率增加了 20.0%。在累计频率相对较集中的 100 ~ 1 000 kg/m 区间中,Ⅰ序孔区间频率为 66.67%,Ⅱ序孔区间频率为 70.0%,Ⅲ序孔区间频率为 80.0%,Ⅲ序孔较Ⅰ、Ⅱ序孔区间频率增加了 10.0%;在吸浆量较大的>1 000 kg/m 区间中,Ⅰ序孔区间频率为 33.33%,Ⅱ序孔区间频率为30.0%,Ⅲ序孔区间频率为 0.0%,Ⅲ序孔较Ⅰ、Ⅱ序孔区间频率减少了30.0%,从单位注灰量频率图中直观地看出右岸帷幕灌浆后序孔较前序孔单位注入量明显降低。

由图 10、图 11 所示单位注入量频率累计曲线图,分析左右岸帷幕灌浆单位注入量区间分布情况,可以看出左岸帷幕灌浆单位注入量区间分布完全符合一般规律。在频率累计相对较集中吸浆量较小的 0~100 kg/m 区间中,Ⅰ序孔累计频率为 25.0%,Ⅱ序孔累计频率为 47.22%,Ⅱ序孔较Ⅰ序孔累计频率增加了 22.22%;在吸浆量较大频率累计相对较集中的 100~1 000 kg/m 区间中,Ⅰ序孔区间频率为 70.45%,Ⅱ序孔累计频率为 52.78%,Ⅱ序孔较Ⅰ序孔区间频率降低了 17.67%。由单位注入量区间分布频率累计数据可以看出,Ⅱ序孔较Ⅰ序孔单位注入量都明显降低;从单位注灰量频率图中直观地看出左岸帷幕灌浆后序孔较前序孔单位注入量明显降低。

通过以上分析,可以说明本次帷幕灌浆施工分序合理,施工参数满足设计要求,施工方案满足施工规范和质量技术要求,且帷幕灌浆效果明显。左、右岸各设检查孔一个,检查孔采用取芯分段压水的方式,左、右岸分段压水的每段透水率值均小于 3 Lu,符合设计要求。

防渗达到预期效果。左、右岸防渗帷幕分成 6 个单元,经施工单位自评,监理工程师根据检查孔压水试验结果核评,首部枢纽工程防渗帷幕施工质量评定为优良。

4.6　砌体工程研究

本工程砌体工程包括海漫末端左右两侧浆砌石护坡及截水墙上游迎水面护坡。工程量为:浆砌石挡墙护坡 800 m²,干砌混凝土块护坡 700 m²。

4.6.1　浆砌石施工方法

4.6.1.1　施工工艺

浆砌块石施工工艺流程如图 12 所示。

4.6.1.2　施工方法

1. 基础修整、夯实

本工程砌石基础多坐落在砂卵石基础和石料回填基础上。砂卵石基础开挖时先用 EX - 240 反铲进行初步开挖,并预留 20~30 cm 用人工开挖以避免扰动基础,然后用蛙式打夯机夯实至设计要求。石料回填基础进行人工挂线整平,然后用蛙式打夯机夯实至设计要求。

2. 基础验收

砌石基础验收首先要取样抽检,保证干容重和压实度达到设计要求,平整度满足"规范"要求。在"三检"合格后,将基础面测量及土工试验成果报

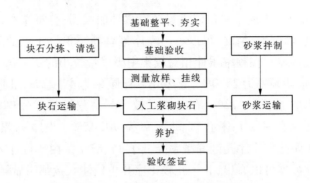

图 12　浆砌块石施工工艺流程

请监理部组织联合验收,验收合格签证后方可进行下道工序施工。

3. 测量放线

由测量队测放控制线,人工放样砌石设计线。

4. 人工浆砌块石

1) 块石分拣、清洗及砂浆拌制

根据技术条款及规范要求对石料进行分拣、粗加工及清洗,采用15 t 自卸汽车运至施工现场,用装载机倒运至工作面;砌筑砂浆根据设计配合比在拌和站集中拌制,1 t 工程车运至工作面,砂浆做到随拌随用。

2) 人工砌筑

浆砌石护坡采用铺浆法砌筑,块石铺摆要大面朝下,砌体的灰缝厚度控制为 20 ~ 30 mm,砂浆填塞饱满,石块间较大的空隙先填塞砂浆,后用碎块石或片石嵌实,不能先摆碎石后填砂浆或干嵌碎块石的施工方法,石块间不能相互接触。

浆砌石挡土墙采用铺浆法分层砌筑。砌筑时,砌体石块分层卧砌,上下错缝,内外搭砌。砌体的第一皮石块应坐浆并将大面朝下,每砌 3 ~ 4 皮为一个分层高度,每个分层高度应找平一次,两个分层高度间的错缝不得小于100 mm;外露面的灰缝平缝厚度不得大于 25 mm,竖缝宽度不得大于 40 mm。挡土墙砌体内部砂浆填缝等施工质量要求同浆砌石护坡、护底施工。

5. 水泥砂浆勾缝

块石砌筑后进行清缝,清缝宽度不小于砌缝宽度,缝深水平缝不小于40 mm,竖缝不小于 50 mm,勾缝前将槽缝清洗干净,并保持缝面湿润无积水、残渣。勾缝采用人工作业。勾缝砂浆单独拌制,不得与砌体砂浆混用。

6.养护

勾缝完成后,砌体表面刷洗干净并洒水覆盖养护。

4.6.2　质量保证措施

各工序严格执行"三检制"和"三不放过"原则,建立健全质量管理岗位责任制,确保工程施工质量。

(1)砌石工程开工后,根据设计及规范要求做好砌体各项材料的先期检、试验,确定料源,以保证用于工程实体原材料的质量。

(2)砂浆拌制严格按经试验确定的配合比进行配料,配料的称量误差不能超过:水泥 ±2% ,砂 ±3% ,水 ±1% 。

(3)水泥砂浆机械拌和时间不得少于 2~3 min,拌和过程中根据骨料含水量的变化随时调整用水量,以确保水灰比的准确性。

(4)砂浆要随拌随用,并保证在运输、储存中不发生离析。严禁已初凝的砂浆用于工程实体。

(5)砌石体结构尺寸和位置允许误差不得超过规范要求。

(6)当最低气温在 0~5 ℃时,砌筑作业应注意表面保护。遇大雨应停止施工,并妥善保护。

(7)严格按照《砌石工程作业指导书》施工,确保砌石工程内部质量和外观质量均达到优良工程标准。

4.7　G317 国道复建公路路基工程研究

G317 复建路全长 1 298.27 m(桩号:XBK0 + 000 ~ XBK1 + 298.27)。复建路路基土石方工程包括土方开挖、石方明挖和土石回填。其中,土方开挖 11 183 m³,石方明挖 3 357 m³,土石回填 131 255 m³。

4.7.1　施工组织及施工方案

本工程分两部分进行施工,首先施工复建路路基工程,路基工程完工,保证车辆通行后,再对路面及防护工程进行施工。

施工方案如下。

4.7.1.1　路基开挖

路基土方开挖采用机械开挖,即用推土机推拢覆盖层表土,15 t 自卸车配合装载机拉还。

石方路基开挖采用小梯段或光面爆破开挖,用手风钻造孔,人工装药起爆。石方开挖施工方法见闸坝工程土石方开挖部分,施工时按公路工程施工技术规范的有关规定执行。

4.7.1.2 路基填筑

采用分层、分段施工,填方路基用推土机配合平地机平整,用重型振动压路机碾压,个别机械碾压不到的部位用手扶式压路机夯实至设计和规范要求。土方路基填料来源为各标段工程挖方适用材料。路基压实度以灌砂法检测为主。

4.7.1.3 路基施工方法

1. 路基开挖

测量放线:采用全站仪准确测放路基的开口线和控制桩,并用白灰明显标示,提交监理工程师检查批准。

对开挖区内的表土采用推土机清除,并推运堆集,用装载机装车运至弃料场堆放,开挖后报监理工程师检查并认可。

挖方顺序和开挖方法与其他工序施工相互配合。挖方取得的材料,根据试验结果,如果被确定为可利用材料,即可作为利用料运至填筑路段加以利用,如果被确定为非适用材料,则作为弃方料运至弃料场统一堆放。

2. 路基填筑

测量放线,采用全站仪准确测放路基中心桩及边线、坡脚和必要的控制桩。路基范围内的垃圾、有机物质残渣采用推土机推集,装载机装车,自卸汽车运输至弃渣场。路面填方高度大于 1 m 时,原地面以下至少 30 cm 内的草皮、农作物的根系和表土采用推土机推运堆集,拉运至弃料场。然后对路基压实,方可进行回填。

用铺筑长度不小于 50 m(全幅路宽)的填方路基作为试验路段,进行填筑前的碾压试验,以便确定压实设备的类型、最佳机械、人员组合方式,碾压遍数和速度,工序,以及每层材料的松铺厚度、材料的含水量等施工参数,将试验结果报监理工程师审批。通过试验路段总结经验,采取更合理的工艺流程和机械组合,用以指导全线施工。

填筑段路基,采用推土机粗平,平地机精平,使铺筑层表面平整、厚度均匀。程序是粗平后,技术员及试验员要检查铺料厚度和填筑料天然含水量,符合要求后,用平地机精平。

路基碾压时由两边向中间碾压,前后两次轮迹须重叠 0.4～0.5 m。纵向进退地进行,前后相邻两区段纵向重叠 2 m,达到无漏压、无死角、碾压均匀。碾压完毕后进行取样检测,将结果报监理工程师进行检验认可,签字后方可进行下一层填筑。

　　填土路基分几个作业段时,两个相邻段交接处不在同一时间填筑,则先填筑段按 1∶1 坡度分层留台阶。如两段同时施工,则应分层相互交叠衔接,其搭接长度不应小于 2 m;中途长时间停工时,路基表层不得积水,须整平并碾压密实,边坡须整理拍实。复工时路堤表层进行重新碾压并检查合理后,方可继续填筑。

　　整修成型:为保证边坡的压实度,填筑路堤时路肩外侧须比设计宽度超填 50 cm 宽,以保证压路机碾压到设计边坡处,并且可以防止雨水冲刷。

　　3.构造物台背回填

　　涵洞及路基挡土墙台背的填筑时间应在其混凝土或砌体、砂浆强度达到设计强度的 75% 以上时进行。

　　台背填土宽度,底部距基础混凝土或砌体内缘的距离不小于 2 m。

　　对填筑土进行分层检查,检查频率为每 50 m² 检验 1 点,不足 50 m² 时至少检测 1 点,每点都合格后方可进行下层作业,每层松铺厚度不大于 15 cm,涵顶填土厚度大于 0.5~1.0 m 以上时,方可允许大型设备通过。

4.7.2　排水及涵洞工程施工

　　施工方案及方法如下。

4.7.2.1　土方开挖

　　主要为排水沟和涵洞基础开挖,采用反铲开挖,人工配合修整。开挖前精确放线,开挖中尽量避免超挖。

4.7.2.2　涵洞混凝土施工

　　挖至设计标高以上 30 cm 时,改为人工开挖,清理基坑,积极做好排水工作,砌石或混凝土施工前须按设计要求对地基进行处理。

　　混凝土在拌和站拌制,混凝土罐车运输,吊车吊吊罐配溜筒入仓。振捣用插入式振捣棒。

　　预制盖板在混凝土拌和站预制,安装时用吊车吊装在 5 t 汽车上,运至安装现场后用吊车吊装。

　　模板,均采用组合钢模板,钢管纵、横围囹支撑加固。

　　钢筋,在钢筋加工场制作,汽车运至现场进行绑扎。

　　涵洞分两次浇筑,先浇筑底板,再浇两边侧墙台身。涵洞有分段沉降缝时,按设计要求进行处理。

　　混凝土采取覆盖养护,现浇混凝土养护时间不少于 7 d 或按监理工程师要求的时间养护,预制混凝土养护时间不少于 14 d。

4.7.2.3 浆砌片(卵)石

选用干净的、强度符合要求的石料。砂浆在施工现场用砂浆搅拌机拌制,1 t工程翻斗车运输至工作面。

砌筑前先精确放样,并挂线。

砌筑分段以伸缩缝为施工分段。

采用坐浆法砌筑,砌筑底部石块安放须平整顺直,石料安放稳当,砌缝砂浆饱满密实。

砂浆凝固前须进行勾缝。勾缝自上而下进行,勾缝做到平整圆顺、美观,且无脱落现象,完工后洒水养护7 d以上。

4.7.3 防护工程

本工程防护有挂网喷护、锚杆支护、路基及路边坡面种草、铺草皮,预制空心砖网格护坡(植草)、拱形骨架护坡等。

施工方案及施工方法如下。

4.7.3.1 锚杆及挂网喷护

锚杆在钢筋加工场按设计进行加工制作,归类堆放整齐。

安装时用5 t汽车运至施工现场,人工安装。

锚造孔用YT-28型手风钻造孔。造孔前准确测量孔位,造孔完成后用高压水或高压风进行清孔,并及时安装锚杆。

锚杆安装完成后立即进行注浆。注浆用注浆机,其注浆压力达到设计及规范要求。

挂网钢筋按设计规格及用量,在钢筋加工场制作,汽车运至施工现场人工绑扎。绑扎间距符合设计及规范要求。

挂网完成后经验收合格后进行喷护施工。喷射混凝土用干式混凝土喷射机喷洒。

锚杆及挂网喷护工程的施工方法详见首部枢纽工程中施工支护章节内容,在此从略。

4.7.3.2 浆砌体工程

浆砌体工程施工工艺及方法参见砌体工程施工章节相关内容。浆砌体完成后及时进行养护,养护时间不少于7 d。

4.7.3.3 预制空心砖网格护坡(植草)

施工工序为:模具、振动台加工准备→混凝土拌制→空心砖预制→脱模养护→堆放。

空心砖在选定的混凝土预制场预制,由于其工程量较小,不再规划预制场地,可在拌和站进行预制。待预制块达到一定强度后,堆积放置。堆放时叠放层数和高度不能过大,以免发生倒塌或压坏下部预制空心砖。预制空心砖模具用 5 mm 厚钢板制作。用 2.2 km 振动电机自制振捣平台。预制时人工装料,振捣密实后放置于平坦的场地上,预制好的空心砖及时进行覆盖养护,养护时间不少于 14 d。

安砌预制空心砖,施工工序为:测量放线→基础处理整平→预制空心砖运输→砂浆拌制运输→砌筑→养护。安砌前先准确测量安砌的位置,并挂线。砌石前先对基础人工整修,达到设计安装要求的基面。砂浆在现场用砂浆搅拌机拌制,1 t工程车运输至安装现场。安砌时自下而上分层安砌,砌缝宽度按设计要求执行,砌缝做到坐浆饱满。砌缝表面须抹压平整,多余的砂浆及时清除。空心砖安砌完成后及时进行覆盖养护,养护时间不少于 7 d。

4.7.3.4　拱形骨架护坡

拱形骨架护坡采用现浇混凝土施工方案。混凝土在拌和站拌制,混凝土罐车运至施工现场后,卸料入吊罐,用吊车结合溜筒,人工入仓,混凝土振捣用插入式振捣棒振捣。模板(拱形部分)用 5 mm 厚钢板制作,直段采用组合钢模板。

施工工序:测量放线→槽形基础开挖修整→模板安装→混凝土拌制运输→入仓振捣→养护。

施工方法:

测量放线,全站仪测放拱形骨架的位置,打桩标示其精确位置。

基础,人工对拱形骨架基础进行开挖修整,尺寸符合设计要求。

安装模板,用ф12钢筋制作简易弓形卡,以便支撑模板。在坡面上打桩或安设钢筋桩对模板予以固定,并用木楔夹紧模板,使其准确定位。

拌和站拌制混凝土,混凝土罐车运至施工现场,卸料入吊罐,用吊车结合溜筒,人工入仓。插入式振捣棒振捣密实,混凝土表面根据设计要求采用木抹或钢抹抹光。混凝土初凝后,及时覆盖洒水养护,养护时间不少于 7 d。

坡较陡或较高时,须搭设施工脚手架,并铺设架板以作为工作平台。

5　金属结构及设备安装施工工艺研究

5.1　运输及吊装

(1)门槽埋件的运输及吊装:门槽埋件的重量较轻,用 5 t 载重汽车由进场公路运至埋设工作面,卸车及吊装采用 C7050 塔吊及 25 t 吊车完成,调节用卷扬机配合滑轮组。

(2)弧门门叶的运输及吊装:弧门门叶分片运输,运输用卷扬机配合滑轮组主吊,卷扬机、滑轮组偏拉配合的方法。

(3)弧门门腿的运输及吊装:弧门门腿,用汽车运至闸底后塔吊吊装,调整用塔吊配合卷扬机或链式起重机进行。

(4)液压启闭机的运输及吊装:液压启闭机分体运输。在▽1 691.0 m 底板混凝土浇筑完毕,即可进行安装。安装时,先用塔吊将其吊入▽1 691.0 m 工作平台,然后用手拉葫芦及千斤顶调整就位。

(5)平板闸门门叶的运输及吊装:平板闸门由汽车运至闸室▽1 711.0 m 平台,用 25 t 吊车卸车吊安放在检修门间内,待移动式启闭机安装调试完毕后,将检修门门叶逐个吊入门槽内就位。

(6)移动式启闭机及其轨道的运输和吊装:轨道分节组成的,每节重量不大,采用 25 t 吊车配 2 t 手拉葫芦两点吊装的方法吊装就位,距离不够时,采用搭设脚手架,用千斤顶调节的方法,起重机因单件较轻,在安装完第一组轨道后,将启闭机组装在轨道上并固定好,直至轨道全部安装完后,方可进行调试。

(7)取水口闸门及拦污栅由于单节重量达 26 t,采用租赁的 65 t、25 t 吊车共同分节吊装闸门于孔口就位焊接、安装施工。

(8)埋件安装随混凝土浇筑同步进行施工:门槽、底槛、轨道等埋件安装,在一期混凝土拆模后并且其强度达到规定时开始进行安装。

5.2 钢结构构件制造

按监理人提供的钢结构施工图纸,绘制钢结构构件的加工图和制定工艺措施,并在钢结构制造报送监理人审批;根据制造工艺的需要对钢结构构件的施工图纸进行局部修改时,须经监理人批准。

5.2.1 钢构件的加工

5.2.1.1 切割

(1)气割前应清除切割边缘 50 mm 范围内的锈斑、油污等,气割后应清除熔渣和飞溅物等。

(2)机械切割时,加工面应平整。

(3)坡口加工完毕后,应采取防锈措施。

5.2.1.2 矫正和成型

(1)钢材切割后应矫正,其标准应符合以下规定:钢材冷矫正和冷弯曲的最小弯曲半径和最大弯曲矢高应符合 GB 50205—95 附录 A 表 A 的规定。冷压折弯的零部件边缘应无裂纹;钢材矫正后表面不应有明显的凹面和损伤,划痕深度不得大于该钢材厚度负偏差值的 1/2,且不大于 0.5 mm。钢材矫正后的允许偏差应符合 GB 50205—95 表 4.2.4 的规定。

(2)弯曲成形的零件,采用样板检查。成形部位与样板的间隙不得大于 2.0 mm。

5.2.1.3　边缘加工

(1)刨、铣加工的边缘,要求光洁、无台阶。加工表面应妥善保护。

(2)在施工图纸未作规定时,边缘加工的允许偏差,符合表 15 的规定,顶紧接触面端部铣平的允许偏差,符合表 16 的规定。

表 15　边缘加工的允许偏差

项目	允许偏差
零件宽度、长度	±1.0 mm
加工边直线度	$L/3\,000$ 且不大于 2.0 mm
相邻两边夹角	±6
加工面垂直度	$0.02\,t$ 且不大于 0.5 mm
加工面表面粗糙度	50

注:t 为切割面厚度,L 为杆件长度。

表 16　端部铣平的允许偏差

项目	允许偏差(mm)
两端铣平时构件长度	±2.0
两端铣平时零件长度	±0.5
铣平面的平面度	0.3
铣平面对轴线的垂直度	$L/1\,500$

(3)焊缝坡口的形式和尺寸应按施工图纸和焊接工艺要求确定。

5.2.1.4　螺栓连接

(1)螺栓孔的允许偏差必须符合施工图纸的规定。

(2)螺栓孔采用钻孔成型,并打磨毛边和毛刺。

(3)当螺栓孔的允许偏差超过施工图纸的规定值时,经监理人同意后,方可扩钻或采用与母材力学性能相当的焊条补焊后重新制孔,严禁用钢板填塞。扩钻后的孔径不大于原设计孔径 2.0 mm。每组孔经补焊重新制孔的数量不得超过 20,处理后须做记录。

5.2.1.5　焊接钢板节点

(1)焊接钢板节点板,用机械切割。

(2)节点板长度允许偏差为 ±2.0 mm,节点板厚度允许偏差 ±0.5 mm,十字节点板间及板与盖板间夹角允许偏差为 ±20°,节点板之间的接触面密合。

5.2.1.6　杆件

(1)杆件用机械切割。

(2)杆件加工的允许偏差符合表 17 的规定。

表 17　杆件加工允许偏差值一览表

项目	允许偏差(mm)
钢管杆件长度	±1.0
型钢杆件长度	±2.0
封板或锥头与钢管轴线垂直度	0.5%r
杆件轴线不平直度	L/1 000 且不大于 5.0

注:r 为封板或锥头底半径;L 为杆件长度。

5.2.2　钢结构构件的组装和焊接

5.2.2.1　组装

(1)钢构件组装前,进行零部件的检验,并做好记录,检验合格后才能投入组装。

(2)连接表面及沿焊缝每边 30 ~ 50 mm 范围的铁锈、毛刺和油污等脏物清除干净。

(3)对非密闭的隐蔽部位,按施工图纸的要求进行涂装处理后,方可进行组装。

(4)焊接连接组装的允许偏差符合 GB 50205—95 表 4.6.3 的规定。

(5)钢精架结构,在加工场地的专用模架上拼装,以保证杆件和节点的准确性。

(6)对刨平顶紧的部位用 0.3 mm 塞尺检查,须有 75% 以上的面积紧贴,塞入面积之和应少于 25%,边缘间隙不得大于 0.8 mm。顶紧面应经检查,合格后方能施焊,并做好记录。

(7)H型钢的板材需要拼接组装时,其翼缘板可按长度方向拼焊;腹板焊缝可采用"十"字形或"T"字形拼接。翼缘板和腹板的拼接焊缝间距应大于200 mm。H型钢组焊的允许偏差,应符合GB 50205—95表4.3.4的规定。

5.2.2.2　焊工

(1)焊工持有上岗合格证。合格证应注明证件有效期限和焊工施焊的范围等。焊工参加焊接工作中断6个月以上的,应重新进行考试,监理人有权对在岗作业的焊工进行抽检考核。

(2)焊工严格按焊接工艺规定的施焊程序和方法以及批准的焊接参数进行焊接。焊接过程中应随时自控好构件制造和钢结构安装的变形。

5.2.2.3　焊接

(1)焊接材料储存在干燥、通风良好的地方,并有专人保管。使用前,必须按产品使用说明书规定的技术要求进行烘焙,保护气体的纯度应符合工艺要求。低氢型焊条烘焙后应放在保温箱(筒)内,随用随取。焊丝、焊钉在使用前应清除油污、铁锈等。

(2)超过保质期的焊接材料、药皮脱落或焊芯主锈的焊条、受潮的焊剂及熔烧过的渣壳,均禁止使用。

(3)施焊前,焊工自检焊件接头质量,发现缺陷应先处理合格后,方能施焊。

(4)焊工遵守焊接工艺,不得在坡口外的母材上引弧。对接、角接、T形、十字接头等对接焊缝及组合焊缝,均应在焊缝两端加设引弧和引出板,其材质及坡口形式应与焊件相同。焊接完毕后,应用气割切除引弧和引出板,并修磨平整,严禁用锤击落。

(5)每条焊缝一次焊完,当因故中断后,应清理焊缝表面,并根据工艺要求,对已焊的焊缝局部采取保温缓冷或后热等,再次焊接前应检查焊层表面,确认无裂纹后,方可继续施焊。

(6)多层焊接连续施焊,及时将前一道焊缝清理检查合格后,再继续施焊,多层焊的层间接头应错开。

(7)定位焊缝的长度、厚度和间距,应能保证焊缝在主缝焊接过程中不致开裂。定位焊焊接时,应采用与主缝相同的焊接材料和焊接工艺,并应由合格焊工施焊。

（8）厚度大于 50 mm 的碳素钢和厚度大于 36 mm 的低合金钢,施焊前应进行预热,焊后应进行后热。温度控制应按施工图纸或焊接工艺评定确定,若无规定时,预热温度控制在 100~150 ℃,层间温度应保持在预热温度范围内(定位焊缝的预热温度较主缝预热温度提高 20~30 ℃)。预热区应均匀加热,加热宽度为焊缝中心线两侧各 3 倍焊件厚度,且不小于 100 mm。后热温度应由试验确定。当焊件温度低于 0 ℃时,所有钢材的焊缝在施焊处 100 mm 范围内预热到 15 ℃以上。

（9）焊接环境焊接时的风速:手工电弧焊、埋弧焊、氧乙炔焊不应大于 8 m/s;气体保护焊不应大于 2 m/s。当超过规定时,应有防风设施;焊接电弧 1 m 范围内的相对湿度不得大于 90%;当焊接表面潮湿、雨、雪、刮风天气,焊工及焊件无保护措施时,不应进行焊接。

（10）焊接工作完毕后,焊工应清理焊缝表面,自检焊缝合格后,在焊缝部位旁,打上焊工工号钢印。

5.2.3　焊缝质量检验

构件焊接完毕按施工图纸规定的焊缝质量等级,并按 GB 50205—95 第 4.7.18 条至第 4.7.21 条的规定对焊缝进行外观检查和无损检验。

5.2.3.1　外观检查

（1）按 GB 50205—95 表 4.7.20 所列的外观缺陷项目,对全部焊缝进行外观检查。外观检查一般可采用肉眼和放大镜检查,监理人认为有必要时,亦可采用磁粉或渗透探伤。

（2）普通碳素钢在焊缝冷却到工作环境温度,低合金钢应在焊接 24 h 后,方可进行无损探伤。

5.2.3.2　超声波探伤检验

（1）按监理人指示,对钢构件焊缝质量等级为一、二级的焊缝,按 GB 50205—95 第 4.7.20 条的规定进行超声波探伤检验。

（2）按监理人指示,抽查一、二级焊缝容易产生缺陷的部位,并抽查到每个焊工的焊缝。在焊缝探伤部位发现有不允许的缺陷时,应在该缺陷两端增加探伤长度,增加的长度不应小于该焊缝长度的 10%,且不应小于 200 mm;若在检验区内仍有不允许的缺陷时,则应对该焊缝的全长进行检验。

（3）监理人有权选择局部可疑部位进行超声波探伤的抽样检查,若抽样检查部位亦发现有不允许的缺陷时,按本项(2)的规定处理。

5.2.3.3　X 射线抽样检验

监理人认为有必要时,可对超声波检验发现的缺陷可疑部位抽样进行

X射线探伤检验。X射线探伤的方法和质量评定按GB 3323—87的规定进行。

5.2.4　涂装

（1）构件制作的质量检验合格后，对构件的非连接部位进行涂装。重要的大型钢结构构件的涂装在施涂提交一份施涂工艺报告，报送监理人审批。

（2）构件涂装前对其表面进行除锈处理，除锈方法和除锈等级按照施工图纸要求，除锈标准按照YB/T 9256—96第2.6节的规定，除锈合格后立即涂装，在潮湿气候条件下，应在4 h内完工，在气候较好条件下，不超过12 h。

（3）在有雨、雾、雪、风沙和灰尘较大的户外环境中禁止进行涂装作业。

（4）涂装层数、厚度、间隔时间、涂料调配方法及注意事项，均严格按施工图纸、监理人的要求以及制造厂产品说明书的规定执行。当天使用的涂料在当天配置，并不得随意添加稀释剂。

（5）构件涂装时的环境温度和相对湿度，遵守产品使用说明书的规定。若产品使用说明书无规定，环境温度应控制在5～38 ℃，相对湿度应小于85%，构件表面不低于露点以上3 ℃。涂装后4 h内不得淋雨和日光暴晒。

（6）不得使用超过保质期的涂料。由于储存不当而影响涂料的质量时，必须重新检验，并经监理人同意后方能使用。

（7）施工图纸中注明不涂装的部件不误涂，安装待焊部位应留出30～50 mm，连接部位结合面暂不涂装。

（8）涂装均匀、有光泽、附着良好，无明显起皱、流挂和气泡。

5.3　钢结构的安装

5.3.1　安装前的检查和准备

（1）钢结构工程开始安装前按要求编制钢结构工程的安装措施报告，报送监理人审批。

（2）钢结构工程的安装轴线、基础标高、地脚螺栓和混凝土回填质量均符合施工图纸的规定。根据土建工程的坐标和高程进行钢结构工程安装的测量定位。

（3）钢结构安装过程中应保证结构的稳定性和不产生永久性变形。

（4）钢结构安装过程中的螺栓连接、组装、焊接和涂装等工序的施工符合规范规定。

（5）钢构件吊装前清除其表面的泥渍、灰尘和油污等。

（6）钢构件在运输和吊装过程中损坏的涂层及安装连接处未涂的部

位,按规定补涂。

(7)钢结构制造、安装、验收与土建放线用的钢尺标准统一,丈量的拉力一致。当跨度较大时,还应考虑气温影响。

5.3.2 基础和支承面

(1)钢结构的支承构造符合施工图纸要求。垫钢板处每组不多于5块;当采用成对钢斜垫板时,其叠合长度不应小于垫板长度的2/3。垫板与基础面和钢结构支承面的接触平整、紧密。调整合格后,在浇筑二期混凝土前用点焊固定。

(2)钢结构支承面、地脚螺栓的允许偏差,符合表18的规定。

表18 支承面、地脚螺栓的允许偏差

项目		允许偏差(mm)
支承面	标高	±3.0
	水平度	$L/1\ 000$
地脚螺栓	螺栓中心偏移	5.0
	螺栓露出长度	+20.0 0
	螺纹长度	+20.0 0
预留孔中心偏移		10.0

(3)底座为坐浆底板时,应采用无收缩砂浆。砂浆试块强度应高于基础混凝土强度一个等级。坐浆垫板的允许误差,符合表19的规定。

表19 坐浆垫板的允许误差

项目	允许偏差(mm)
顶面标高	0~3.0
水平度	$L/1\ 000$
位置	20.0

(4)大型钢结构在安装形成空间刚度单元后,及时对柱底板和基础顶面的空隙用细石混凝土二次浇筑。

(5)当钢结构埋件采用二期混凝土预留孔时,预留孔符合本技术条款的规定。

5.3.3　钢构件的运输和存放

(1)构件运输采用。

(2)钢构件在运输、存放期间,应注意防止损伤涂层。

(3)钢构件存放场地应平整、坚实、干净,底层垫枕应有足够的支承面,堆放方式应防止钢构件被压坏和变形,钢构件应按安装顺序分区存放。

5.3.4　钢结构的安装

(1)安装前,应对钢构件进行检查。当钢构件的变形超出允许偏差时,采取措施校正后才能安装。

(2)钢结构采用扩大拼装单元进行安装时,对容易变形的钢构件应进行强度和稳定性验算,必要时采取加固措施。

(3)钢构件或组成块体的网架结构,采用单点或多点抬吊安装及高空滑移安装时,对容易变形的钢构件进行强度和稳定性验算,必要时采取加固措施。

(4)利用安装好的钢结构吊装其他物件时,事先征得监理人同意,并进行验算,在确认安全后方能使用。

(5)钢梁、支撑等主要构件安装就位后,立即进行校正、固定,当天安装的钢构件形成稳定的空间体系。

(6)在室外进行钢结构安装校正时,除考虑焊接变形因素外,还根据当地风力、温差、日照等影响,采取相应的调整措施。

(7)施工图纸要求顶紧的接触面,有70%的面紧贴,用0.3 mm厚塞尺检查,塞入面积之和应小于30%,边缘最大间隙不应大于0.8 mm,并做好记录。

(8)钢构件的连接接头,应按施工图纸的规定,检查合格后方能连接。在焊接和高强度螺栓并用的连接处,按"先栓后焊"的原则进行安装。

(9)承受荷载的安装定位焊缝,其焊点数量、厚度和长度应进行计算确定。

(10)钢构件摩擦面,安装前复验构件制造厂所附试件的抗滑移系数,合格后方能使用;抗滑移系数应按 JGJ 82—91 第三章第三节的规定进行复验,抗滑移系数值应符合施工图纸要求。

(11)高强度大六角头螺栓连接件,按出厂批号复验扭矩系数平均值和标准偏差;高强度螺栓连接件的安装应符合 JGJ 82—91 第三章第四节的规定执行。

(12)高强度螺栓连接件安装完毕后,检查高强度螺栓连接件复验数据、抗滑移系数试验数据、扭矩、扭矩扳手检查数据和施工质量检查记录,并提交监理人审核。扭矩检查在螺栓终拧 1 h 以后,24 h 以前完成。

(13)用高强度螺栓连接的钢结构,在拧紧螺栓并检查合格后,用油腻子将所有接缝处填嵌严密,并按防腐要求进行处理。

(14)当网架用螺栓球节点连接时,在拧紧螺栓后,将多余的螺孔封堵,并用油性腻子将所有接缝处填嵌严密。

5.3.5 钢结构安装质量的检查

钢结构安装偏差的检验,应在结构形成空间刚度单元并连接固定后进行。钢结构安装的允许偏差为:

(1)钢桁架安装的允许偏差,符合 GB 50205—95 表 C-1、C-2、C-3 的规定。

(2)钢盖板、钢梯和钢栏杆安装的允许偏差,符合 GB 50205—95 表 C-4 的规定。其中平台、盖板外观表面焊缝须磨平。

钢结构构件的验收情况如下:

(1)钢结构的各项构件制造完成后,安装前向监理人提交钢结构构件的验收申请报告,经监理人同意后,进行钢结构构件验收,并由监理人签发钢结构构件的质量合格证。

(2)制成后的钢结构通过监理验收后即可开始安装,安装工作全部完成后,按规定提交钢结构工程验收申请报告,并应按本合同条款的规定,提交完工验收资料进行钢结构工程的完工验收。

5.4 金属结构、设备安装

5.4.1 安装方法

5.4.1.1 弧门安装方法

(1)弧门底槛安装:事先在弧门底槛预留槽左、右两侧内焊制一固定架,支架顶在底槛的底部,比设计高度低 2 cm 左右,将底槛拖运到支架上,然后在底槛的底部放置千斤顶调整其高程及水平。底槛的纵、横位置则在底槛周边适当位置,用焊接花篮螺栓进行调整。调整就位后,对称焊接固定。拆除千斤顶及花篮螺栓后进行复测。

(2)弧门侧轨安装:将弧门侧轨起吊到设计位置附近,在其左、右两侧上、下端处各焊接一只花篮螺栓,调整高程和桩号,在侧轨背部适当位置同样焊花篮螺栓或安置千斤顶,调整其对孔口距离及垂直度。

（3）牛腿埋件安装：将牛腿埋件起吊调整到大致位置，在其背部上、下及侧边分别焊接可调花篮螺栓多支，将其调配到准确位置，焊接加固后，浇二期混凝土。

（4）支铰安装：在牛腿埋件上、下、左、右各埋一锚环，支铰用滑轮组起吊到牛腿处，在支铰上、下、左、右四个方向与锚环间各挂一台手动葫芦，调整支铰的角度，使其穿上预埋螺栓，准确就位并与预埋件接触紧密，紧固螺栓，放松吊具，测量校核左、右支铰的同轴度，确定无误后，拆除滑轮组和手拉葫芦。

（5）支臂安装：支臂安装时，使其上、下中心轴线对称。纵向用上游底板预埋的锚环或牛腿处预埋的锚环挂手拉葫芦调整位置，左、右方向用两侧预埋的锚环钢丝绳用卷扬机牵引调整。

（6）门体安装：按闸门关闭状态时的位置将左、右支臂支撑固定，然后将下部门叶运入闸槽仰放在底槛处，滑轮组起吊后，在迎水面的下部和背水面的上部左右两侧各挂手拉葫芦一台，调整门叶前后位置。左、右位置用千斤顶调整，测量无误后，用螺栓与支臂连接紧固。上门叶起吊后，在背水面和迎水面上下根据需要挂手拉葫芦或钢丝绳调整，使其外弧半径与设计半径相符，左右位置用千斤顶调整，然后加固焊接。

（7）涂装：所有焊接缝结束后，清理干净进行涂装处理。

5.4.1.2　检修门安装方法

平板检修门安装流程如图13所示，底槛安装方法同弧门底槛安装方法。

5.4.1.3　拦污栅安装方法

拦污栅及埋件的安装，按施工图纸的规定进行，并注意与液压清污抓斗导槽的相对位置；拦污栅栅叶为多节结构时，其节间的连接，除框架边柱应对齐外，栅条也应对齐。栅条在左右和前后方向的最大错位应小于栅条厚度的0.5倍；拦污栅埋件安装的允许偏差，须符合施工图纸规范的规定。

5.4.1.4　固定卷扬式启闭机安装方法

安装流程如图14所示。

安装要求如下：

（1）严格按启闭机制造厂提供的图纸和技术说明书要求进行安装、调试和试运转。安装好的启闭机，其机械和电气设备等的各项性能应符合施工图纸及制造厂技术说明书的要求。

（2）安装启闭机的基础建筑物，必须稳固安全。机座和基础构件的混

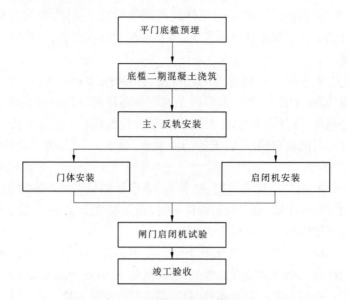

图 13　平板检修门安装流程

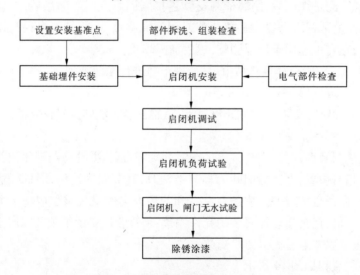

图 14　固定卷扬式启闭机安装流程

凝土,应按施工图纸的规定浇筑,在混凝土强度尚未达到设计强度时,不准拆除和改变启闭机的临时支撑,更不得进行调试和试运转。

（3）启闭机机械设备的安装按 DL/T 5019—94 第 5.2.2 条的有关规定进行。

（4）启闭机电气设备的安装,符合施工图纸及制造厂技术说明书的规定。全部电气设备须可靠接地。

（5）每台启闭机安装完毕后对启闭机进行清理,修补已损坏的保护油漆,并根据制造厂技术说明书的要求,灌注润滑脂。

5.4.1.5　门式启闭机安装方法

安装流程如图 15 所示。

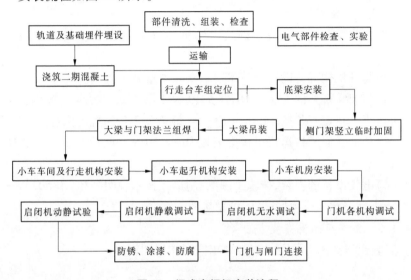

图 15　门式启闭机安装流程

安装要求如下。

1. 轨道安装

（1）移动式启闭机轨道安装前,对钢轨的形状尺寸进行检查,发现有超值弯曲、扭曲等变形时,进行矫正,并经监理人检查合格后方可安装。

（2）吊装轨道前,测量和标定轨道的安装基准线。轨道实际中心线与安装基准线的水平位置偏差:当跨度小于或等于 10 m 时,应不超过 2 mm;当跨度大于 10 m 时,不超过 3 mm。

（3）轨距偏差:当跨度小于或等于 10 m 时,不超过 3 mm。

（4）轨道的纵向直线度误差应不超过 1/1 500,在全行程上最高点与最低点之差不大于 2 mm。

（5）同跨两平行轨道在同一截面内的标高相对差:当跨度小于或等于 10 m 时,不大于 5 mm;当跨度大于 10 m 时,不大于 8 mm。

（6）两平行轨道的接头位置须错开,其错开距离不等于前后车轮的轮距。接头用连接板连接时,两轨道接头处左、右偏移和轨面高低差均不大于 1 mm,接头间隙不大于 2 mm。伸缩缝处轨道间隙的允许偏差为 ±1 mm。

（7）轨道安装符合要求后,应全面复查各螺栓的紧固情况。

（8）轨道两端的车挡应在吊装移动式启闭机前装妥;同跨同端的两车挡与缓冲器应接触良好,有偏差时须进行调整。

2. 启闭机安装

（1）严格按照制造厂提供的技术说明书和规范规定进行安装、调试和试运转。

（2）起升机构部分的安装技术要求参照本章有关规定。

（3）门架和桥架的安装按 DL/T 5019—94 第 7.2.1 条的规定执行。

（4）小车轨道安装按 DL/T 5019—94 第 7.2.2 条的规定执行。

（5）移动式启闭机运行机构安装按 DL/T 5019—94 第 7.2.4 条的规定执行。

（6）电气设备的安装,按施工图纸、制造厂技术说明书和 GB 50256—96 的规定执行,全部电气设备做到可靠接地。

5.4.1.6　桥式启闭机安装方法

安装流程如图 16 所示,安装要求同门式启闭机。

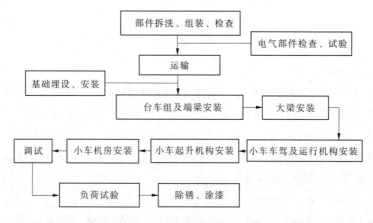

图 16　桥式启闭机安装流程

5.4.1.7　液压启闭机安装方法

安装流程如图 17 所示。

安装要求如下:

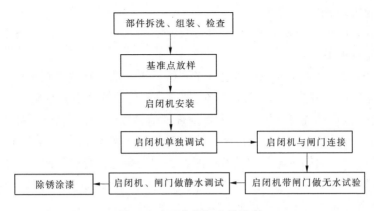

图 17　液压启闭机安装流程

（1）液压启闭机的油缸总成、液压站及液控系统、电气系统、管道和基础埋件等，按施工图纸和制造厂技术说明书进行安装、调试和试运转。

（2）液压启闭机油缸支承机架的安装偏差应符合施工图纸的规定，若施工图纸未规定时，油缸支承中心点坐标偏差不大于 ±2 mm；高程偏差不大于 ±5 mm；浮动支承的油缸，其推力座环的水平偏差不大于 0.2‰。双吊点液压启闭机的两支承面或支承中心点相对高差不超过 ±0.5 mm。

（3）安装前承包人应对油缸总成进行外观检查，并对照制造厂技术说明书的规定时限，确定是否应进行解体清洗。如因超期存放，经检查需解体清洗时，承包人应将解体清洗方案报监理人批准后实施。现场解体清洗必须在制造厂技术服务人员的全面指导下进行。

（4）严格按以下步骤进行管路的配置和安装：

①配管前，油缸总成、液压站及液控系统设备已正确就位，所有的基础埋件完好。

②按施工图纸要求进行配管和弯管，管路凑合段长度段根据现场实际情况确定。管路布置尽量减少阻力，布局应清晰合理，排列整齐。

③预安装合适后，拆下管路，正式焊接好管接头或法兰，清除管路的氧化皮和焊渣，并对管路进行酸洗、中和、干燥及钝化处理。

④液压管路系统安装完毕后，使用冲洗泵进行油液循环冲洗。循环冲洗时将管路系统与液压缸、阀组、泵组隔离（或短接），循环冲洗流速大于 5 m/s。

⑤管材下料采用锯割方法，不锈钢管的焊接应采用氢弧焊，弯管使用专

用弯管机,采用冷弯加工。

⑥高压软管的安装符合施工图纸的要求,其长度、弯曲半径、接头方向和位置均正确。

(5)液压系统用油牌号符合施工图纸要求。油液在注入系统以前必须经过滤后使其清洁度达到规定标准,其成分经化验符合相关标准。

(6)液压站油箱在安装前必须检查其清洁度,并符合制造厂技术说明书的要求,所有的压力表、压力控制器、压力变送器等均必须校验准确。

(7)液压启闭机电气控制及检测设备的安装应符合施工图纸和制造厂技术说明书的规定。电缆安装排列整齐。全部电气设备做到可靠接地。

5.4.1.8 清污抓斗安装方法

安装要求如下:

(1)严格按制造厂提供的图纸和技术说明书要求进行安装、调试与试运转。安装好的清污抓斗,其机械和电气设备等的各项性能符合施工图纸及制造厂技术说明书的要求。

(2)清污抓斗的导向符合 DL/T 5019—94 第 7.1.6 条的有关规定。

(3)清污抓斗背部连线与拦污栅面平行,误差不超过 3 mm。

(4)电气系统与液压系统密封可靠。

(5)清污抓斗反馈发信可靠,动作正确。

(6)清污抓斗的电源电缆收放速度与起升机构的启闭速度同步。

(7)斗爪联动结构可使抓斗同步开闭。

5.4.2 焊接检验

焊缝高度按图纸要求,焊缝外观按规范执行,焊缝探伤选用无损超声波探伤。

5.4.2.1 焊缝返修

(1)探伤不合格的焊缝用碳弧气刨清除,缺陷明显检验,确认后再用砂轮机修正坡口,去除渗碳层后重新施焊。

(2)同一处焊缝返修次数控制在两次以内。

(3)返修后进行探伤复查。

5.4.2.2 闸门拼焊防变形措施

(1)为确保多节组装的闸门在工地施焊时不变形,首先选用质量优良、性能良好的电焊机,同时根据闸门的材质选用相适应的焊接材料。

(2)配置电焊条烘箱和保温筒,对焊条要烘烤到规定的温度,然后放置在保温筒内,随焊随取。

(3)如果在焊接时遇雨、雪天气,风速大于五级(8 m/s)环境温度低于－10 ℃,相对湿度大于90%时,可搭设临时作业棚,以提高施焊条件。

5.4.3　试验

5.4.3.1　弧形闸门的试验

闸门安装完毕后,对弧形闸门须进行以下项目的试验和检查:

(1)无水情况下全行程启闭试验。检查支铰转动情况,做到启闭过程平稳无卡阻、水封橡皮无损坏。在本项目试验的全过程中,必须对水封橡皮与不锈钢水封座板的接触面采用清水冲淋润滑,以防损坏水封橡皮。

(2)在保修期满前根据业主放水安排,进行动水启闭试验,试验水头尽量接近设计操作水头,且加工人到场检查。并根据施工图纸要求及现场条件,编制试验大纲,报送项目监理批准后实施。动水启闭试验包括全程启闭试验和施工图纸规定的局部开启试验,检查支铰转动、闸门振动、水封密封等无异常情况。

5.4.3.2　平面闸门的试验

闸门安装完毕后,对平面闸门进行试验和检查。平面闸门的试验项目包括:

(1)无水情况下全行程启闭试验。试验过程检查滑道或滚轮的运行无卡阻现象,双吊点闸门的同步达到设计要求。在闸门全关位置,水封橡皮无损伤,漏光检查合格,止水严密。在本项试验的全过程中,必须对水封橡皮与不锈钢水封座板的接触面采用清水冲淋润滑,以防损坏水封橡皮。

(2)静水情况下的全行程启闭试验。本项试验在无水试验合格后进行。试验、检查内容与无水试验相同(不封装置漏光检查除外)。

(3)动水启闭试验。对于工作闸门有条件时按施工图纸要求进行动水条件下的启闭试验,试验水头应尽可能与设计水头相一致。动水试验前,承包商根据施工图纸及现场条件,编制试验大纲报送项目监理批准后实施。

(4)通用性试验。对一门多槽使用的平面闸门,必须分别在每个门槽中进行无水情况下的全程启闭试验,并经检查合格。

5.5　接地扁铁埋设

接地扁铁预埋件随坝体、闸墩等土建工程高度上升同期施工进行。

(1)接地工程安装工期较长、工作面广、工作范围分散,容易导致漏埋、错埋等,所以必须由专人负责施工,保证接地工程进度和质量,并填写隐蔽工程检查验收记录。

（2）接地工程属于隐蔽工程，其施工要严格按照设计要求和规范执行，确保施工质量，并做好埋设部分的保护工作。

（3）每个电气装置的接地应以单独的接地线与接地干线相连接，不得在一个接地线中串联几个需要的电气装置。

（4）接地扁钢的搭接、焊接长度应满足有关规范的要求，焊接后将焊件和焊缝清理干净，并加涂防腐涂料。

（5）所有埋件穿越建筑物伸缩缝处应有补偿装置。

（6）凡从接地装置中引出的延伸部分应设明显标记，采取防腐和保护措施。接地网埋设深度应符合设计规定。

（7）接地装置全部敷设安装完毕后，根据接地网图纸布置进行测量方案编制，方案采用电流电压法，布置采用三角形法，测量接地电阻。经监理审查批准后实施。

（8）选择具体测量点两点，根据选择位置进行测量点接地装置的具体安装，两个点分别在前后选择相差5%全长的距离再增设4个点，共设6个接地极。

（9）接地测量方案为前—前、中—中、后—后共测量6组数据(3组点电流和电压极交换又测量3组数据)。比较接地电阻的差异，如无大的区别，采用平均法计算出接地电阻。测试时将会同监理进行接地装置的测量。仪器、设备须有检验合格证。

（10）接地网施工完毕后进行连通试验，并在蓄水后进行实测，接地电阻实测值应符合规范，并注意在雨后不应立即测量接地电阻。

5.6 金属结构、设备安装施工质量

5.6.1 接地扁铁埋件

接地扁铁埋件，其质量控制要点包括：

（1）镀锌接地扁铁的进场质量控制，其外形尺寸必须符合设计要求，表面镀锌均匀、平顺，无缺陷、毛刺等。

（2）严格按照设计图纸要求的尺寸部位进行埋设；接地通过沉降缝或伸缩缝时，严格按照施工图纸规定采取过缝措施。

（3）在进行混凝土浇筑过程中，严格保证接地扁铁不移位、混凝土浇筑施工严禁碰断接地，保证接地系统地连续、整体、完好性。

（4）接地施工完成后，需进行接触电位差、跨步电位差及全部的接地装

置的接地电阻值测量,但由于项目部承担的是预埋暗敷接地,明敷接地施工由安装标进行,项目部2007年10月31日同业主、成勘院项目部、监理工程师联合进行了接地电阻测量。电阻测量方案按照前—前、中—中、后—后共测量读取3组数据。经测量,接地电阻最大值为0.65,远远小于设计电阻值,接地电阻安装质量合格。

5.6.2　钢板衬护

钢板衬护施工主要控制其焊缝及回填灌浆的质量(见表20)。钢板衬护施工完成后,由业主、设计及监理工程师共同参与联合验收,焊接质量一次合格,合格率100%。

表20　钢板衬护施工质量控制标准

类型	检查工作	主要检测项目	单位	允许偏差	说明
钢板制作	下料成型	长度	mm	±5	一般项目
		宽度	mm	±2	一般项目
		局部平面度	mm	3/M	一般项目
		扭曲	mm	3	一般项目
	焊接	焊角角厚	mm	≥6	一般项目
		外观缺陷		无	一般项目
钢板安装	安装定位	对门槽中心线	mm	±5	
		工作表面波状不平度	mm	4(2)	
		工作表面组合处错位	mm	2(1)	
		相对其他板面距离	mm	±3	

回填灌浆经3次复灌,脱空面积控制在0.3 m^3以内,满足设计及规范要求,冲沙闸、1#泄洪闸及2#、3#泄洪闸钢板衬护均一次验收合格,合格率100%。

5.6.3　门槽、栅槽轨道安装

重点控制门槽中心、高程、里程符合设计要求,主轨对门槽中心线的偏移、水封面的平面度,主轨对门槽中心线的偏移、水封面的平面度,主轨顶面与水封面的高度。护角对闸门中心的偏移尺寸符合规范要求。

(1)控制副轨、反轨的直线度及主轨轨面与反轨的开口尺寸符合设计要求。

（2）控制主轨、副轨、反轨节间的焊接质量及焊后磨平。

（3）控制门槽上、下中心的一致，符合规范要求。

（4）控制底槛的水平度在 2 mm 范围内。高程、里程符合设计要求。

门槽、栅槽轨道安装主要检测项目控制指标见表21。

表21　门槽、栅槽轨道安装主要控制指标

类型	检查工作	主要检测项目	单位	允许偏差	备注
埋件安装	底槛、门楣安装	底槛对门槽中心线	mm	±5	
		底槛对孔口中心线	mm	±5	
		工作表面一端对另一端	mm	2	
		底槛工作表面组合处错位	mm	1	
		工作表面扭曲	mm	1;1.5;2	
		门楣对门槽中心线	mm	+2　−1	
		门楣中心对底槛面的距离	mm	±3	
		门楣工作表面组合处错位	mm	0.5	
		工作表面扭曲	mm	1,1.5	
	主、侧轨安装	对门槽中心线	mm	3，−1,(2，−1)；5，−2,(3，−1)	
		对孔口中心线	mm	±4，±3	
		工作表面组合处错位	mm	1(0.5),2(1)	
		工作表面扭曲	mm	2(1)	
	侧止水座板、反轨安装	对门槽中心线	mm	+5，−2,(+3，−1)	
		对孔口中心线	mm	±5(±3)	
		工作表面组合处错位	mm	2(1)	

5.6.4　闸门及拦污栅安装

取水口、泄洪闸闸门、取水口拦污栅均采用现场预拼装方式，检查水封面的中心尺寸、高度尺寸、水封面的平面度及水封面对角线的误差均在规范规定的范围内。

重点控制闸门止水面的平面度及平板闸门三节门叶安装时的对接，确定闸门面板的平整度要求符合规范规定；门叶对接焊缝探伤检查符合规范要求。

安装主要控制闸门门叶的焊接,在 EL.1 421 m 高程将底节调整锁定,吊装中节对接,测量尺寸无误后开始焊接,焊接采用偶数焊工中心开始退步焊接。主要检测、控制门叶的变形及焊接质量;依次将上、中、下三节焊成整体,经检查闸门的平整度符合要求,安装水封完成后待试车。

闸门焊接质量无损探伤委托西昌技术监督局进行检测,取水口工作闸门、泄洪闸工作闸门在金结监理工程师、业主及设计旁站情况下由西昌技术监督局专业探伤技术人员操作。探伤仪器采用 CTS - 22 型,经探伤检测,工作门搭接缝、工作门左右、内外侧焊缝检验 6 点,经检验均无应记录缺陷,全部合格,缺陷一次返修率为 0,一次合格率为 100%。

5.6.5　固定卷扬式启闭机安装

固定卷扬式启闭机,安装于闸顶启闭室内。安装主要控制其安装里程及对门槽中心,经安装后试车,设备运行平稳、齿轮啮合正常、无噪声,各机构动作灵活。经试运行,闸门从上到下无卡阻现象,对闸门水封进行透光检查,无光线透射,运行状况良好。

取水口启闭机安装在取水口启闭机排架柱顶 EL.1 317.5 m 上,安装的里程及吊装中心与闸门吊装中心一致,符合设计要求。经过安装调试,两台启闭机经试运行,各机构动作灵活、可靠、齿轮啮合符合规范要求,噪声小,经过全行程的运行,情况良好。取水口启闭机吊装闸门拦污栅从排架柱顶 EL.1 317.5 m 将闸门/拦污栅吊装下到 EL.1 289 m。连续运行 3 次,闸门/拦污栅无任何卡阻现象,闸门第三次吊入门槽 EL.1 289 m 后经透光检查,水封无光线透出,运行平稳、抱闸灵活、可靠。

冲沙闸、3 孔泄洪闸启闭及安装在冲沙泄洪闸排架柱顶 EL.1 324 m 上。其安装、试运行质量控制同取水口启闭机质量控制一致。

5.6.6　坝顶门机及门机轨道安装

坝顶单向门机起重量为 2×630 kN,包括一套自动抓梁。坝顶单向门机主要任务为起吊冲沙闸、泄洪闸检修闸门,行走于左右挡水坝储门槽间。

现坝顶门机正在安装,采用右挡水坝 30 t 门机吊装。坝顶单向门机施工过程中控制要点主要包括:

(1)行走轨道的轨距、轨道的纵向倾斜度在 1/1 500 以内,轨面最高点与最低点之差在 8 mm 范围内;

(2)设备安装按门机设计要求进行控制;

(3)按规范进行静载荷、动载荷试验;

(4)提升高度必须达到设计要求;

(5)经试运行、静载及动载试验;

(6)操作自动抓梁、运行可靠。

6 结 论

工期紧张是薛城水电站首部枢纽工程施工过程中的主要问题。由于征地以及移民阻工等原因导致工期延误近 80 d,而合同工期却并不顺延,业主的发电目标并不因此而改变,因而使得并不宽松的合同工期压力大大增加。在这种情况下,只有通过增加人工和设备以及采用先进的施工技术,进行科学管理,才有可能完成既定目标。经过艰苦努力,最终在同时开工的其他三个电站都没能按时完成的情况下,本工程于 2007 年在合同规定的时间内圆满完成了合同内所有工作,确保了业主既定的发电目标。

虽然工期十分紧张,但在施工过程中对施工质量的控制却丝毫没有松懈。在施工前制订了本工程质量计划,建立健全了质量管理与检查机构,配备了足够的人员与检测设备、设施和质量管理方法,在施工中详细制订了施工方案和措施,严格过程控制,各项工作均按照制订的程序和方法进行操作,未出现过重进度、重安全、重效益而轻质量的现象。对已完工的工程项目,主体工程共 646 个单元工程,全部合格,优良 591 个,优良率 91.5%,附属工程(复建路)496 个单元工程,全部合格,优良 440 个,优良率 88.7%。已完工程项目各项主要指标均严格按照并达到设计和施工规范要求,在施工中未出现质量、安全事故,不存在工程安全隐患,能满足结构安全性要求及电站正常运行要求。

力克千难促生产,全员合力保工期

王永祥 孙文林

(中国水利水电第二工程局有限公司)

1 概 述

(1)薛城水电站是杂谷脑河流域梯级规划"一库七级"方案的第六级。我合同标段为 CⅢ标,引 2+687.00 到引 5+685.00,引水隧洞工程全长约

2 998.0 m,等效直径为 6.8 m,隧洞平均纵坡 2‰,还有 831 m 的 3# 支洞和 732 m 的 4# 支洞。我标段围岩类别比例为Ⅲ、Ⅱ类约占标段总量的 36%,Ⅳ类约占 53%,Ⅴ类约占 11%。

薛城水电站引水隧洞(2 + 687.0 ~ 5 + 685.0 m)段工程主要的施工内容是石方洞挖、隧洞临时支护、隧洞永久支护、底板混凝土、衬砌混凝土、隧洞固结灌浆、隧洞回填灌浆、堵头混凝土、堵头金属结构。

(2)在标段主洞中部桩号为 4 + 095 m 处上方有一条峡谷,峡谷两侧裸露岩石节理发育,蒲溪沟河水穿沟而过,正好垂直于标段主洞,蒲溪沟沟底高程距主洞顶最薄覆盖层为 25 m 左右,在设计过程中考虑的覆盖层,在主洞穿过蒲溪沟 50 m 后进行了 120° 的拐弯。蒲溪沟常年水流量为 23 m³/min 左右,每小时流量在 1 380 m³/h。

(3)合同工期为开工日期 2005 年 2 月 28 日,竣工日期 2007 年 6 月 30 日。根据杂谷脑公司薛城电站指挥部的工期目标,确保 2007 年 9 月 30 日第一台机组发电。

2　合理的项目管理团队

(1)由于本工程工期紧、任务重,主洞围岩Ⅳ类、Ⅴ类占比达到 64%,需要支护量大,根据蒲溪沟两侧立壁岩石揭露层看节理发育,洞内渗水透水性较大,蒲溪沟两侧地形复杂狭窄,支洞出口难以选择。蒲溪沟的覆盖层较薄,不确定因素太大。工程所在地为羌族居住地,沟通协调有一定难度。

(2)综上因素,我单位决定成立一支敢打硬仗、能打硬仗的项目队伍完成此工程。

项目经理和总工选派有过实际同类型的隧洞施工经验的人担当,岁数都是在 37、38 岁之间,年富力强,经验丰富。项目班子其他人员均有多年施工经验,岁数在 35 ~ 45 岁,现场安全员和协调总工长选用工作稳定,肯于吃苦,注重安全 45 岁左右的经验丰富的中年同志担任。其他技术质检试验测量人员年龄梯度在 25 ~ 40 岁,是一支以中青年为组合的强力团队进行工程的总体管理施工。

(3)项目部根据工程实际情况,设置了安全部、生产部、技术质检部、物资设备部、商务部、测量组和试验组。

3 科学合理的方案是成功的一半

3.1 工程施工的难点和关键点

(1)蒲溪沟地形复杂,支洞的线路和坡度确定是开工前的关键点,同样选择是否合理也决定了本工程的成败的关键。

(2)选择几支施工队伍,进入主洞后分成几个工作面,每个支洞上下游工作面掘进长度是经济、合理的工序协调点,都是需要考虑的关键。

(3)主洞穿蒲溪沟开挖方案是否合理可行,能否顺利穿过蒲溪沟,决定了整个薛城水电站首台机组发电的时间,也决定了薛城水电站的投资额度是否大幅度增加。

(4)因为该段支洞为逆坡,整个洞内的积水全部通过水泵排出,且支洞口比集水点高程高 13 m,如果停电超过 20 h,将导致整个洞室全断面淹没,故主洞排水与电源的可靠性直接关联。

3.2 采取的措施

针对可能的难点和重点,项目部主要采取了以下措施:

(1)项目进场后,详细查勘了整个标段范围内的蒲溪沟地形地质、地貌,周围的高压线路、设计渣场的位置。设计主洞的线路和地质、水文条件,走访了当地百姓关于蒲溪沟的常年水位情况、雨季前后山体的稳定情况。对于可能的几个洞口的位置方案,综合测算列举了每个洞口位置方案对施工过程的影响,出渣线路和排水便利性,以及总体工程的排水成本大小,洞口水电风的布置和供应场地及管理情况,综合分数最高、最有利施工、成本最合理的一个方案确定了 2 个支洞的洞口位置,以及支洞的路由。

(2)考虑到蒲溪沟的渗水可能性,主洞的路由,采取选择 2 支开挖队伍,各自负责蒲溪沟上下游的洞石方开挖,两套设备空压机、轴流风机、变压器、出渣车队,便于管理,保证整个洞室 4 个掌子面同时开挖,互不影响。

(3)蒲溪沟的覆盖层太薄,考虑到在主洞开挖大渗水和透水出现的可能行。前期考虑的方案是由上下游 3# 和 4# 支洞掌子面开挖无限逼近蒲溪沟的方法,同时确定了超大透水的撤离方案、抽排水的设备保证方案、各类设备的备用方案,当上游靠近蒲溪沟河道中线 50 m 时停止开挖,下游靠近蒲溪沟 100 m 时停止开挖,先保证总体洞室,标段上下游全部开挖完成后,从下游接近蒲溪沟的掌子面恢复开挖,直到贯通。将方案提交业主和监理,组织各方有经验的专家进行论证,施工过程中严格按照方案实施。

(4)考虑到现场支洞为逆坡进入主洞的高程关系,总体开挖的排水是关键,采取了 3#支洞在 0 + 0.00 ~ 0 + 300.0 处的坡率为逆坡 0.002,加大逆坡后坡率为 0.02,桩号从 0 + 300 ~ 0 + 420,在 0 + 420 处设置积水坑,尺寸为 1 m × 1 m × 1 m,从 0 + 420 改为顺坡,坡率为 0.003 3,桩号从 0 + 420 ~ 0 + 830.5,如图 1 所示。

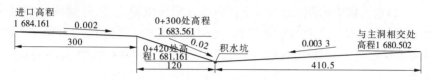

图 1　3#支洞坡度调整示意图　（单位:m）

4#支洞在 0 + 0.00 ~ 0 + 050.0 处的坡度为逆坡 0.013 39,加大逆坡后坡率为 0.05,桩号从 0 + 050.0 ~ 0 + 290.0 处,由于从逆坡到顺坡需要缓冲带,则从 0 + 290.0 ~ 0 + 300.0 为一段 10 m 的平坡段,并在此 10 m 范围设置积水坑,尺寸为 1 m × 1 m × 1 m,从 0 + 300.0 改为顺坡,坡率为 0.006 6,桩号从 0 + 300 ~ 0 + 731.8,如图 2 所示。

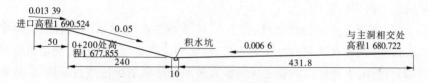

图 2　4#支洞坡度调整示意图　（单位:m）

此种排水支洞的高程设置充分考虑到总体开挖排水的集中性和便于管理,同时能够保证大部分交通道路为顺坡路线,车辆和工作人员的行驶舒适性。

同时每个支洞口布置 2 个电源,一供一备,即除变压器供电外,还设置一台 200 kW 的柴油发电机备用,停电自动切换装置,保证洞内可不间断抽排积水。

4　困难重重阻工期

在整个隧洞开挖和最后衬砌过程中,出现了多项困难。

(1)围岩地质问题,其中 4#洞交叉口处围岩出现断层易掉块;3#洞下游围岩破碎且裂隙发育须立拱架;3#洞上游 3 + 440 上下 70 m 左右顶拱裂隙发育,出现楔形体,处理危岩严重影响进度;3[#]洞上游 2 + 880 位置出大水,水量一度达到 300 m³/h;围岩风化严重、整体石方开挖过程中揭示岩石 Ⅱ、Ⅲ 类围岩占比减少,Ⅳ 类和 Ⅴ 类围岩占比增大 15% ,开挖必须立拱架施工;整体洞室开挖完成后统计渗水点大小总计 300 多处,平均 15 m 就有一处渗漏水点。

(2)电力供应问题,自我施工标段接入甲供电源之后,连续出现停电、断电现象。造成施工间断次数增加,无法正常施工。直到 11 月开始使用理县供电局的电才解决此问题,此项对工程进度影响巨大,严重制约施工进度。

(3)从支洞开挖开始,由于业主指定的弃渣场不固定且多次变更。例如,180 渣场、支洞口至渣场距离为 7 km 和 7.1 km;后洪水沟渣场、支洞口至渣场距离为 6.0 km 和 6.1 km;从 2006 年 2 月 17 日开始向木堆渣场运渣,距离为 4.5 km,2006 年 10 月 29 日又弃渣在薛城电站首部枢纽国道改线路基位置,运输距离为 5.5 km/5.6 km,以上各渣场的运距都远远超过合同约定的 4.5 km 运渣距离。渣场的频繁变化引起运距的增加,均给开挖进度造成了很大的影响。

(4)客观存在的自然条件,由于 3[#]、4[#] 支洞在薛城电站的所有的支洞中是最长的两条,且支洞的坡度为逆坡,造成洞内积水,道路崎岖,使得出渣时间增长;另由于我标段的施工场地没有按照招标时的场地进行征地,造成我标段的施工场地过于狭小,且处于落石频繁的山脚,经常发生落石,造成空压机房、空压机、设备间、变电室、高压线及电缆都遭到落石的袭击,这些都在一定程度上阻碍了施工正常进展。

(5)施工设备问题,由于超运距运输,支洞过长,洞内渗水点过多,渗水量较大,造成出渣车辆的损坏和车辆维修费用加倍增加,出渣车队频繁停工及最后撤场,严重阻碍了正常的开挖流程。

(6)由于支洞较长,洞室开挖多处渗漏水,岩石为强度较低的沉积煤质岩石,逆坡进洞,出渣车辆进出频次较高,整体洞室内路面基本为水路和泥路,没有干燥的路段,工人和测量及管理人员进出洞基本需要穿雨衣,必须穿长筒雨鞋。支洞逆坡送风机风量接力送风都不能满足正常的风量提供,洞室内空气极其浑浊。另外,蒲溪沟原因中间不敢提前贯通,如果项目管理和测量人员进洞一次,必须进入一条洞内,出来后才能进入另外一条洞内,造成行走路线过长,一个轮次达到 10 km。所有的工人和管理人员进出洞一次,基本上衣服淋湿、雨鞋灌水,鼻腔清洗 10 min 还是黑色污泥物,条件极其艰苦。

(7)全部主洞开挖完成根据揭露围岩类型确定支护方式,Ⅳ、Ⅴ类围岩混凝土衬砌,Ⅱ、Ⅲ类围岩锚喷。由于地质围岩的不连续性,造成锚喷和混凝土衬砌间断性,施工顺序混乱,不能采取流水作业。

5　力克千难、多项措施保质量抢工期

为了保证施工进度和整个过程主洞开挖和衬砌质量,项目部和工程指挥部采取了多项措施。力保质量优良工期节点陆续按期完成。

在施工进度上采取以下措施:

(1)主抓项目部管理人员的思想,发扬一不怕苦、二不怕累的革命红军思想(工程所在地是理县,红军长征经历的县城之一),发挥共产党员和共青团员的带头作用。

(2)钻孔爆破班组根据围岩的变化及时调整爆破方式,软弱节理发育地层采取短进尺、弱爆破、强支护、及时跟进锚喷,保证工作面的安全,项目部根据主洞陆续揭露的地质条件,提前请设计确定围岩类型,决定支护方式,对于锚喷部分提前插入锚喷作业。

(3)树立"安全第一、预防为主、综合质量"的安全方针,建立各项安全应急预案,特别是洞室坍塌、山体滑坡、大透水、机械伤害、爆破伤害、蒲溪沟意外大透水等预案进行了针对性的演练,做到全面都有安全思想意识和紧急避险方法。专职安全员每天巡视洞内,不放过一处危险地段,监视已开挖的洞顶和侧壁的岩石变化,对于松动围岩、破损电缆电线等危险隐患及时处理,保证进洞工作人员和设备的安全。对于火工材料,严格按照公安部对于火工材料管理的规程和制度专人管理、存放、运输、实名领料退库制度,并详细登记台账,严格过程管理。整个工程中没有发生一起火工材料的违规事件。

(4)高压电源在2006年5~11月基本不能保证正常,经常性断电,给项目施工造成了巨大影响。同时协调业主改换高压供电电源的线路,最终保证了现场施工的正常。项目采取每个支洞口配备一台 500 kVA 的变压器,并配备一台 200 kW 柴油发电机,采取高压停电自动切换到发电机。随着开挖长度的加大,中间及时增加接力轴流风机,支洞抽水点提前准备好预备水泵,设备物质部派专人每天修复水泵,3#和4#支洞及相应的主洞室线路上专人负责抽排水和路面修复,保证抽水的正常,路面畅通。

(5)开挖过程中每个掌子面放线、钻孔装药放炮、出渣各工序班组采取2个班组,不论昼夜,日夜生产,保证每个掌子面始终有工序施工。混凝土衬砌前提前定制加工钢模台车,完成上下游开挖后及时进行安装,根据施工进度,项目定制3套钢模台车,保证主洞3段每段都有衬砌施工,加快进度。

(6)对于渣场的变换频次过高,项目部积极测量给定的渣场容量,确定渣场下部的挡渣坝的砌筑方案,便于渣场的规划和管理,同时每个渣场专人负责指挥弃渣的顺序,及时平整渣场,保证卸渣顺利,容量达到设计容量。对于弃渣运输线路的国道,每天专人负责巡视遗撒块料,保证路面无遗撒,减少对当地交通的影响。

(7)出渣车辆不能满足出渣需求,出渣车队罢工,车辆损坏频次太高,项目部综合分析原因,主要是洞内道路水太深,块石太多,对车辆轮胎造成极大损坏,无法正常进行出渣,另外出渣队司机消极怠工,项目部多次催促效果不大,严重影响到石方开挖进程。项目部采取果断措施,自建自筹形成自己的运渣车队,采取新购买出渣车辆6辆,并招聘有经验的司机,每车配备2个司机,成立维修班组和维修车间,专门进行轮胎的维修和车辆损坏修理,极大地提高了出渣车辆的工作效率,为了避免司机怠工的现象发生,采取拉渣出洞发票,按票数量月底兑现奖金,多拉多得。提高了司机的积极性,保证了出渣环节的顺利完成。在后期混凝土衬砌开始后,及时将拉渣车辆改装成混凝土自制罐车,用于将混凝土从搅拌厂拉运到衬砌工作面地泵处。

(8)对于项目部的测量和生产安全技术质量班组,配备足够的雨鞋和雨衣,同时配备2台洗衣机设置晾晒区,保证职工的衣服洗换晾干。每人配备防尘口罩,减少粉尘的吸入。提高食堂的伙食标准,在生活区挤出空地建立篮球场,保证日常娱乐。

(9)薛城水电站项目指挥部每周召开生产例会,监理设计施工各标段全部参加,提出问题,主要矛盾限时限人解决。在进入2007年的春节开始为了保证首台机组发电试运行的总工期标准,为了保证开挖进度,指挥部单独与项目部签订奖惩协议,每月完成开挖进尺目标,超过1 m奖励现金多少,混凝土衬砌过程中,同样采取月衬砌目标,超过1 m奖励现金多少。月例会上直接现金兑现,给各标段施工进展产生了巨大的推进作用,掀起了抢工期的浪潮。项目部根据指挥部的奖金发放办法,结合本项目的实际情况,制订了详细的奖金分配计划,保证了每月生产过程中最关键的工序班组拿到最多的现金奖金,极大地提高了全面员工的生产积极性。

(10)衬砌阶段项目部选用的衬砌混凝土队伍是与我单位常年合作,有同类工程施工经验,最能打硬仗啃硬骨头的劳务合作队伍,整个混凝土衬砌过程中,拿到了 2 次月超额第一的好成绩。

(11)施工过程中积极与现场监理和设代沟通,监理单位和设计单位对我项目的施工提供了巨大的技术支持和工作支持,对于出现的问题能够尽快地给予设计解决和确认,保证了工作顺利,监理和设代能够 24 h 随叫随到,及时进行现场衬砌锚喷岩石基面和钢筋的隐蔽验收。

在施工质量上采取了以下措施:

(1)项目部成立了以项目总工为质量组长,技术质检部、测量班组长、试验员、开挖队长、衬砌队长为副组长的质量控制体系。严格执行方案先行、施工规范为依据的控制标准。

(2)严格控制洞挖尺寸保证不欠挖,掌子面的测量放样采取全站仪和隧洞轴线红外线铅直仪,控制开挖轴线,每次掌子面测量放线详细记录偏差,下排炮钻孔及时调整角度,控制开挖断面。对于节理发育需要支护的部位,严格控制钢支撑与永久混凝土支护断面的尺寸,采取全站仪控制支撑内尺寸,保证衬砌混凝土的结构尺寸。

(3)锚喷支护断面,按照设计锚杆间距进行锚杆安装完成后,进行绑扎钢筋网片,隐蔽验收后,提前采取全站仪配合测量人工预埋喷射厚度控制标志,严格每层喷射厚度,洞顶每次喷浆厚度不大于 6 cm,侧壁每层厚度不大于 10 cm,待上一层终凝后,才能进行下一道喷浆作业。对于完成的作业面钻孔抽查喷浆厚度,超过标准的部位,补喷混凝土,直到达标。

(4)对于喷混凝土和衬砌混凝土的配合比提前按照设计标准试配,现场建立混凝土搅拌站,采取 2 台 500 强制搅拌机,电子称重自动配料仓,保证配置混凝土砂石骨料和外加剂准确,避免配比受人工干扰,每次搅拌混凝土前检测砂石料的含水率,调整施工配合比。

(5)严格现场见证取样制度,材料申报制度,保证现场的材料钢筋、水泥、砂石等材料符合施工规范要求。

(6)各项技术资料随施工进度及时收集,不提前不延后,保证资料真实有效。

影响薛城电站工程进展关键问题的应对策略

王先斌

（河南华北水电工程监理有限公司）

工程项目建设施工阶段是工程建设过程中至关重要的环节,施工阶段是以执行计划为主的阶段,是实现建设工程价值和使用价值的主要阶段,资金投入量最大、需要协调的内容多而繁杂、持续时间长、风险因素多、合同关系复杂、合同争议多,是对建设工程总体质量起保证作用的阶段。因此,在工程项目建设中大多表现为各种矛盾和问题,需要及时预防、发现和处理。

1 概 述

薛城水电站位于四川省理县境内的杂谷脑河上,是杂谷脑河流域梯级规划"一库七级"方案的第六级。电站采用引水式开发,总装机容量 3×46 MW,多年平均发电量 6.492 亿 kW·h。工程由首部枢纽、引水系统、调压井、压力管道和厂房枢纽等建筑物组成。其中引水隧洞长 15.174 km,设计引水流量 113.19 m/s。由于引水隧洞开挖工程量大,混凝土衬砌段达 7 km 以上,下设 8 个施工支洞,长度达 3.7 km,同时施工环境较为恶劣,地质条件差,因此引水隧洞成为工程施工的关键线路,其中隧洞的开挖和衬砌成为影响各工程工期目标的关键。

监理工程师于 2005 年 4 月 15 日下达了引水隧洞开工令,通过参建各方的努力和配合,及时解决了施工中的矛盾和问题,薛城电站于 2007 年 12 月 29 日实现了 3 台机组发电的目标,较目标工期提前 7 个月,并且通过多次检查、验收及放空检查,整个电站工程质量合格,运行情况良好。

2 几个影响工程进展关键问题的应对策略

2.1 真正实践以人为本、构建和谐社会的理念搞好协调工作

建设项目管理是为了满足建设项且对于特定目标要求而进行的系统的、有效的计划、组织、控制与协调活动。"协调"是建设项目管理的一项重要内容。

由于前期工程准备工作不充分,宣传不到位、征地拆迁工作相应滞后(因征地拆迁、村民阻工等现象影响工程施工达 6 个月之多,加之当地村民强买强卖地材,强行分包工程等现象时有发生),给工程建设带来相当大的影响,直接造成有限的工期控制愈发艰难。因此,尽量减少前期各种不利因素对工程建设的干扰,对工程项目的各种目标控制至关重要。

(1)建立科学的项目管理内、外部结构项目管理组织是项目所有参与方的组成形式,其界面划分结构决定了协调工作的性质和工作量。薛城电站从不认为施工环境的外部协调仅是发包人的事情,而是参建各方团结一致、共同应对各种矛盾和冲突,采取适应时代、道德、历史发展规律的各种手段和措施,为企业树立良好的外部形象,使薛城电站参建团队充满活力、富有底蕴。

(2)把"以人为本"、构建和谐社会落实到协调工作中去。实事求是地讲,每个项目的建设,或多或少都会对工程所在地产生一定的负面影响。不合理的补偿、征地拆迁、移民、施工噪声、扬尘、参建人员对当地资源的部分占用、对当地环境的一定破坏和耕地林地的占用等,都会给当地居民的生产、生活带来影响,因此要充分理解当地民众的不满和实际困难,甚至过激行为,解决矛盾和冲突不得针尖对麦芒,必须努力化解和疏导。

(3)法律和经济的制约机制协调是管理的一部分,而管理是需要成本的。另外,协调失败必然招致损失。为了避免和有效转移这类损失,要重视法律和经济上的制约手段。因此,充分运用法律和经济的制约机制,按照法律法规的规定加快对当地居民的各种补偿和安置,同时加大宣传力度,告知当地民众工程建设的重要性和必要性,以及目前的负面影响是暂时的,促进当地经济发展、实现各方多赢才是工程项目建设的最终目的。

(4)建立严密的协调管理程序。管理的实践经验无疑是做好协调的良好条件,但是,真正成熟的协调应更多地依靠科学、严密、规范的协调程序,对每个环节进行多方面、多参数的客观分析与控制。因此,一方面,我们不断加强自身的协调管理程序并严格按该程序办事;另一方面,我们充分依靠当地政府解决协调工作中的矛盾和冲突,当地各级政府对当地民风民俗、居民生产生活状况、思想动态等均比较清楚,在协调工作中能够把握住政策和人情关,能够协调、平衡当地各种关系。

(5)充分利用当地资源,尽可能让当地民众积极参与到工程建设中来,让他们成为项目建设的一分子,一方面解决了当地部分民众的就业问题,促进了当地经济发展;另一方面对工程外部环境有着相当大的积极影响,从而缓解了大量的协调矛盾和冲突。根据薛城电站所在地的实际情况,当地运输车辆比较多,有部分闲置劳动力,因此通过当地政府的引导,让有运输车辆的人员在建设中从事水泥、钢材和砂石骨料等材料的运输;让部分闲置劳动力从事施工现场保洁、临时工程建设等技术含量较低的工作,增加了失地农民和闲置劳动力的收入。

(6)建设工程的完成过程就是一系列工程活动的有序而合理的运行过程。因此,外部协调工作贯穿于整个项目建设期间,不断产生新的问题和矛盾,同时对工程的影响存在不确定性。所以,应把外部协调工作纳入危机管理机制,必须对工程风险加强管理,尽早防范。

2.2 全力以赴做好引水隧洞塌方的处理工作

2007 年 4 月 4 日 11:30,薛城电站引水隧洞 7# 支洞下游 K15 + 541 ~ K12 + 561 段(距离掌子面约 10 m)发生坍塌,未发生人员及设备等安全事故。塌方主要发生在该段的拱腰至拱顶部位,局部涉及边墙,塌腔高度约 10 m,坍塌量约 1 110 m。受塌方影响,上游 K12 + 511 ~ + 541 段出现喷混凝土剥落、工字钢支撑变形等情况。

2.2.1 塌方现场应急处理措施

①撤离与塌方处理无关的一切人员和设备。②由于塌方段处于隧洞下游,而塌方破坏了抽排水设备,需要立即恢复抽排水设备,将塌方影响地段的洞内积水排除,防止对工字钢基础的侵蚀。③增设现场值班人员,加强观测和记录,以便为塌方处理提供数据支持,同时对该段进行全面的安全警戒,加强照明,防止出现安全事故。④立即对受影响段加强支护,避免塌方进一步扩大。⑤要求承包人对隧洞塌方附近地段加强监控量测。⑥要求承包人及时报送塌方处理方案,以便于下一步方案的确定。

2.2.2 本次塌方对工期的影响

薛城电站原定 2007 年底实现 3 台机组发电的目标,而本次塌方的合同段又处于关键线路中的最为关键部位,使本已十分严峻的发电工期目标控制雪上加霜。因此,塌方的处理成为整个项目建设的当务之急。

2.2.3 造成本次坍塌的主要原因分析

①由于该段处于 V 类围岩地段,初设报告显示,该段处于断层影响带;从坍塌情况看,岩性以炭质千枚岩为主,夹石英千枚岩,节理裂隙发育,围岩破碎,整体性差。②在拱腰以上部位,岩层走向与洞轴线几近平行;右侧拱

腰向拱顶部位存在小断层,岩层走向与洞轴线呈约 20°夹角相交。③坍塌段存在多点滴状渗水出露,对不利岩层起润滑作用。④该段虽然采取了工字钢配合锚喷等支护措施,但强度满足不了支护要求。

在多种不利因素的影响下,致使该段围岩变形不收敛,造成已支护的工字钢支撑屈服变形失稳,发生突发性塌方。

2.2.4 塌方处理措施

(1)影响段(K12 +511 ~ +541 段、K12 +561 ~ +571 段及未开挖地段):

①考虑到靠近坍塌段上游约 30 m 地段已受到影响,喷混凝土出现剥落、工字钢变形等现象,为防止坍塌范围进一步扩大及确保下一步处理塌方段的施工安全,在该段(K12 +511 ~ +541 段)首先实施工字钢进一步加强支护方案:新设置的 120 工字钢布置在原有工字钢之间,加强锁脚锚杆和纵向连接;若出现侵限则在衬砌前再考虑拆除。

②实施小导管注浆方案,具体实施过程中,首先在 K12 +511 ~ +541 段进行施工:Φ 42 注浆小导管主要布置在拱腰及拱顶部位,环向间距 40 cm,纵向间距 2 m(可以根据现场情况进行调整),前后两环间纵向搭接不小于 1 m,外插角平均 20°;小导管采用热轧无缝钢管加工制作而成,壁厚 3.5 mm,小导管前部钻注浆孔,孔径 6 ~ 8 cm,孔间距 10 ~ 20 cm,梅花形布置,小导管前端加工成锥形,尾部预留不小于 30 cm 的止浆段不钻孔;小导管注浆材料采用普通水泥砂浆,水灰比为 1:1;注浆压力为 0.8 MPa。

③K12 +561 ~ +571 段是否采取与 K12 +511 ~ +541 段类似的处理方案根据塌方段处理完成情况再确定。

④在下一步的洞身开挖过程中,是否需要采取超前小导管注浆的方式进行支护要根据现场实际情况进行确定。

(2)塌方段(K12 +541 ~ +561 段):

①立即加强排水措施:将洞内积水全部排出,防止对边墙基础的侵蚀;对已施工的加强支护段设排水孔,增加已支护段的稳定性;考虑到炭质千枚岩遇水软化、泥化的特性,塌腔处理前在渗水部位仍需设排水孔。

②塌腔基岩面处理前不出渣,不允许进行爆破作业。

③塌腔基岩面处理:利用现有塌体作为施工平台,全面实施锚、喷、网作业(锚杆按梅花形布置,L = 3.0 m,间距 1.5 m,在塌腔断面三角坑部位加密、加长;Φ 8 钢筋网按 15 cm × 15 cm 满布;喷混凝土 15 cm 左右。为保证

施工安全,可以优先安排施工),及时封闭基岩面;喷完后在 8 h 内如果有小规模塌方和掉块,再进行素喷,直到没有掉块;没有掉块后再进行打随机锚杆、挂网、喷混凝土。可以考虑在拱腰部位建筑限界外安排模筑混凝土施工,利用塌体平台,采取锚筋方式小体积作业,逐步向下延伸。在完成上部坍腔基岩面处理后,再进行下部作业。

④第一步工作完成后,根据塌方形状进行拱上拱的加工,拱上拱采用 120 工字钢,拱脚伸入基岩 50 cm,并打 $\phi 25$、$L = 5$ m 的锁脚锚杆。施工中尽可能将拱架与基岩面密贴,拱架采用加密联结钢筋(@20 cm)、间距按@50 cm 设置,可以做适当调整。

⑤拱上拱支撑一部分后进行小体积开挖塌方渣体的办法逐步推进,并立即采用 120 工字钢顺开挖断面进行强支护,工字钢间距为 30 cm,可考虑将两榀工字钢合并成一榀使用,工字钢每两榀之间用工字钢纵向连接,间距为 50 cm。

⑥随后在建筑限界外,采用模筑 C20 混凝土(厚 150 cm)对坍塌段进行加强支护;采用吹砂或回填石渣的办法设置缓冲层,厚约 200 cm;预留施工孔洞,待混凝土达到规定的强度后采用泵送 C20 混凝土或注浆的方式对塌腔进行分次回填。

⑦对该段混凝土衬砌进行加强衬砌设计,厚度增加为 80 cm,在处理过程中严格控制衬砌断面。

⑧在施工过程中可以对施工顺序进行适当合理的调整,但必须确保施工质量。

(3)要求:

①7# 洞下游的施工已严重影响到整个项目的既定目标,工期紧、任务重,承包人对该段的塌方处理必须引起高度重视,做好人力、设备、物资等方面的充分准备工作,严格落实各项措施,确保塌方处理及时、顺利完成。

②现场作业时,必须派专职安全人员进行全过程安全检查,采取必要的安全措施,确保施工安全。

③严格控制施工质量,上道工序未经检验,不得进行下一道工序。

④尽快组织衬砌台车进场,完成该段 V 类围岩的衬砌施工。

⑤加强监控量测工作,主要对已完成的支护变形、喷混凝土裂缝、拱顶沉降、边墙收敛等进行监测,并及时分析和反馈监测信息,以便指导施工,确保施工安全和处理效果。

2.3　积极推进引水隧洞衬砌优化工作

原设计方案中,所有Ⅳ类围岩洞段均采用钢筋混凝土衬砌。薛城电站自 2005 年 4 月 15 日监理工程师下达开工令后,受前期征地拆迁、施工用电提供滞后、当地村民零星阻工、引水隧洞塌方等诸多因素影响,造成目标工期滞后,尤其对 2007 年底 3 台机组发电的目标造成严重的影响。为加快工程进展,确保目标工期实现,有必要对工期影响较大的洞内混凝土衬砌(主要针对Ⅳ类围岩洞段)进行优化。

2.3.1　混凝土衬砌优化原则

(1)不影响建筑物的结构和使用功能;

(2)做好充分的准备工作,并根据现场实际情况提供相应的理论依据,做到有的放矢;

(3)由设计单位经过充分论证后进行设计优化工作;

(4)确保工程质量。

2.3.2　优化前应做好的准备工作

(1)由地质专业工程师(主要是设计单位)对需要进行混凝土衬砌优化洞段的地质情况进行再次确认,并确定出Ⅳ类围岩偏好的洞段。

(2)聘请专业的单位对Ⅳ类围岩偏好洞段的质量进行声波测试。

①要求:按监理工程师要求,根据设计文件,声波测试单位对薛城电站引水隧洞优化设计段围岩质量实施单孔声波测试。需做声波测试的钻孔位置由设计确定,各施工标段根据设计要求的部位施工风钻孔,其钻孔深 4.5 m,ϕ42 并垂直岩面下倾 5°,孔间距离 6 ~ 10 m,同时钻孔清洗干净、无粉尘和浮渣,保证孔内畅通,配合声波测试。

②声波测试:在声波测试过程中,使用国产 WSD – 2 型数字可存储式声波仪器,接收使用一发双收单孔换能器,将换能器放入孔中,从孔口每隔 0.25 m 测试一点,直到孔底。当所有钻孔测试完毕,将仪器内的原始数据传输到计算机中,利用声波分析专用软件,根据波形的初至时间判断、计算岩体声波速度的大小。

2.3.3　衬砌混凝土的优化

根据地质揭示及声波测试成果情况,决定对原设计采用钢筋混凝土衬砌的部分偏好的Ⅳ类围岩洞段共计 1 310 cm 进行优化,采取喷锚加强支护措施。处理方式为:

(1)锚杆:在原设计锚杆中每排增加 10 根 ϕ25、L = 3.5 m 锚杆,间距

2.0 m,同时原设计锚杆每排之间增加一排全长黏结式砂浆锚杆 ϕ 25、L = 4.5 m,间距 1.0 m,排距 2.0 m。

(2)挂网喷混凝土:双层 ϕ 8 钢筋网,@ 15 cm × 15 cm,喷 C20 混凝土厚 18 cm。

(3)围岩固结灌浆。固结灌浆分两序进行,序灌浆孔间、排距 2.5 m,孔深 4.0 m,灌浆压力 1 ~ 1.5 MPa(以抬动变形控制),二序灌浆孔间排距 2.5 m,孔深 3.0 m,灌浆压力 0.4 ~ 0.5 MPa(以抬动变形控制)。经过固结灌浆、提高引水隧洞Ⅳ类围岩整体性、强度等,达到了下列各项设计指标:①岩体透水率≤5 Lu;②岩体声波平均波速≥3 500 m/s。底板为厚 0.20 m 的素混凝土。

2.3.4　加大锚杆检测力度

为确保锚杆施工质量,薛城电站引水隧洞锚杆除了进行拉拔试验检测外,还按规定要求进行了锚杆声波反射无损检测。对工程的重要部位、优化设计地段、地质条件较差部位、断层裂缝密集带、锚杆施工较困难部位应加密检测。根据《锚杆喷射混凝土支护技术规范》(GB 50086—2001)7.2.4 条规定,每根锚杆杆体插入孔内长度不应小于设计规定的 95%,即 3.5 m 锚杆入岩深度不能小于 3.32 m 时合格,4.5 m 锚杆入岩深度不能小于 4.23 m 时合格;10.1.5 条规定注浆密实度应大于 75% 为合格。按照《水电水利工程物探规程》(DL/T 5010—2005)要求,当检测不合格的数量超过抽检总数的 20% 应加倍抽检,即抽检合格率应大于或等于 80% 时该批锚杆才为合格。检验结果显示全部合格。

3　结　语

在工程项目施工阶段,不同的项目会遇到各种不同的问题,需要我们做出正确的判断并及时解决问题,以便尽可能减少各种因素对工程建设的干扰和不利影响。随着水电开发的发展,工程建设期间外部干扰对工程建设的负面影响越来越大,如何妥善解决外部环境的影响,不但有利于工程建设各项目标的控制,更有利于促进当地经济的发展,实现和谐社会的目标。在每个引水式发电项目的建设过程中,可能不同程度地遭遇因地质或其他原因导致的洞内塌方,及时、有效地进行塌方处理,为确保工程施工安全、控制目标工期提供了可靠的保证。薛城电站工程隧洞内混凝土衬砌的优化带有一定的目的性,不值得提倡,但只要经过我们细致、精心的准备和论证,提供可靠的数据和理论支持,严格进行客观、公正、科学的管理,同样可以保证工程质量和使用功能。

薛城水电站首部枢纽工程灌浆平洞管棚施工

高勇兵

(中国水利水电第十五工程局有限公司)

四川薛城水电站首部枢纽左岸灌浆平洞,洞身通过Ⅴ类围岩卸荷破碎带,岩性主要为千枚岩,节理、裂隙发育,风化严重,呈压碎状态,围岩自稳能力极差,成型困难。采用大管棚超前支护方案,取得了很好的工程效果。

1 工程概况

四川薛城水电站首部枢纽工程左岸灌浆平洞全长 70 m,开挖断面为城门洞形,断面尺寸为 4 m×4.5 m。洞身通过Ⅴ类围岩卸荷破碎带,岩性主要为千枚岩,节理、裂隙发育,风化严重,呈压碎状态,围岩自稳能力极差,成型困难。在进口段 20 m 开挖施工采用喷锚支护、超前锚杆支护、拱架支护等施工措施均不能达到预期的效果,仍发生多次塌方,开挖进度缓慢,严重影响工期。为加快施工进度和保证施工安全,必须根治隧洞塌方,经业主、监理及相关专家现场察看,研究决定采用大管棚与钢拱架配合的支护方案进行超前支护,确保围岩稳定。

2 管棚施工技术

管棚施工前首先进行塌方段的混凝土衬砌及塌方回填,以形成安全的作业场地,便于管棚施工。塌方段混凝土衬砌回填时,要扩大衬砌成型断面的尺寸为管棚布置和钻机架设留有余地。管棚由 9 根长度 50 m 的 ϕ146 mm 钢管组成,布置在洞顶 116° 范围内,高出设计开挖线 10 cm,环向间距59.58 cm。

某水厂至管网最低用水点垂直高度为 95 m,管路采用 0.6 MPa ϕ90/84 mm 塑料管,考虑水锤的影响,管路的最大承压静水头取 40 m,则第一个减压阀应设在水厂高程减 40 m 的高程处,阀前静水压力为 40 m,阀后静水压力调整至 10 m,第二个减压阀应设在第一个减压阀的阀后静水位减 40 m 的高程处,阀前静水压力为 40 m,阀后静水压力调整至 10 m。经过两级减压,管网最低点的静水压力为 35 m,满足管材的承压要求。

3　减压阀在管道上的调节原理

采用可调式薄膜减压阀两级减压,在供水高峰期,阀前进口压力降低为动水压力,所以阀后压力不因阀前压力的减小而减小,稳定在 0.1 MPa(包括流速水头在内),保证了下游供水点的用水压力。在夜间不供水时,阀前进口压力增大至静水压力,阀后压力不因阀前压力的增大而增大,稳定在 0.1 MPa,下一级减压阀进口压力稳定在 0.4 MPa,满足阀前管材的承压能力,提高了供水的安全性。

4　减压阀的安装及使用注意事项

减压阀可根据图 1 安装。

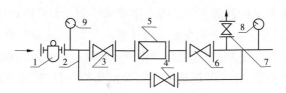

1—过滤器;2—旁通管;3、4、6—截止阀;5—减压阀;7—安全阀;8、9—压力阀

图 1　减压阀安装示意图

减压阀安装前应仔细核对使用情况是否与标牌规定相符。减压阀既可水平安装,也可垂直安装,阀体所示箭头须与介质流向一致。安装时应进行以下工作:①清洗内腔和内腔零件;②检查连接螺钉是否均匀拧紧;③阀前管道必须冲洗干净。

进行减压阀调试时,阀后压力不应小于 0.1 MPa。本阀在管道上只作减压用,不作截止用,使用介质必须经过过滤器过滤。使用时,将调节螺钉顺时针方向缓慢旋转,使出口压力升至所需压力,调整后,锁紧螺母拧紧,拧上安全罩。

5　可调式薄膜减压阀串联运行的特点

可调式薄膜减压阀串联运行可连续调节,减压、稳压效果好。通过先导阀形成独立的压力反馈系统,并利用液压原理进行控制,出口压力不受进口压力及流量变化的影响,既可减动压,又可减静压。可取代中间水池,减少水池用地面积,避免水质二次污染。串联运行能够满足不同用水点的水压要求,避免了高压差时的气蚀现象和噪声的产生。将减压阀串联运行,降低了大落差对管材承压能力的要求,节省了工程投资。

薛城电站引水隧洞施工机械设备配置

王先斌

(河南华北水电工程监理有限公司)

摘　要　根据薛城电站工程概况和隧洞施工机械配置原则,提出了薛城电站引水隧洞施工机械设备的配置方案,在方案中尽可能采用机械化的施工方式提高了工作效率,确保了目标工期下最佳经济效益的实现。

关键词　薛城电站;引水隧洞施工;机械设备配置

1　薛城电站工程概况

薛城水电站位于四川省阿坝藏族羌族自治州理县境内的杂谷脑河上,是杂谷脑河流域梯级规划"一库七级"方案的第 6 级。

电站采用引水式开发,总装机容量 3×46 MW。工程枢纽由首部枢纽、引水系统、调压井、压力管道和厂房枢纽等建筑物组成。其中引水隧洞长15.174 km,设计引水流量 113.19 m³/s。根据开挖过程中揭示的地层显示,以Ⅳ类围岩为主,约占 52%,其次为Ⅲ类,约占 37%,Ⅱ类和Ⅴ类围岩分别约占 5% 和 6%。由于引水隧洞开挖工程量大,混凝土衬砌达 7.0 km 以上,下设 8 个施工支洞,长度达 3.7 km。同时由于施工环境较为恶劣,地质条件差,因此引水隧洞成为工程施工的关键线路。

2005 年 4 月 15 日引水隧洞开工,大部分施工标于 2006 年 12 月陆续完成开工。7#洞由于受塌方影响,于 2007 年 7 月 26 日实现全线贯通,独头掘进最大月进尺达 226.0 m,混凝土衬砌每月完成 120.0~150.0 m,为确保 12月 29 日实现 3 台机组发电的目标(目标工期提前 7 个月)奠定了基础。

2 隧洞施工机械设备配置原则

一般引水隧洞施工机械设备配置应在综合考虑技术条件和经济条件下按以下原则进行：①施工机械应与施工环境、施工方法相配套，与合理的施工进度相适应，在确保工期的前提下取得最佳的经济效益；②施工机械的投资应大于工程费的5%，长大隧洞应控制在10%～15%；③隧洞施工机械应充分考虑到施工人员的素质、管理水平，保证现场可操作性与效率的充分发挥；④应立足于国产化，需要引进国外设备的考虑其是否经济、合理及使用过程中对国外厂家的依赖程度，是否可以在节约大量劳力资源的情况下加快施工进度和经济效益；⑤隧洞施工中由于存在较强的连续循环工作性，故主要机械设备应考虑备用，且要能够适应地质条件的变化。

3 引水隧洞施工机械设备的配置

3.1 装渣运输设备

隧洞施工装渣运输设备的选型因有轨运输与无轨运输方式而异，隧洞开挖量给不同的装渣运输设备的配置提供了统一的依据。

3.1.1 装渣设备的配置

隧洞施工出渣作业的效率高低首先体现在装渣设备的选型配置上，在一个作业循环的开挖方量确定的基础上，根据现有的生产力水平确定合理的出渣时间，从而就可以确定合理的装渣设备配置。

根据薛城电站实际情况，引水隧洞各施工标均采用侧卸式装载机配合自卸车辆出渣。每个施工标至少配备挖掘机1台、装载机2～3台。

3.1.2 运输设备配置

运输设备的配置应首先考虑隧洞施工环境的要求，根据技术条件与经济条件选择设备的型号，在满足施工环境要求的前提下，应尽可能选择运输量较大的运输设备，在数量确定上应保证装渣设备随时保持装渣作业，不能出现等车现象。

根据薛城电站工程的进度情况、渣场距离等因素实现运输设备的动态配置，从而使运输设备的配置更趋合理、经济。

3.2 通风设备配置

在引水隧洞施工过程中，必须满足作业环境卫生标准，主要考虑各个工作面排除炮烟、粉尘、稀释和内燃机废气等，因此隧洞施工通风应满足洞内各项作业需要的最大风量,进行风量计算的目的是为正确选择通风设备与设计通风系统提供依据。

隧洞施工通风管的选择和安装需满足以下要求:

(1)风管直径应通过计算确定,通风管应与风机配套,同一管路的直径尽量一致,对长隧洞尽量选用大口径风管。

(2)吸入式的进风管口或集中排风管口应设在洞外,并形成烟囱式,防止污染空气回流进洞。

(3)通风管靠近开挖面的距离应根据具体情况决定,压入式通风管的送风口距开挖面不宜大于 15 m,排风式风管吸风口不宜大于 5 m。

(4)采用混合通风方式时,当一组风机向前移动,另一组风机的管路应相应接长,并始终保持两组通风管道相邻端交错 20 ~ 30 m,局部通风时,排风式风管的出风口应引入主风流循环的回风流中。

(5)通风管的安装应平顺、接头严密,弯管半径不小于风管直径的 3 倍。

(6)通风管如有破损,必须及时修理或更换。薛城电站引水隧洞施工采用集中送风式通风方式:在洞外设置大容量(施工需风量总和)风机,风管送风口设在开挖面附近,通过风管将新鲜风从洞口吹入开挖面,并由隧洞排除污染空气。因此,在各支洞口设置 2 台功率为 110 kW、流量为 1 000 m³/min DXB88 - 1 型轴流通风机并串联向洞内提供新鲜空气。支洞内采用直径 1 200 mm 的软质风管,在主洞与支洞交汇处设置三通,然后采用直径 1 000 mm 的软质风管分别向支洞上、下游工作面通风。若考虑独头通风距离较长,通风困难,在各工作面增加 4 ~ 6 台 BKY - 11(功率为 11 kW)的防爆型风扇,且每隔 250 m 设一风扇,以保证洞内空气新鲜。风管采用拉链式维布基风管,悬挂于洞顶。

3.3　空气动力设备配置

空气动力设备的配套主要指空气压缩机的配置,原则如下:

(1)空气压缩机站应设在洞口附近,尽量减少洞外管路长度,以免风压损失过大。

(2)为充分发挥设备潜力,应综合考虑电动、内燃空气压缩机的优缺点,合理配备使用。对于 1 000 m 以下的隧洞,宜以内燃空气压缩机为主;1 000 m 以上隧洞宜以电动空气压缩机为主。

薛城电站在施工中均以电动空压机为主,大部分合同段根据现场实际情况,在施工支洞口附近设置空压机站,安装 4 台 4L - 20/8 型 20 m³/min

和 2 台 10 m^3/min 的电动空压机组合成 100 m^3/min 的供风站为洞内施工供风,采用 100 mm 钢管送风至各作业面。

3.4 混凝土施工设备配置

3.4.1 混凝土喷射设备配置

喷混凝土是新奥法施工的核心技术之一,分湿喷和干喷两种方式。干喷法存在三大缺陷:粉尘、回弹、混凝土品质不稳定。因此,在薛城电站施工中,普遍采用湿喷法。一般喷湿机如国产 TK – 961 型,其机旁粉尘可控制在 10 mg/m^3,回弹量可控制在 10%,生产率高。喷湿机是目前引水隧洞施工亟待推广的项目之一。

3.4.2 混凝土衬砌设备配置

混凝土衬砌设备主要包括模板台车、混凝土输送泵、混凝土运输车、混凝土搅拌站。混凝土衬砌施工中设备配置的合理性影响着隧洞衬砌的施工质量与速度。

(1)模板台车台数的确定。考虑到衬砌施工主要放在独头掘进完成后开始,工期紧、任务重,因此必须加大施工设备的投入和现场施工组织。在薛城电站混凝土衬砌施工中,每个支洞配备 2 台针梁式模板台车,长度为10 m 和 12 m 不等,分别用于上、下游衬砌需要。由于施工干扰大、使用效率低,不提倡在同一个掌子面配备 2 台台车。

(2)混凝土输送泵配置。薛城电站引水隧洞施工中,混凝土泵型号选用适于隧洞衬砌施工的 HBT60 型混凝土泵,其生产能力最大为 60 m^3/h,原则上每个支洞配置 1 ~ 2 台。

(3)混凝土搅拌站与混凝土运输设备配套。混凝土运输设备的配置一般为 6 m^3/车或 8 m^3/车容量设备(无轨运输时有 8 m^3 混凝土罐车),对隧洞较为合理的配置数量为 2 ~ 3 台。

随着混凝土施工质量的提高,混凝土生产设备的技术性能要求也越来越高,其技术性能是决定混凝土施工质量的关键。在搅拌设备选型上应选择强制式搅拌设备,因此在每个标段分别设置了满足各自施工要求的拌和系统,采用集中拌和的方式生产混凝土,拌和站设在支洞口,拌和能力为 40 m^3/h,拌和机械采用 HZS401 台,配备 AM369 型 6 m^3 混凝土运输车辆 3 ~ 4 台。

3.5 电力设备的配置

电力设备配置的关键在于合理确定工程施工用电最大负荷。在编制施工组织设计时,可根据施工机械配置表采用需用系数法计算施工用电最大

负荷及确定照明最大负荷。确定了工程施工用电最大负荷,即可确定电力
变压器的容量及台数。

薛城电站引水隧洞各标段施工用电沿业主提供的沿线 35 kV 高压 T 接
下线。在洞口附近设置 1 台(35 kV)/(10 kV)的 S9 系列变压器经变压后
作为施工用电,自行设计、施工、安装、维护 T 接点至施工现场的供电线路
和降压变压器、功率补偿装置。

4　结　语

在薛城电站施工中,采取与施工环境、施工方法相配套的施工设备,并
合理使用、管理和调配施工机械设备、设施,尽可能采取机械化施工,提高工
作效率,并与施工进度相适应,最终在确保了工程项目的工期目标的前提下
实现最佳的经济效益。

薛城水电站预应力锚索施工及质量控制

杨宏胜

(中国水利水电第十五工程局有限公司)

摘　要　薛城水电站首部枢纽右岸高边坡地址条件复杂,节理发育,部分岩
体与山体间存在卸荷裂隙,威胁到 G317 国道复建路和进水口的安全,因此
采用了预应力锚索进行边坡加固支护。通过对高边坡锚索施工工艺的介绍,
从施工质量控制中总结出了一些有益的经验。

关键词　预应力锚索;施工工艺;质量控制

1　工程概况

薛城水电站位于阿坝藏族羌族自治州理县境内的杂谷脑河上,是杂谷
脑河流域梯级规划"一库七级"方案的第六级,为单一发电工程。薛城水电
站首部枢纽工程右岸高边坡地址条件复杂,节理发育,部分岩体与山体间存
在卸荷裂隙,威胁到 G317 国道复建路和进水口的安全。根据设计要求右
岸高边坡采用预应力锚索进行山体加固,设计为 30 m 长 100 t 级无黏结预
应力锚索,向上倾角为 5°,间排距 5 m 梅花形布置,根据预应力吨位及岩体

力学特性确定锚固段长度为 6 m。

2 锚索施工工艺

锚索施工工艺流程见图 1。

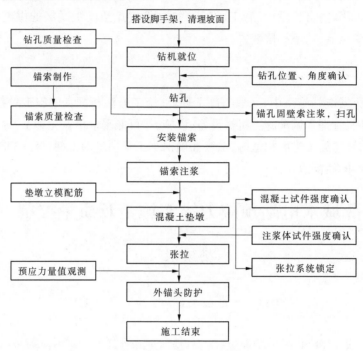

图 1 锚索施工工艺流程

2.1 造孔

锚索孔采用 XY-2B 及 XZ-30 型潜孔钻机风动冲击回转钻进工艺造孔。采用钢卷尺结合控制点坐标确定开孔位置,地质罗盘和倾角仪分别校正方位角和倾角。并且钻孔时必须干钻,以确保锚索施工不至于恶化边坡岩体工程地质条件和保证孔壁黏结性能。为了确保锚固效果,锚孔深度可根据钻孔揭示的地质条件及时通知设计单位进行调整,以保证锚固段锚入相对完整基岩的深度不小于 10 m。钻进过程中应对每个孔的地层变化、钻进状态及一些特殊情况做现场记录,若遇坍孔,要立即停钻,进行固壁灌浆处理,待水泥砂浆初凝后,重新扫孔钻进。钻孔完成后必须使用高压空气将孔中岩粉清除出孔外,以免降低砂浆与孔壁岩体的黏结强度。钻孔完成后将孔内残留的废渣和积水冲洗干净。

2.2 锚索的制作与安装

锚索材料采用高强度低松弛预应力钢绞线。在锚索制作前,钢绞线用型材切割机下料,长度为相应的锚索长度加 2 m(施工时可按以下公式进行控制:钢绞线下斜长度=锚固段+自由张拉端+锚墩厚度+千斤顶长度),并彻底清洗钢绞线,除锈、除污垢。在编束时,要确保每根钢绞线顺直,不得发生扭曲、交叉,要排列均匀,对有死弯、机械损伤及锈坑处应剔除。在锚索自由段装护套,护套不得破损,避免锚索自由段发生锚索与漏入灰浆黏结现象,自由段锚索要能自由伸缩。锚索编制完成后要编号,分类存放在专用场地加以保护。安装锚索体前再次认真核对锚孔编号,确认无误后再用高压风吹孔,人工缓缓将锚索体放入孔内,在钻孔中锚索必须顺直送到孔底,避免锚索体扭曲,用钢尺量出孔外露出的钢绞线长度,计算孔内锚索长度(误差控制在 50 mm 范围内),确保锚固长度。

2.3 注浆

锚索安装完毕,进行锚固段注浆,注浆通过通至孔底的注浆管泵送灌浆,灌注时注意准确测量锚固段的实际长度,使之符合设计长度,注浆时注浆管要随浆液的注入而徐徐上拔,保证锚固段的砂浆饱满。砂浆拌和时间不少于 3 min,拌和后的砂浆要及时使用,拌和后 1 h 未使用的砂浆作为弃浆处理。施工时对浆液类型、成分、注浆日期、配合比、注浆量及注浆压力做详细的记录,施工过程中监理试验工程师对砂浆进行取样做抗压强度试验。

2.4 承压混凝土垫墩制作

承压垫墩的 C40 混凝土施工前,要求将基岩面上的松散岩层和岩石清理干净,按设计要求布置螺旋钢筋、导向套管及锚垫板、混凝土垫墩钢筋笼,并使其中心线重合。模板要求根据锚墩几何尺寸专门定做。混凝土浇筑时要充分振捣,钢垫板底部混凝土必须充填密实。

2.5 锚索张拉

当锚索锚固段注浆强度达到设计强度(不低于 30 MPa)并且承压垫座混凝土的承载强度达到 80% 以上后开始张拉锚索。张拉设备要求配套使用,并通过有关认证机构的标定,绘制压力表读数—张拉力关系曲线,以正式文件提交给监理工程师。锚索张拉采用单根预紧后再分级整体张拉的施工方法。为确保钢绞线理顺并受力均匀,张拉前应按设计荷载的 10% 进行单根钢绞线预紧。正式张拉采用整体张拉,按设计值的 25%、50%、80%、

100%、110% 分 5 级荷载逐级增大。荷载施加均匀,加载速率每分钟不宜超过设计应力的 10%,每一级张拉后稳压 5 min,同时量测索体伸长值并做好记录。若实际伸长值大于理论伸长值的 10% 或小于 5% 时,应停止张拉查明原因并采取补救措施后方可继续张拉。张拉荷载按设计要求达到设计荷载的 110% 后稳压 10 ~ 20 min 进行锁定。非作业人员不得进入锚索张拉作业区,张拉时千斤顶出力方向 45° 内严禁站人。

2.6　外锚头防护

锚索施工完成后,钢绞线在锚具外的外露长度不大于 2 cm,多余部分予以切除,必须使用机械切除,严禁电割。外露部分钢绞线用混凝土进行封锚保护,以防锈和美观。

3　锚索施工质量控制

3.1　质量控制依据

(1)有关锚索施工的国家规范及行业标准。

(2)设计图纸、设计变更通知及有关设计技术要求。

(3)锚索施工组织设计及监理文函批复意见等。

3.2　质量控制要点

(1)钢绞线、张拉设备及锚具等均应有出场合格证,钢绞线进场后应进行力学性能试验。

(2)孔位、孔深、孔径和孔斜等均应符合设计及规范要求。

(3)锚固段的固结灌浆应严格按《水工建筑物水泥灌浆施工技术规范》(SL 62—94)要求进行,灌后进行锚固段声波测试,平均波速不得小于 3 000 m/s。

(4)剥除锚索内锚固段的塑料套管,钢绞线表面油脂应清洁洗净,彼此平行伸直、不扭曲。

(5)锚孔注浆应从通至孔底的 PVC 注浆管开始,确保注浆密实,灌浆记录应准确、完整、清晰。

(6)锚墩垫板孔道中心线应与锚孔轴线重合,锚墩钢筋混凝土施工应满足规范要求。

(7)分级均匀施加张拉荷载,并控制加载速率,张拉设备必须配套标定并绘制相关曲线。

(8)按锚索总数的 5% 随机进行抽样验收试验,合格标准按应力控制为:实测值不大于设计值的5%,或不小于设计值的3%。

4　结　语

　　根据国家规范和设计要求,以及锚索施工质量控制要点,在锚索施工过程中从加强现场质量管理和施工工序质量控制方面进行施工质量控制,并对发现的问题及时纠偏,使薛城电站闸首锚索施工质量得到了很好的控制,在复杂的地质条件和困难的施工条件下,确保了边坡的稳定性。

第三篇　华水监理从薛城水电站的成功走向川黔的监理之路

第一章　薛城水电站工程建设监理实施情况综述

季祥山　王先斌

（河南华北水电工程监理有限公司）

1　工程概况

1.1　概述

薛城水电站位于四川省阿坝藏族羌族自治州理县境内的杂谷脑河上，是杂谷脑河流域梯级规划"一库七级"方案的第六级。工程动态总投资93 858.09万元。

工程闸址位于甘堡乡附近，距公路桥约800 m；厂址在木卡乡木材检查站附近。闸、厂间公路距离17 km。闸、厂址分别距理县县城9 km和26 km。距成都194 km和177 km。

电站采用引水式开发，电站总装机容量3×46 MW，多年平均发电量6.492亿 kW·h。电站水库正常蓄水位1 709.50 m，调节库容62.3 万 m³，总库容114.8 万 m³。引水隧洞长15.174 km，设计引水流量113.19 m³/s。

工程枢纽由首部枢纽、引水系统、调压井、压力管道和厂房枢纽等建筑物组成（见图1、见图2）。

1.1.1　首部枢纽建筑物

首部枢纽建筑物从左至右依次为左岸挡水坝、3孔泄洪闸、1孔冲沙闸、

1 孔排污闸和取水口,总长约 192.27 m。

图 1

图 2

左岸挡水坝为混凝土重力坝,最大坝高 24.0 m,坝顶高程 1 711.0 m,坝段长约 76.9 m。

挡水坝右侧为 3 孔泄洪闸,孔口尺寸 5 m×5 m(宽×高),最大闸高 24.0 m,闸室长 30.0 m。

冲沙闸位于泄洪闸右侧,孔口尺寸 2.5 m×4.0 m(宽×高)。

排污闸位于冲沙闸和取水口间,与冲沙闸及 1# 泄洪闸为同一闸段,孔口尺寸 2.5 m×5.5 m(宽×高)。

右岸取水口为直立岸塔式,设两孔取水,孔口内设置一道工作拦污栅及机械清污系统;进水闸为胸墙式,设有一道工作闸门。

1.1.2　引水隧洞

引水隧洞长约 15.174 km,等效直径 7.4 m,隧洞平均纵坡 0.002。开挖断面为平底马蹄形断面,开挖底宽 6.8 m,高 8.4 m。

1.1.3 调压井

调压井为阻抗式,圆形内径 14 m,高 98.6 m。

1.1.4 压力管道

压力管道由上平段、斜段、下平段组成,采用联合式供水方式,一条主管经两个"卜"形岔管分成 3 条支管向 3 台机组供水。主管总长 345.98 m,管径 5.2 m,支管总长 142.40 m,管径 2.9 m。

1.1.5 厂房枢纽

厂房枢纽由主厂房、副厂房、安装间、尾水渠、开关站、进厂公路及回车场等建筑物组成。地面厂房长 70.02 m、宽 19.0 m、高 36.46 m。主厂房包括主机间和安装间。副厂房的总长与主厂房相同,紧邻主厂房,布置于主厂房后。第一副厂房平面尺寸 48.0 m×8.0 m(长×宽),第二副厂房平面尺寸 22.0 m×8.0 m(长×宽)。

尾水建筑物主要由尾水平台和尾水渠组成。尾水平台位于主机间下游,平台高程为 1 556.70 m,采用电动葫芦起吊尾水检修闸门。

厂房各层高程:水轮机层高程为 1 547.80 m,电气夹层高程为 1 552.00 m,发电机层高程为 1 556.70 m,安装间高程为 1 556.70 m,蝶阀层高程为 1 541.90 m,桥机轨顶高程为 1 566.70 m。

1.1.6 机电

薛城电站的水头范围为 135.3~159.0 m,额定水头 136.0 m,装机容量 138 MW,采用立轴混流式水轮发电机组。厂房各层高程:水轮机层高程为 1 547.80 m,电气夹层高程为 1 552.00 m,发电机层高程为 1 556.70 m,安装间高程为 1 556.70 m,蝶阀层高程为 1 541.90 m,桥机轨顶高程为 1 566.70 m。

机组最重起吊部件为带轴水轮发电机转子,其起吊重约 125 t,主厂房内设一台 160 t/50 t/10 t 的单小车桥式起重机,桥式起重机跨度为 16 m(见图3)。

1.2 主要工程量

土石明挖:19.1 万 m³,石方洞挖 121.6 万 m³,土石填筑 18.1 万 m³,混凝土及喷混凝土 30.2 万 m³,钢筋 1.4 万 t,金属结构安装 3 682 t,固结及回填灌浆 1.9 万 m,回填灌浆 6.3 万 m³。

1.3 计划工期

本工程施工总工期为 39 个月,其中准备工程 6 个月,主体工程工期 30 个月,完建期 3 个月。2008 年 3 月底工程竣工。

图 3

1.4　工程投资总额

本工程投资总额项目设计概算总投资为 93 858.09 万元,其投资组成如表 1 所示。

表 1　薛城水电站投资组成

费用项目	单位	枢纽建筑物	水库淹没及环保费	合计
各部分投资	万元	80 370.48	1 334.33	
基本预备费	万元	4 822.22	121.40	
静态总投资	万元	85 192.70	1 455.73	86 648.43
建设期还贷利息	万元	7 031.07	178.59	
总投资	万元	92 223.77	1 634.32	93 858.09
单位千瓦静态总投资	元	6 173	106	6 279
单位千瓦总投资	元	6 683	118	6 801

1.5　工程建设各方情况

工程建设各方情况如表 2 所示。

表 2　工程建设各方情况

1	发包人	四川华电杂谷脑水电开发有限责任公司
2	工程监理单位	河南华北水电工程监理中心
3	工程设计单位	国家电力公司成都勘测设计研究院

薛城水电站各合同段承包人情况如表3所示。

表3 薛城水电站各合同段承包人情况

序号	合同段	承包人	备注
1	ZGN/XC/C Ⅰ	中国水电第十五工程局	首部枢纽
2	ZGN/XC/C Ⅱ	中国水利水电第三工程局	引水隧洞
3	ZGN/XC/ C Ⅲ	中国水利水电第二工程局	引水隧洞
4	ZGN/XC/C Ⅳ	中铁十六局集团有限公司	引水隧洞
5	ZGN/XC/C Ⅴ	中铁二局股份有限公司	引水隧洞
6	ZGN/XC/C Ⅵ	中铁十五局集团有限公司	引水隧洞
7	ZGN/XC/C Ⅶ	安蓉建设总公司	引水隧洞
8	ZGN/XC/C Ⅷ	中国葛洲坝水利水电 工程集团有限公司	厂区枢纽（土建）
9	ZGN/XC/SI	中国水利水电第五工程局	砂石骨料生产
10	ZGN-XC-M3	中国水利水电第十工程局	厂区枢纽（机电）
11	ZGN-GC/XC-2006-01	中国葛洲坝集团第五工程有限公司	砂石骨料生产
12	ZGN- XC-2006-001	中国水利水电第十工程局	灌浆工程
13	ZGN/XC/2007-01	四川省地质工程勘察院	锚杆无损检测

1.6 工程质量要求

本工程质量达到优良等级，土建工程优良品率90%以上，机电安装工程优良品率95%以上，达标投产按国家电力公司2001年新版达标投产考核办法要求执行。

2 各参建单位施工现场基本情况

2.1 施工监理基本情况

2.1.1 监理范围

薛城电站主体工程工程施工监理由河南华北水电工程监理中心（简称为华水监理）承担监理任务。

监理合同基本情况如表4所示。

表4　监理合同基本情况

合同名称	四川杂谷脑河薛城水电站土体工程工程监理	合同编号	XC-2004-001
监 理 人	河南华北水电工程监理中心	总监理工程师	季祥山
监 理 费	6 981 028.00元	监理服务期	2005-01~2008-06-30
监理范围	主体工程： 1.工程施工导流：土石围堰填筑、导流明渠开挖、混凝土浇筑等； 2.首部枢纽：泄水、取水建筑物土建及金结安装、挡水建筑物土建、两岸防渗及基础处理等； 3.引水系统：开挖、混凝土浇筑、灌浆和金属结构机电安装等； 4.厂区枢纽：开挖、基础处理、混凝土浇筑、建筑工程开关站以及厂区附属工程、金属结构机电安装等； 5.上述各主体工程金属结构制作及机电相关的电气一二次装配以及调试工程等； 6.上述全部工程的环境保护、水土保持和安全文明施工监理工作。 7.金属土建以及金属结构、机组安装的竣工资料的监督、检查、移交		
	临时工程： 1.施工风、水、电等临建设施； 2.施工辅助工程包括料场、砂石骨料加工系统、混凝土拌和楼系统； 3.渣场、交通工程等施工辅助工程		
	其他为完成主体工程的临时工程		

2.1.2　监理组织机构和人员组成

2.1.2.1　组织机构

华水监理为圆满地完成监理任务,成立了河南华北水电工程监理中心薛城水电站工程监理部,于2005年1月开始组建,并于2005年3月1日正式进场开展工作。根据本工程建设目标、规模、投资以及监理工作任务和范围,我们对本工程的建设监理任务进行了分解、分类和归纳,在系统分析研究薛城水电站工程的基本环境条件、施工条件、分标方案和可能采用的施工方法等基本资料后,组建了我中心薛城工程监理组织机构,即:河南华北水电工程监理中心薛城水电站工程监理部(简称监理部),组织机构图见图4。

2.1.2.2　人员组成

根据监理合同及工程进展的需要,监理部派驻相应专业的监理人员进场开展监理工作,包括总监、副总监、总工、专业顾问等。最高峰时在场人数达到32人,有力地确保了现场监理工作需要。

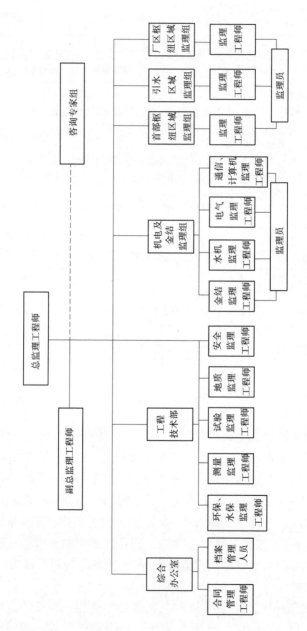

图 4 华北水电工程监理中心薛城电站工程监理部监理组织机构

监理部进场人员数量、专业结构能够满足现场实际需要,监理内外业工作开展顺利,这个监理实施过程中组织机构呈良性循环,运行良好。

2.2　各承包人基本情况

薛城电站各承包人进场后即编制了实施性施工组织设计,同时还编制了质量、安全文明施工、环保水保等各项保证体系及措施,经监理工程师审批,同意实施,并要求承包人精心组织、合理安排,严格按所报措施及监理批复意见施工,以保证工程质量满足规范要求。同时,根据监理部认真审核单位工程施工组织设计、施工准备、设计交底和图纸会审等情况后,分别于2005年9月26日、2005年4月15日、2005年9月15日签发了首部枢纽工程、引水隧洞工程及厂区枢纽工程等主要合同项目开工令。

各承包人详细情况见表5。

3　监理过程及监理工作效果

监理部实行总监理工程师负责制,各监理组及各部门为总监领导下的职能机构,具体负责质量、进度、投资控制以及合同、信息管理和协调工作;各监理组负责本工程现场监理业务和管理工作,为常驻现场监理机构。为了搞好薛城水电站工程建设的施工监理工作,监理部自2005年3月1日进场,根据本工程《监理合同》《施工合同》及其他有关法律、法规、规程、规范的有关规定和要求,完善监理制度,在业主授权范围内,以工程建设为中心,认真履行了监理合同中的各项职责和义务,在制度建立、工程的三控制、两管理、一协调及安全文明施工等方面,开展了一系列卓有成效的监理工作。

3.1　监理部管理制度建设

首先是加强制度建设,这是保障监理工作乃至整个工程管理工作的一项重要内容。工程各方只有按照统一的规则办事,工程的进展才能顺利进行。本工程标段划分较细,参建单位多,施工管理水平参差不齐,无形之中给监理带来很大的困难。针对这一状况,监理部建立健全了一系列的管理制度和办法,规范了工程例会制度、工程信息管理制度、支付签证制度、变更处理程序、索赔处理流程、进度控制流程、质量控制及验收程序、安全文明施工管理办法等,在工程全线推行。

表5 薛城水电站主要合同段基本情况一览表

序号	标段	合同编号	合同名称	施工单位全称	项目经理	合同总金额(元)	合同工期	实际开工日期	备注
1	CⅠ	ZGN/XC/CⅠ	杂谷脑河薛城水电站首部枢纽及引水隧洞(0+100.000 m)段工程	中国水电十五工程局四川薛城河华电杂谷脑水电站工程项目部	白小成	6 051 985	24个月(2005-08-01~2007-08-31)	2005-09-26	
2	CⅡ	ZGN/XC/CⅡ	杂谷脑河薛城水电站引水隧洞(0+100~2+687.0 m)段工程	中国水利水电第三工程局薛城水电站项目部	汤明	49 492 478	28个月(2005-02-28~2007-06-30)	2005-04-15	支洞1约210 m,支洞2约430 m
3	CⅢ	ZGN/XC/CⅢ	杂谷脑河薛城水电站引水隧洞(2+687.0~5+685.0 m)段工程	中国水利水电第二工程局薛城水电站引水隧洞工程项目经理部	王永祥	58 587 872	28个月(2005-02-28~2007-06-30)	2005-04-15	支洞3约830 m,支洞4约730 m
4	CⅣ	ZGN/XC/CⅣ	杂谷脑河薛城水电站引水隧洞(5+685.0~8+008.0 m)段工程	中铁十六局集团四川工程指挥部薛城水电站项目部	王保全	40 010 858	28个月(2005-02-28~2007-06-30)	2005-04-15	支洞5约385 m
5	CⅤ	ZGN/XC/CⅤ	杂谷脑河薛城水电站引水隧洞(8+008.0~10+153.0 m)段工程	中铁二局杂谷脑河薛城水电站引水隧洞工程CV标经理部	杨孙利	37 698 232	28个月(2005-02-28~2007-06-30)	2005-04-15	支洞6约290 m
6	CⅥ	ZGN/XC/CⅥ	杂谷脑河薛城水电站引水隧洞(10+153.0~13+000.0m)段工程	中铁十五局集团薛城水电站工程项目部	陈应胜	35 530 126	28个月(2005-02-28~2007-06-30)	2005-04-15	支洞7约570 m

续表5

序号	标段	合同编号	合同名称	施工单位全称	项目经理	合同总金额（元）	合同工期	实际开工日期	备注
7	CⅧ	ZGN/XC/CⅧ	荥谷脑河薛城水电站引水隧洞（13+000.0~15+174.415 m）段工程	安容建设总公司薛城水电站工程项目部	刘俊	35 963 088	28个月（2005-02-28~2007-06-30）	2005-04-15	支洞8 约212 m
8	CⅧ	ZGN/XC/CⅧ	荥谷脑河薛城水电站压力管道及厂区枢纽工程	中国葛洲坝水利水电工程集团有限公司薛城水电站项目部	王行仁	69 061 961	28个月（2005-08-01~2007-11-30）	2005-09-15	
9	SⅠ	ZGN/XC/SⅠ	荥谷脑河薛城、古城水电站卡砂石骨料系统工程	中国水利水电第五工程局薛城、古城水电站砂石骨料项目部	武晓峰	5 637 108	生产运行期：24个月（2005-07-01~2007-06-30）	2005-06-06	
10	m³	ZGN/XC/m³	荥谷脑河薛城水电站机电设备安装工程	中国水利水电第十工程局薛城水电站项目经理部	陈清池	9 628 909	（2006-02-28~2007-11-30）	2006-04-25	
11	—	ZGN-GC/XC-2006-01	四川荥谷脑河薛城、古城水电站砂石骨料生产	中国葛洲坝集团第五工工程有限公司薛城、古城水电站砂石骨料生产标	韩甫云	15 168 894	生产运行期：2007-02~2007-12-30	2007-01-15	

监理部进场之后,组织专人编写了本工程《监理规划》和《监理实施细则》,在整个工程内执行。不仅规范了监理部的监理监督工作,同时规范了承包人的施工行为,使现场管理有章可循,在现场形成了一个各负其责、分工协作又相互监督的工作氛围。

以上制度、细则的贯彻落实,从技术措施上保障了现场施工紧张有序地进行。另外,监理部制定了《监理工作守则》,从组织措施上,保证监理行为公正、规范、严格依据合同和遵章办事。

实践证明,一系列措施的落实,有力推动了现场各项工作的开展,工程各方逐渐摆正了位置,认真履行合同中的责任和义务。

3.2 工程质量控制

监理部在质量控制时,严格依据合同技术规范进行,既防止承包人为降低成本,获取超额利润而忽视质量的倾向,同时避免在不增加费用的前提下,对承包人提出超出合同技术标准的过高要求。

同时督促各承包人严格按技术规范、施工图纸及批准的施工方法和工艺进行施工,对施工过程中的实际资源配备、工作情况和质量问题等进行核查,并进行详细的记录,同时设立专门的中心试验室。并通过对影响工程质量的各个因素即施工人员、施工机械、施工用料、施工方法、施工环境和对原材料进场到产品形成的全过程的监督控制实现的。首先,思想观念上牢固树立"质量第一"的思想,使参建各单位、全体人员树立质量意识,明白质量是进度的基础、效益的保证;其次是制度上保证,建立开工许可证制度、设计交底和图纸会审制度、施工方案审核制度、中间工序报检验收制度,并在建设过程严格执行;再次是施工全过程的质量控制,从原材料抽检审核到中间工序的验收评定,施工过程中的巡视检查和重点部位、重要工序旁站监理,以及完工后的质量检验和评定,使工程建设全过程质量在可控范围之内。为了保证工程质量,重在抓住事前、事中、事后控制三个环节进行质量控制。

3.2.1 事前控制

(1)为了使本工程监理工作制度化、程序化,监理部制定了《监理规划》和相关专业的《监理实施细则》,使监理工作有章可循。

(2)对承包人质量管理体系的审查。

①审查承包人项目经理部人员资质,尤其对是项目经理和主要技术人员、施工班组特殊工种技术工人(焊工、爆破工等)的资质审查,坚持持证上岗、无证脱岗或调整工种。

②督促并参与对设计方提供的控制点、施工坐标进行复核,确保工程施工符合设计要求。

③对工程进行项目划分,为工程质量评定创造条件。

④组织业主和承包人技术人员进行图纸会审,有疑问时及时通过业主,与设计单位联系以做出必要的解释和修改。

⑤对施工原材料进行质量控制。

各分部、单元工程开工前,监理人员首先检查运到现场的工程材料、半成品、构配件和设备质量,并查验试验、化验报告单、出厂合格证以及功能试验等是否合格、齐全;对运到施工现场的工程材料,由承包人申请,监理、承包人有关人员现场见证取样抽检;同时,监理部采取平等检测和随机抽检的方法对工程材料进行跟踪检测控制;对于有疑问的工程材料、半成品应进行加倍抽检,合格后才准使用。对不符合质量要求的材料、设备不许用于工程的任何部位。

⑥审查承包人的施工现场质量管理技术标准、质量管理体系,施工质量检验制度,综合施工质量水平考核制度。

⑦审核承包单位提供的施工方案及主要项目的施工方法、施工程序的安排、施工机械设备的选择与配备。

⑧审核施工组织设计中劳力(包括专业人员)计划是否满足进度要求。

⑨审核承包单位提供的施工总平面图布置是否合理可行。

⑩审核承包单位提供施工组织设计质量控制措施是否有保证,质量保证体系是否完整全面,对新材料、新工艺、新设备的认证及鉴定。

(3)签发开工令。

工程开工必须由承包单位提供经审批的施工组织设计,经监理工程师检查开工准备情况,符合要求后交总监签发。

3.2.2 事中控制

监理部对施工质量实行以“单元工程为基础、施工工序为重点、管理点旁站、全过程跟踪”的现场管理模式,以及工程承包人质量检验与监理机构抽检或重要项目跟踪检测的双控制度。对施工中可能出现的条件变化或因上道作业工序可能影响下道工序质量时,及时提请承包人予以注意并加以改进,对施工中出现的质量问题当即指令采取补工、返工处理。对违规作业的施工行为,监理人员采用口头、书面警告或指令整改直至不予计量支付等合同手段强化、提高其质量意识。施工条件发生变化或出现质量隐患时,监理人员及时上报总监理工程师,组织召开专题协调会议研究处理,以有效促进合同项目施工质量的控制。

3.2.2.1 技术复核及测量放线检验

(1)工序间交接检查验收。前道工序完成后,经监理工程师检查,认可其质量合格后,方可移交下道工序继续施工。

(2)工程施工复核预检。对在该工程施工之前已经进行的一些与之有密切关系的工作的质量及正确性进行复核。

(3)检查承包单位专职测量人员的岗位证书,对测试仪器、度量衡定期检验工作进行全面监督,不定期进行抽验,保证测量资料的准确。

3.2.2.2 隐蔽工程验收签证

(1)监理部要求承包人应根据施工图、《水利水电工程施工规范》以及施工合同的技术条款对隐蔽工程进行自检,合格后填写报验申请表递交监理部。

(2)监理工程师在收到承包人隐蔽工程报验申请后,对将被其他后续的工序施工所隐蔽或覆盖的隐蔽工程,在进行隐蔽以前进行检查,经过检查、验收。检查验收不合格的,则要求承包人进行返工处理,直至合格。

(3)重要隐蔽工程或重要项目按规定会同业主、设计单位、承包人等行为主体单位共同检查验收签认。

(4)隐蔽工程验收经签认合格后,方可进行下一道工序施工。

3.2.2.3 工程质量检查验收制度

(1)建立健全施工质量三检制,施工过程中,对经确认的初检、复检、终检三级施工质检人员要求,不得越级签证。

(2)监理工程师在检查中发现一般质量问题时,及时通知承包单位及时改正,并做好记录。

(3)监理工程师发现承包人对施工质量问题不及时改正,情节严重的,总监理工程师报业主同意后,发出工程部分/单项/全部工程暂停施工的监理指令。待承包单位改正后,填报复工申请表,经项目监理部复验,合格后发出复工指令。

(4)分部、分项、单位工程完工后,经自检合格,承包单位填写工程报验单要求验收。

(5)加强施工现场监督管理,工程关键部分进行全过程旁站监督,其他部位进行定时或不定时的随机检查,发现问题及时整改。

（6）随时对混凝土施工中的配合比进行抽样检查,发现偏差,及时纠正。

（7）监督检查现场使用材料是否与抽检材料及设计要求的材料相符,并对现场混凝土进行见证取样,按规范规定进行随机抽检,确保工程质量。

3.2.3 事后控制

（1）各开挖工程项目完成后,监理部及时组织有关人员对开挖断面进行测量复核,若发现不符合要求的,及时指令施工进行处理,直至合格。

（2）现场取样的混凝土试块及时进行统计分析,对试块检测成果不理想的,分析原因,并提出改进措施。

（3）各混凝土单元工程浇筑完成,拆模后及时进行外观质量检查,若发现问题,分析原因,要求承包人按要求进行处理并提出改进措施。

3.2.4 质量评价

从总体上看,本工程在施工过程中各工序、原材料及半成品、重要工序、关键部位、隐蔽工程等质量均处于受控状态,从各种数据检测表明,工程质量满足设计和规范要求。

3.3 工程进度控制

为了保证工程的施工进度,监理部严格按照招标文件技术条款的要求,审查承包人的总进度计划、年度计划及月计划,利用先进的项目管理软件,对现场施工进度进行适时分析和管理。随时对全线进度进行跟踪,对关键线路进行重点控制,及时发现、协调和解决影响工程进展的外部条件与干扰因素。同时,要求承包人合理安排工期,确保资源投入,均衡施工。督促承包人合理配置生产力,在保证施工质量和安全的前提下,合理调整施工进度,并督促其实施,做到了长计划、短安排、有任务、有产值,确保工期目标的顺利实现。随着工程进展,逐周、逐月检查施工准备、施工条件和进度计划实施情况,将各合同段施工进度纳入总工期目标控制范围,进行全面综合考虑。根据跟踪计划完成情况,发现延误及时召开专题会共同分析原因,提出纠偏措施的建议和要求,推动各方减少并赶回延误。

根据薛城电站工程特点和合同工期要求,监理部采用网络计划技术,应用 P3 软件分析,制订了月进度控制计划及总进度控制计划,对本工程进行进度控制,结合工程实际情况分析下一步工程的主要关键线路。

各标段在监理部下发开工令正式施工初期,由于地方干扰、施工用电、弃渣场等原因,一段时间内施工不能正常进行。监理部针对这一情况,积极配合工程指挥部进行多方面协调工作,最终形成适合本工程施工的施工环境,为工程顺利进展了创造条件。尤其是从2007年7月开始,针对薛城电站剩余工程量大、施工工序复杂、相互干扰极大、任务十分繁重的情况,掀起施工大干高潮,在此期间,监理部加大进度管理力度,根据剩余工程量情况,将进度管理按月、旬、周、天,甚至到每个小时进行细分,并督促、检查、落实,为确保年度发电目标实现打下了坚实的基础。

薛城电站CⅡ标~CⅦ标引水隧洞工程于2005年4月15日开工,6月6日SⅠ标木卡砂石骨料生产系统工程开工,9月15日CⅧ标厂区枢纽工程开工,9月26日CⅠ标首部枢纽工程开工,均较原预计的开工建设日期有所推迟。开工建设以后,由于征地拆迁进展缓慢、地方关系协调困难、无理阻工现象严重、施工供电和砂石骨料生产系统投产推迟、实际揭示的地质条件与设计文件地质认证相差较大、重大自然灾害等诸多因素的影响,导致整个项目有效施工期比预期短,工期压力和施工难度很大。

由于影响工期的因素多,牵涉面广,到目前为止,经过参建各方进一步加强对外、对内的各方面协调工作,制定切实可行的赶工措施,加大现场各种资源的配置,制定必要的奖励机制,总工期目标受控,确保2007年底三台机组全部实现发电目标。

3.4 工程投资控制

投资控制目的是使本工程设计项目能更好地满足业主所需要的功能和使用价值,能充分发挥项目的投资效益。投资控制在施工阶段的重点是根据合同及工程实施情况,做好工程进度款支付管理工作,公正合理地处理工程变更,通过正确使用业主授予建设监理地支付签证权,促使工程施工总投资目标得以实现。

为此,监理部严格执行项目法人与承包人双方签订的施工合同,严格控制工程月进度款支付,对承包人月进度款支付申请本着"符合合同条件、质量合格、计量准确、及时精确"的基本原则进行三级审核,并充分利用办公自动化软件,建立了一套相对完善的计算机支付签证报表系统。施工过程中,标段监理及时会同承包人对施工现场涉及的工程计量事宜进行测量、计量复核,核实无误后及时签证,为工程计量支付提供的原始依据。合同内的项目按合同单价乘以实际发生量给予支付。合同外变更项目的单价审核,先由承包人根据有关施工定额编制及变更谈判达成的一致意见,报监理部审核,监理部审实后报业主审批;合同外的变更项目的支付,按照承包人申报、监理部复核、工程指挥部审批的支付流程操作。通过以上各项措施的落实,保证了工程计量的及时、准确,最大限度地合理利用工程投资,促使工程投资控制在工程总概算之内。

施工阶段是实现建设工程价值和使用价值的主要阶段,建设工程价值的形成过程,也是资金不断投入的过程。在保证工程进度、质量和保证实现设计所规定的功能和使用价值的前提下,存在通过优化的施工方案来降低物化劳动和活劳动消耗,从而降低建设工程投资的可能性,这就是监理部投资控制的目标。

由于工程因前期征地拆迁、外部关系协调造成工期的拖延导致了部分投资的增加,主要变更为渣场增设防护工程、运距的增加、围岩变化、方案调整及弃渣倒运等项目。

从工程投入情况分析,整个工程的土建、机电及金结安装工程投资总体受控。

3.5　合同管理

合同管理是进行"三控制"的重要依据。监理部进场以后,一贯把合同管理贯穿于施工监理工作的全过程,本着"守法、诚信、公正、科学"的原则,严格执行施工合同中的有关条款,按合同规定办事,正确处理施工"合理"与"合法"的关系,力求以合同为本规范参建工程各方在工程实施阶段的工作行为,促使所有与工程有关的活动走向合同和程序化管理的轨道。

根据监理合同及相关法规的要求,监理对施工承包单位在施工承包合同的履行过程中进行全面的监控、检查和管理,促使工程建设活动符合相关合同的约定,实现合同的切实履行。在本工程施工中,没有发生违反合同的事件,工程质量符合要求,工程进度满足工期的要求,工程量审核和进度款支付、工程变更处理均符合合同的约定。

3.6　安全生产及文明施工

监理部在狠抓工程进度、质量、投资控制的同时,始终把安全文明生产的监督管理工作放在重要位置。为了切实加强监理部在本工程安全生产的监督管理职能,监理部首先从建立健全安全监理组织机构入手,从体制上实现对工地安全生产管理的主动控制。总监理工程师参加工程安全生产委员会,这是安全管理的最高层机构,由参建各方和有关部门的主要领导组成,负责安全生产工作的领导、监督与协调。在监理部内部建立以总监理工程师(副总协助)为第一责任人、安全监理工程师主管具体工作、各部门协作的三级安全生产监督管理体系,实行全方位、全过程的安全监督管理控制。

监理部进场后,从安全思想教育宣贯、组织体系的统筹、安全制度的制定与落实及经济支持上入手,建立了相对完善的监理机构安全保证体系,为监理部安全监理工作提供必要的制度支持。

在总监理工程师的主持下,由安全专业监理工程师起草,监理部其他部门协助,编写了《安全监理实施细则》,并下发各标段承包人,为施工现场的安全规范性操作提供的依据。

监理工程师经常深入施工现场,随时检查施工中存在的安全隐患并及时指示承包人对各种安全隐患进行处理,随时制止习惯性安全违章行为。

在业主的大力支持下、在监理部有效的安全监督管理下、在各标段承包人积极努力和配合下,本工程整个施工过程未发生过任何一起诸如火灾、施工机械设备事故、人员伤亡等施工安全事故。不可抗力所造成的损失也最大可能地降低到最低程度。安全监理工作取得了明显效果。

为了确保汛期的施工安全,监理部于每年3月向业主报送了防洪度汛预案,对闸首防洪等级标准进行验算,明确防洪度汛要求,并督促各承包人部署落实度汛计划,同时提请有关单位落实整体排洪度汛方案。

安全文明施工主要工作内容如下:

在施工过程中,监理部通过巡视、检查、督促承包人执行施工安全程序,做好安全措施,发现不安全因素及存在安全隐患时,及时指出(口头或书面形式)并要求承包人立即整改,消除安全隐患。

(1)审查承包人特殊工种人员的培训、上岗证是否规范;

(2)监督检查施工现场安全文明施工状况,发现问题及时督促整改;

(3)审查承包人安全保证体系履行状况,发现问题及时督促解决;

(4)审查项目、工序、危险性作业和特殊作业的安全施工措施,并监督实施;

(5)审查承包人年度安全防洪度汛措施,现场督促各项措施落实情况;

(6)定期召开月安全生产会;

(7)定期完成安全监理工作报告;

(8)对各承包人违章作业进行处罚。

薛城水电站安全监督管理工作自始至终一直处于受控状态。

3.7 环保水保工作

(1)遵守环境保护和水土保持的法律、法规和规章。

要求承包人必须遵守国家有关环境保护和水土保持的法律、法规和规章,并按本合同《合同条款》第 30 条的有关规定,做好工程施工区、渣场的环境保护和水土保持工作,防止由于工程施工造成工程施工区附近地区的环境污染和破坏。

在薛城电站建设过程中,施工人员饮用水各项水质指标需符合《生活饮用水卫生标准》(GB 5749—85)要求;办公、生活营地生活污水集中处理达标后排放,排放水质满足《污水综合排放标准》(GB 8978—1996)中表 4 一级标准;废水排放得到有效控制;建立健全了环境保护、水土保持和文明施工的组织机构,制定措施合理并得到落实;降噪、洒水降尘设施设备齐全,对当地居民和环境的不利影响降到了最小;对施工办公、生活营地垃圾进行了处理,各种标识牌齐全;不存在滥砍滥伐的现象;珍贵植物(南沟内的辐射松)得到有效保护。

(2)环境保护措施计划报施工总布置设计文件的同时,编制了施工区、渣场和生活区的环境保护措施计划,并在施工弃渣的利用和堆放,施工场地开挖的边坡保护和水土流失防治,防止饮用水污染,施工活动中的噪声、粉尘、废气、废水和废油等的治理,施工区和生活区的卫生设施,以及粪便、垃圾的治理,完工后的场地清理,其他必要的环境保护和水土保持等措施中得到落实。

(3)施工弃渣的治理。

承包人按照本合同技术条款的规定和监理人指示做好施工弃渣的治理措施,保护施工开挖边坡的稳定,防止开挖弃渣冲蚀河床或淤积河道。

3.8　组织协调及信息管理

3.8.1　工程会议

(1)监理例会。每月定期召开监理月例会,共组织召开了 32 次月例会,并形成会议纪要 32 份。

(2)专题(协调)会。针对施工中有关工程进度、质量、费用及安全控制和协调等,监理部不定期召开各种会议 150 余次,共形成会议纪要 82 份。

3.8.2　文函往来

(1)共处理各种文函 1 531 份。

(2)发出监理通知、指示、指令 463 份。

(3)定期报送监理月报 32 份。

(4)各种专题报告 15 份。

3.8.3 图纸发布

监理部收到来自指挥部的图纸后,根据合同条款规定进行审查并及时发布给承包人,共审阅、发放图纸473套。

3.8.4 档案管理

监理部自成立就确立了以工程建设同步进行档案归档的工作原则,并根据监理合同对所监理标段进行档案工作的检查指导及监督。监理部分管档案工作领导王先斌,档案管理员郭淑兰,资料员李娟、缪洁。

为了保证工程档案的完整、准确与系统性,监理部档案管理人员在工程施工过程中坚持每月到各项目部,检查档案管理工作1~2次,并邀请指挥部档案管理员一道深入各标段认真检查各施工单位资料收集、整理、归档情况,督促、指导档案人员及时完善档案分类归档工作。

3.8.4.1 监理档案工作的依据

监理部档案管理工作依据:①《中华人民共和国档案法》;②《科学技术档案案卷构成的一般要求》;③《电力工业企业档案分类规则》;④《水利工程建设项目档案管理规定》(水办〔2005〕480号);⑤《关于印发〈四川杂谷脑水电开发有限责任公司基建工程档案资料管理暂行规定〉的通知》(杂电司工〔2003〕87号);⑥《关于印发〈四川杂谷脑水电开发有限责任公司狮子坪电站工程档案工作专题会会议纪要〉的通知》(杂电司工〔2004〕94号);⑦《关于印发〈杂谷脑河薛城、古城水电站工程档案工作专题会会议纪要〉的通知》(杂电司工〔2005〕18号)。

3.8.4.2 档案工作管理体制

监理部领导相当重视档案工作,把它作为建设高效组织机构的重要内容之一,要求各施工单位建立相应的档案管理机构,配备专职档案人员。同时,为加强领导,落实责任,监理部一位副总监分管档案工作,并明确了监理档案责任人,各施工单位也相应确定一位主要领导分管档案工作。工程全线,自上而下,各单位各落实了一名领导分管档案工作,并各配备一名档案员,建立了健全档案管理管理制度,落实了档案责任。

3.8.4.3 档案管理的原则

(1)坚持档案工作与工程建设同步的原则。薛城电站监理档案工作于2005年3月1日进场之时,即对档案形成、积累、归档进行全程控制。

(2)档案管理的标准化原则。薛城电站施工单位有13个,为了全面落实国家档案工作的要求,监理部已要求各单位明确了各自的档案管理职责。

（3）在规范档案工作的同时，根据指挥部订制统一的档案盒、案卷封面、备考表进行归档，为工程档案资料收集、整理的规范化创造条件。

（4）主动争取上级指导与自查自纠相结合的原则。档案管理是一项技术性较强的专业管理工作，监理部多次主动与指挥部档案管理员及公司档案负责人取得联系，并与四川省档案局对相关问题多次进行电话交流，将档案工作置于上级档案部门的指导监督之下，对自身存在的问题及时进行改正及完善，就此形成了档案工作良性发展的社会氛围。

3.8.4.4　文件、档案的形成、归档及管理情况

监理单位及施工单位的档案收集、整理、归档的范围与责任：

（1）监理单位负责收集、积累、整理和归档开工通知、监理规划、监理实施细则、监理日记、监理月报、监理总结、监理（质量、进度、投资）控制文件、监理抽验资料及来往文函等。

（2）施工单位负责收集、积累、整理和归档开工报告、施工组织设计、质量保证措施、施工计划、原材料及构件出厂证明、质量鉴定、监理审核意见、中间产品试验报告、检测报告、施工记录、施工大事记、施工总结、设计修改通知单、竣工图、验收签证、安装检查记录、安装质量评定表、试验记录、订货清单、设备装箱清单、开箱记录、合格证、检验报告、出厂试验报告以及施工过程中重要阶段的现场声像材料等。

3.8.4.5　监理档案分类管理

根据水电厂企业档案分类表（6~9 大类），监理部及各承包人已对所产生的文件进行了分类归档。

薛城电站档案管理工作获得四川省 2018 年项目档案管理优秀奖。

4　薛城电站建设过程中经验教训

（1）前期准备工作不充分。项目开工建设后，由于征地拆迁进展缓慢（尤其是永久渣场）、地方关系协调困难、无理阻工现象严重、施工供电和砂石骨料生产系统投产推迟等因素，导致薛城电站各标段实际开工日期均较原预计的开工建设日期有所推迟，致使有效施工日期缩短和部分费用增加。

（2）对工程不可预见的实际困难准备不足。实际揭示的地质条件与设计文件地质认证相差较大、重大自然灾害等诸多因素的影响，进一步加剧工期压力和施工难度。

（3）2006 年上半年陆续发生因施工用电线路问题而造成停电现象，累

计停电 500 多个小时,给现场正常施工造成极大的影响,尤其对当年年度目标任务影响较大,导致施工工期压力进一步加剧。从该事件中汲取教训,加强施工用电的控制,避免出现类似问题。

(4)施工环境对工程建设的影响不容忽视。施工期内发生多起无理阻工事件(闸首零星阻工现象,欢喜坡 8# 洞口阻工,木堆渣场阻工,望月寨 5# 洞口阻工,破碉房沟 6# 洞口零星阻工等);强买强卖行为和强行承包工程的现象屡屡抬头(强行提供砂石骨料;强行控制原材料运输:砂、石、水泥、钢材等;强行承包工程:2#、4#、5# 渣场防护工程全部由当地承包等);偷盗现象时有发生:偷设备、零配件、材料等,尤以处于甘堡的 CⅠ、CⅡ 标受损严重。加大外部协调力度,请地方政府加强综合治理,为工程的正常开展保驾护航显得尤为重要。

(5)承包人施工、管理水平参差不齐,施工实施阶段对现场的资源投入较合同承诺差距较大,给工程管理和施工监理带来相当大的难度。

(6)工程质量总体受控,但仍存在一些问题:质量缺陷、质量通病等问题仍然存在,尤其在抢工期阶段表现突出;承包人质量保证体系不健全,质检人员责任心不强,工作不到位,不严格执行"三检"制、违规施工的现象时有发生;承包人仍存在对业主和监理工程师的关于质量控制的指示执行不力或不及时执行的现象。尤其抢工期阶段,对工程质量的控制更应加强。

(7)安全文明施工总体受控,但过程控制问题仍较突出。在整个施工过程中,应重点放在:厂房、闸首左岸高边坡的施工;火工产品的控制;引水隧洞、调压井、压力管道等洞内支护安全和人员、设备作业安全;车辆、施工用电使用安全;防洪度汛安全;国道使用安全等。施工场地的有序布置;洞内外施工道路的平整、畅通;施工区域、国道影响地段的保洁、保畅等作为文明施工工作控制的重点。突出问题:习惯性违章屡禁不止;安全隐患不断出现。

(8)对发包人的意见或建议:建立健全有效的对外协调机制,可以减少不利因素对工程的影响;在隧洞分标时设置的标段分界点为暂定桩号,采取各种激励措施,鼓励承包人过界开挖,各标段间以洞挖实际贯通点作为分界点;尽可能提前完成相关施工招标工作;加强工程变更的管理工作,处理问题要做到及时性和准确性;及早考虑机电设备采购事宜,避免机电设备供货延误造成工期上的被动;参建各方(发包人、设计、监理、承包人等)在涉及工程建设的重大问题时,务必做到思想上高度一致,避免"内耗"贻误战机。

(9)在薛城电站建设过程中,工期紧、任务重、问题多是我们面临的主要工作特点,需要监理工程师进一步加大监理力度,加强责任心、自身能力和素质的提高,尽到自己的责任。

5　薛城水电站建设所取的成绩

薛城水电站作为我公司首次进川有幸承揽的第一个电站工程全部监理任务。在薛城电站工程的建设监理过程中,得到了公司总部及学院的大力支持,通过现场监理人员的共同努力,以及与业主的通力配合,在各参建单位的共同努力下,薛城电站实现了 2007 年底 3 台机组全部发电的骄人业绩。

(1)引水隧洞工程于 2005 年 4 月 15 日正式开工,2007 年 7 月 27 日全线贯通,当年 11 月 30 日前完成衬砌,2007 年 12 月 10 日 7 个支洞全部封堵完成并具备通水条件,2007 年 12 月 15 日完成充水。

(2)2005 年 9 月 15 日首部枢纽开工,同年 12 月 12 日成功实现一期截流,2007 年 11 月 25 日下闸蓄水通过验收。

(3)厂房工程 2005 年 9 月 27 日开工,2007 年 11 月 30 日土建工程全部完成;机组安装 2006 年 4 月 25 日开始,首台机组 2007 年 12 月 15 日进入动态调试,第三台机组于 12 月 29 日凌晨 03:00 完成 72 h 运行,3 台机组全部实现并网发电。

(4)薛城水电站比原计划提前半年实现发电目标,被誉为同级别电站安全、质量、进度及投资控制的典范。我公司及现场机构被评为"先进单位""优秀监理部"(见图 5),季祥山、王先斌等多人被评为"优秀总监"及"先进个人"。

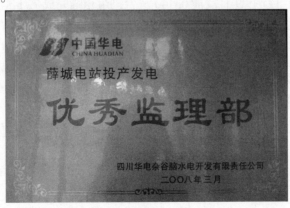

图5

第二章　攻坚克难山水间
群策群力树丰碑

——为薛城水电站发电十周年庆的述评

季祥山

（河南华北水电工程监理有限公司）

　　光阴荏苒,时光飞逝,转眼间,我们华水监理进川承揽的第一个监理项目——华电杂谷脑河薛城水电站投产发电已经十周年了! 本人有幸参与了薛城水电站主体工程施工评标、合同谈判及整个工程的建设监理工作,并出任薛城电站总监理工程师,十余年过去了,但近三年薛城电站建设的日日夜夜仿佛就在昨日,电站建设的点点滴滴历历在目。

　　华水监理 2005 年 1 月与杂谷脑公司签订了薛城水电站主体工程施工建设监理合同,2005 年 3 月 1 日我与首批进场的监理人员一起进场开展监理工作。2005 年 4 月 15 日下达引水隧洞开工令,2005 年 9 月闸坝、厂房及压力管道工程开工,2005 年 12 月 12 日截流;2007 年 7 月 27 日引水隧洞贯通,于 2007 年 12 月 29 日凌晨 03:40 三台机组相继完成 72 h 运行,实现"三投"。综合考虑施工过程中由于征地、拆迁、窝工、停电以及自然灾害等因素造成的工程延期,薛城水电站实际上提前 7 个月实现了发电目标。这看似极其普通的几个日期,凝聚了太多薛城电站建设者的心血和汗水!

1　近三年的薛城电站建设,困难重重

　　薛城电站近三年建设过程中,我们遭遇了重重困难。主要体现在如下几个方面。

1.1　征地拆迁工作举步维艰

　　2005 年 3 月 1 日监理人员进场时,部分引水隧洞标承包人已经进场开始搭建营地,但此时征地工作也才刚刚开始。由于薛城电站沿线居民较为集中,又处于藏羌少数民族与汉族混居地区,加之沿线已建有多个电站,当

地村民漫天要价、无理取闹的事件频频发生，征地拆迁工作错综复杂，进展十分缓慢，例如：

（1）因中铁二局施工的 6# 支洞便道处两座坟无法搬迁，直接影响施工近 4 个月，导致 6 号支洞 8 月中旬才挂口施工（期间，项目经理两次易人，作业队伍更换一次）。同时，由于其中有一座为当年走红的天仙妹妹家的祖坟，其家人要求必须对祖坟采取保护措施，直接占用有限的便道资源，致使便道存在很大的安全隐患（坡度太大，局部地段达 18.7％；坟地位置转弯半径太小，满足不了行车需要），并且对工程进展影响较大（直接影响：车辆损耗严重，维修率高，严重影响洞内出渣；混凝土运输车辆无法直接到达工作面，影响混凝土浇筑）。

（2）由于 CⅦ标承包人安蓉建设总公司使用欢喜坡原道路引发的一系列问题，8# 支洞到 2005 年 8 月底才开始支洞施工，12 月底施工物资等的运输才基本解决。

（3）首部枢纽导流明渠靠山侧民房拆迁困难，导致原计划 11 月 1 日进行"一期"截流的目标落空，拖至 2005 年 12 月 12 日才完成"一期"截流。

（4）薛城电站发电厂房的施工承包人葛洲坝集团于 2005 年 8 月进场，"巴布拉"休闲农庄侵占部分基坑位置需要按设计搬迁，但搬迁难度大，经过了近 7 个月的各级协调，直到 2006 年 2 月 8 日才完成拆迁工作，承包人得以开始大面积开挖施工。

（5）薛城电站 CⅥ标由中铁十五局施工建设，尽管其 2005 年春节过后作业队伍就已进场，但是由于进场道路涉及穿越南沟村数家果树林地、两家房屋动迁、原施工便道靠山坡有涉及联合国教科文组织的实验林木以及三座坟茔等影响，地方政府、业主、监理及承包人多方协调，于 2005 年 6 月下旬才贯通道路至支洞工作面。

（6）永久性渣场。渣场一般均设置在低洼处，当地农民的零星耕地的征占使用尤为困难。永久渣场的征占直接制约工程动工，协调、探访和耐心可谓无不至极，但工作推进甚微。直至 2005 年 9 月 29 日终于完成场地征占，启用 1# 永久渣场，工程顺利实施。其后 2006 年 2 月 18 日启用 2# 永久渣场，2006 年 2 月 26 日启用 4# 永久渣场，此时，距工程正式开工已经过去了整整 10 个月。值得回忆的还有因征地无法解决被迫取消规划中的 3# 永久渣场，给以后中铁十六局施工进度、运距引起的设备增加和造价变化，给合同的管理等问题造成了极为复杂的难题。

1.2 当地村民以各种理由进行阻工的现象频频发生

薛城电站位于四川理县,属藏羌及汉族聚居区,当地民风民情十分复杂。本项目各标段陆续开工后,当地居民以补偿问题、影响生活及生产问题、环保水保问题等各种理由进行阻工,并经常发生强买强卖、强行索要工程施工任务和强行要求进行工程物资运输等事件,给工程施工造成了极其不利的影响。主要表现在以下方面:

因补偿及当地村民强买强卖等行为引发的 2005 年"6·20"事件,致使安蓉公司施工的 8# 支洞项目部被砸、常务副经理白俊被殴打成重伤,影响工期达 1 个月之久;2006 年 7 月中旬 6# 支洞(中铁二局施工)因村民无理要求而阻工,引发承包人与村民上百人对峙伤人,险些引发群殴事件,影响工期 1.5 个月;由于 2006 年 8 月 29 日至 9 月 23 日 CⅣ标受薛城镇小歧村村民强行拉闸断电、堵洞阻工(村民轮班在支洞内值守),导致该标段全面停工 25 d;由中水五局承揽的薛城电站砂石骨料系统,因系统布置区域下游 30 m 左右居民借口系统生产噪声影响生活,阻止系统生产,原本 2005 年 10 月初就具备生产能力的生产系统直到 11 月中旬才开始投产;施工合同中约定的 2005 年 5 月 15 日由发包人提供施工用电,但直到 2005 年 9 月 28 日才具备提供施工用电的条件,主要因线路架设中村民因补偿问题阻挠线路施工;其他零星阻工事件更是数不胜数。

1.3 施工供电对工程进展影响较大

2005 年 9 月 28 日具备提供施工用电条件后,虽然计划停电月累计半个月,对工程施工影响不大,但施工过程中的非计划停电却让薛城电站参建的承包人、业主、监理等单位经历了梦魇般的折磨,身心疲惫,痛苦不堪!其中主要集中在 2006 年的 3~6 月,几乎每天下午均发生 1~3 次跳闸停电事件,多台变压器因突然停电损坏。其间,尽管业主多次邀请包括映秀湾发电总厂在内的多位专家亲临现场协助调查,更换变压器及变压器油等措施,均未能解决停电问题。最后,虽然采用逐个标段停电的方式查明原因为供电线路(架设在山上的支线)问题,可是由此已经影响到主体工程施工近 3 个月之久!

1.4 地质灾害以及复杂地质条件对薛城电站施工造成的严重影响

薛城电站地处高山峡谷,地质灾害频繁,引水隧洞岩性又以千枚岩为主,裂隙发育、容易崩塌,这些都给薛城电站施工造成严重的不良影响,具体表现在以下方面:

（1）薛城南沟 2005 年 7 月 2 日晚因山洪暴发引起的水毁事件,经省地质环境监测总站定性为大型泥石流,是不可抗拒的重大自然灾害,直接造成中铁十五局薛城电站项目部的财产损失、人员伤亡和工期延误,所有临建、工程设施设备全部损毁,人员死亡 2 人,原本定于 7 月 3 日进行支洞挂口施工,直到 9 月 26 日才进行。

（2）2006 年 1 月 2~3 日闸首左闸基开挖时发现砂层不良地质情况,因换填困难直接影响该部分工程施工 20 多天;在主洞开挖过程中,揭示的地层普遍存在因围岩节理裂隙发育、夹炭质千枚岩、岩层走向与洞轴线小角度相交等现象,导致围岩破碎、洞身开挖成型效果差,Ⅳ类及以上围岩达 59% 左右;大大增大了施工难度。2#、4#、5#、6# 支洞内工作面均发生股状涌水现象,且持续时间较长,其中 CⅡ标开挖过程中隧洞洞内涌水异常严重,涌水量平均达 350 m³/h,最高时达 590 m³/h。

（3）7# 支洞下游主洞开挖施工过程中,由于岩石主要为千枚岩,加之靠右侧拱腰及拱顶部位存在构造节理,且节理裂隙发育,地下水较为丰富,同时存在一小断层,岩层走向与洞轴线呈约 20° 夹角相交。K12+541~K12+561 段曾在 3 月 2 日 19:30 和 4 月 4 日上午 11:30 两次发生突然性较大规模塌方,坍塌高度在 10 m 以上,坍塌量约 3 000 m³。

（4）2006 年 7 月,分布在引水隧洞 5# 支洞进口处的望月寨滑坡体由于汛期来临,雨水顺着已展开的裂缝渗入深处,部分地段的坡面滑动呈复活加剧变形趋势,5# 支洞右侧滑坡体新增一条裂缝,缝宽 10~30 cm,最大可测量深度为 460 cm,其余部位深度 100~300 cm 不等,经业主聘请的相关地质专家现场勘查,认为洞口地段不宜布置营地及生活设施,致使 5# 洞营地搬迁,给工程施工造成较为严重的影响。

（5）2006 年汛期开始,2# 支洞口施工便道边坡便多次发生坍塌事件,给工程施工造成较大影响。

1.5　在施工过程中,由于合同边界条件变化较大,带来合同条款规定执行难度

施工过程中,承包人以受征地拆迁、村民阻工、油料及火工品涨价、施工供电、工程地质变化及地质灾害、坍方等因素影响,提出补偿要求,而合同签订时发包人按预设定有关因素所制定相关条款尤其是补充协议的有关规定,与客观实际存在较大差距,致使相当部分的问题不能及时解决。直接导致承包人作业队伍更换频繁,施工热情及积极性受到打击,尤其在 2007 年

春节后,由于大部分承包人开挖基本完成,全面进入衬砌阶段,需购置隧洞衬砌钢模台车、拌和设备、混凝土运输车等设备进场,资金投入较大,现场资金出现严重问题,导致工程进展十分缓慢。

2 应对措施及策略

针对工程建设过程中的种种困难,薛城电站工程建设各方高度团结、群策群力,根据现场实际情况采取灵活的、有针对性的、积极有效的应对措施,充分发挥参建各方的主观能动性和积极性,创造条件推动工程进展。

(1)在当时外部施工环境恶劣的情况下采取非常规处理办法,如渣场问题:在大部分永久渣场因征地问题迟迟不能启用的情况下,采取临时渣场与永久渣场相结合的办法解决弃渣问题,虽然由此导致了运距增加,但确保了工程进度;在施工供电不能及时解决的情况下,督促承包人增加自备电源以确保施工正常进行;针对村民无理阻工,采取隐忍和强硬相结合的办法,充分依靠地方政府进行协调解决,在避免发生群体事件的同时,尽可能将对现场施工的不利影响降到最低程度。

(2)组织各标段技术人员进行技术措施研讨,并请相关咨询专家给予指导,攻克施工过程中遇到的技术难题。通过调整爆破参数,优化作业循环时间,提高掘进速度;通过数据收集、充分论证,优化衬砌;根据现场实际情况,集中主要技术力量,处理隧洞塌方。

(3)监理进场后,我们与承包人一道积极配合发包人开展征地拆迁及外部协调工作;"7·2"大型泥石流发生后的半个月左右,为避免矛盾激化,工程指挥部全部撤离现场,由监理全面负责现场管理工作。

(4)2007年春节后至6月期间,针对现场大部分承包人资金流出现重大问题、工程进展极其缓慢及多数标段处于半停工状态的情况,我们及时提请发包人积极解决相关费用补偿问题和其他遗留问题,协助发包人制定相应的奖励及赶工措施,为2007年"三投"目标的实现奠定了基础。

(5)在引水隧洞施工中,重点采取了如下措施:

①精心组织,合理协调现场施工,要求承包人一旦有工作面具备衬砌条件,必须马上开始衬砌,并创造条件安排衬砌、锚喷支护、底板清理同步进行。

②与发包人一道,根据发电目标需要,与承包人充分沟通和协商后,对多个工作面进行合同界限桩号调整(如CⅦ标段往上游面过界完成开挖达

330 m),适当调整合同范围,均衡施工,以期同步达到过流条件。薛城电站8个支洞,除5#支洞在2007年10月20日封堵完成外,其他7个支洞均在11月30日至12月14日半个月内全部封堵完成。

③对衬砌段较长的工作面,采用两段同步衬砌,靠近支洞口衬砌段采用穿行式钢模台车衬砌顶拱及边墙,以免影响洞内交通;对清底任务较重的洞段,采用多工作面短洞段(10~20 m一段)清理,并制作钢栈桥通行,以免因等待混凝土强度影响洞内混凝土运输。

④协调灌浆标段及隧洞标段交叉施工,确保洞内工作面移交及时,水、电、风互不影响,衬砌段混凝土具备灌浆强度后,立即进行灌浆施工。

⑤会同有关各方认真分析各标段的剩余工作量、各项工作的衔接程序及可能面临的各种困难,并倒排剩余工程的工期,确定关键节点目标,以此进行进度控制和目标考核。细化考核目标,对关键线路以小时为单位进行考核。

(6)加强现场施工组织,以严密有序的施工组织,保证了工程建设目标的实现,在电站建设后期,工作量繁重,施工难度大,我们采取不定期、不定时间召开各种专题会议,及时协调解决现场存在的各种问题,以小时、天为单位检查落实施工进度计划,动态调整和控制施工进度计划的实施。杜绝任何问题阻碍"三投"目标的实现。

(7)现场全体参建人员上下齐心、真抓实干。主要人员全部深入现场,各个工作点、工作面均有人员现场值班,实行工作面落实到人头,全天候现场跟踪管理,采取人盯人、人盯面等多种有利于工程建设快速进行的工作方法。既保证了每个关键工作点、工作面出现问题解决的及时性,又有效地提高了建设速度,保证了"三投"目标的顺利实现。如:除日常工作外,工程指挥部副指挥长刘光辉、工程监理部总监季祥山及副总监王先斌分别在最为关键的8#洞、7#洞、2#洞值守。

(8)树立必胜信心,毫不气馁,勇于攻坚克难。由于薛城电站建设过程中受到种种不利因素的影响,工程延期已经不可避免。很多人对薛城电站2007年年底能否投产,报以怀疑的态度,甚至认为年底"三投"是不可能实现的。在这种形势之下,工程指挥部、监理部、承包人、设计等单位坚决贯彻杂谷脑公司制定的年底"三投"目标,多次召开专题会议,强调"三投"目标的重要性和迫切性,并动员、号召全体参建人员树立必胜的信心,鼓足实干的勇气,使得现场参建各方始终以饱满的热情和坚定的决心投入薛城电站的建设中,团结一致,勇闯硬打,终于实现了2007年薛城电站"三投"目标。

3 薛城水电站工程建设所取得的成绩

通过参建各方不辞辛劳、精心组织,薛城电站克服了因征地移民拖期、地质条件恶劣、施工电源投用滞后及频繁停电、地质灾害等多种不利因素,创造了骄人的业绩。华水监理部及多名监理人员获得业主嘉奖。

(1)确保了薛城电站在实际有效工期两年半的时间内建成,并于2007年12月29日实现3台机组全部发电的工期目标。

(2)取得单一工作面开挖最高月进尺197 m、底拱混凝土浇注一天三仓(36 m)、上幅浇注一天一仓(12 m)、全断面混凝土浇注三天两仓(24 m)的成绩。

(3)采用3台机组交叉调试的方法,有效缩短了调试总时间,以短短6 d时间实现了3台机组的成功调试完成,9 d完成3台机组72 h试运行。

(4)综合考虑施工过程中由于征地、拆迁、窝工、停电以及自然灾害等因素对工程施工造成的工程延期,薛城电站实际提前7个月实现了发电目标。

(5)实现了各单元工程合格率达100%、单元工程优良率均满足中国华电集团公司达标投产考核的要求。

(6)薛城电站正式投产后,严格按照相关要求进行隧洞放空检查,隧洞工程完好无损。特别是运行仅136 d后,发生了汶川"5·12"特大地震,距震中映秀约50 km的薛城水电站安然无恙,经大自然检验工程质量优良、安全、可靠!且在地震后7周内完成了大坝、厂房、引水隧洞及发电设备等的检查,并恢复发电,在地震灾区电力中断的情况下,为阿坝州杂谷脑河沿线提供了电力保障,更为正在施工的华电杂谷脑河古城电站及狮子坪电站震后复工创造了条件。

(7)用华电集团组织的薛城水电站建安工程完工结算研讨会(2010年8月22~23日)上一位资深合同专家所讲的话说,薛城水电站在如此不利的地质条件和施工环境下,用不到两年半的有效施工时间,实现3台机组2007年年底同时发电,简直是个奇迹!尤其是从12月20日第一台机动调开始,到29日凌晨03:40第3台机组也完成72 h上网试运行,仅用了9 d时间,在同类电站调试及上网运行史上应该是前无古人,后难有来者。

第三章　薛城水电站建设过程
中的监理协调纪实

季祥山　王先斌

(河南华北水电工程监理有限公司)

　　河南华北水电工程监理中心(现河南华北水电工程监理有限公司)于2005年1月中标承担中国华电集团四川杂谷脑水电开发有限公司薛城水电站建设的工程监理任务。开启了公司进入四川的15年监理历程。

　　作为华水进川的第一个工程监理项目,公司副总经理亲任项目总监理工程师,三年中坚持在工程现场,每天深入一线巡视和察看,了解情况、分析原因、走访参建和影响的各方,及时协调,有效地排除施工干扰。

　　"细节是胜利的关键",一个个细节的协调和排解,破解了一个又一个难题,确保了一个又一个工期节点的实现。

1　钢架桥施工方案

　　协调事项:协调中铁十五局与中水二局项目部对接,共用钢架桥施工方案。

　　中铁十五局施工的薛城水电站引水隧洞Ⅵ标,2005年2月下旬项目部管理人员进场,作业人员及施工设备3月进驻,但是由于进场道路涉及穿越南沟村数家果树林地、两家房屋动迁、原施工便道靠山坡有涉及联合国教科文组织的实验林木以及三座坟茔等影响,经过地方政府、业主、监理及承包人艰苦卓绝的工作,于2005年6月下旬才到达支洞工作面。

　　为避免过多干扰,施工道路至支洞口需两次跨过常年流水的南沟(又名薛城沟)。为弥补前期工期影响,项目部跨沟采用在直径1 m的四孔叠加涵管上填土的方式作为过流的临时桥(项目部原本想把此方案作为整个施工期的过沟方案,监理考虑到此涵管桥可能无法满足雨季过流能力未予同意,而是批复要求承包人采用钢架桥过沟方案)。

　　6月29日上午9时许,监理部总监季祥山一行到该标例行检查时,薛城村三十余情绪激动的村民把CⅥ标项目部围得水泄不通,要求项目部立即停工,起因就是看到只有四孔涵管过流的临时桥,担心涵管被堵无法过流引起灾祸。尽管项目部、监理及在场的业主人员解释涵管桥只是临时方案,村民仍不能接受。11时许,负责薛城水电站建设协调工作的理县许大义副县长和人大副主任姜军富召集薛城水电站指挥部、监理、CⅥ标承包人及村民参加,在乡政府召开协调会,参建各方都分别给村民做了解释,请求大家理解承包人60余人进场4个月没有施工的难处,并把一旦上游下雨确保南沟畅通(包括挖除涵管桥)的应急预案一一做了说明,中午13:00,在终于征得村民同意不再阻工才散会后,总监季祥山遂带CⅥ标项目经理陈应胜直接驱车到CⅢ标项目部,把已经午休的该标项目经理王永祥叫醒,协调王经理把他们委托西南交大所做的钢架桥施工方案当场拷贝给CⅥ标借鉴参考使用,费用他们自行协商。当天下午,中铁十五局薛城项目部即把南沟钢架桥施工方案报送给华水监理薛城监理部。因南沟与中水二局施工需跨过的蒲溪沟宽度、沟深及来水很是相近,监理于当天给予批复同意。

2 共用渣场

协调事项:因征地、渣场容量等因素影响,协调Ⅱ、Ⅲ、Ⅳ、Ⅴ及Ⅵ标承包人共用渣场。

永久性渣场征地困难,直到2005年9月29日才开始启用1#永久渣场,2006年2月18日启用2#永久渣场,2006年2月26日启用4#永久渣场,此时,距工程正式开工已经过去了整整10个月。另外,因征地无法解决被迫取消规划中的3#永久渣场,给以后中铁十六局(引水隧洞Ⅴ标)施工及相关合同问题处理带来了很大的困难。

为保证各个工作面正常施工,不因渣场原因影响工期,自本工程开工后的2005年6月至2006年年底的一年半时间里,工程建设部及华水监理数十次召开协调会,时任薛城水电站工程建设指挥部副指挥长刘强、监理部副总监王先斌亲抓,24 h随时处置弃渣协调工作。

譬如2006年5月17日K180渣场协调会达成意见如下:①18日起K180多余渣子(因之前4#渣场不具备弃渣条件,暂时堆放)运至4#渣场;②中铁十五局项目部在将K180多余渣子转至4#渣场期间,必须听从4#渣场所属项目部中铁二局项目部的指挥;③中铁十五局项目部在转渣期间,必须保证及时清除沿线路面(包括桥头)掉渣;④铁二局项目部因此次转渣产生的维护费用另计;⑤两个项目部务必全力配合,确保转渣工作圆满完成。如此等等,不再一一列举。

效果:虽产生了一些费用,但保证了各个工作面的正常施工,没有因渣场原因影响工期。

3　开挖界桩重新设定

协调事项:为使隧洞提前全面贯通,监理与业主一道协调相邻标段(安蓉公司项目部(如CⅦ标)往上游继续掘进,铁十六往下接铁十五局等。

与承包人充分沟通和协商后,对多个工作面进行合同界限桩号调整(如CⅦ标段往上游面过界完成开挖达330 m),适当调整合同范围,均衡施工,以期同步达到过流条件。薛城电站八个支洞,除5#支洞在2007年10月20日封堵完成外,其他7个支洞均在11月30日至12月14日半个月内全部封堵完成。一个电站能做到绝大多数支洞基本实现如此同步封堵完成,在同类工程实施过程中实属罕见。

效果:及时全面贯通,保证了总工期目标圆满完成。

4　木卡砂石骨料系统增加破碎设备

协调事项:木卡砂石骨料系统增加破碎设备。

根据华电杂谷脑河薛城及古城两个水电站建设期间对砂石骨料的需要,两电站项目最初规划三个砂石骨料系统,由于G317国道改线及征地等方方面面的原因,按照合同要求,2005年5月能够实际进场的只有中水五局中标的木卡砂石骨料标项目部,又因电力供应、村民一系列问题,真正开始设备生产已经到了2005年12月上旬。由于取消了薛城CⅠ~CⅣ标段原计划料场鹰嘴湾料场,加之下游古城电站(亦为华电投资建设,于薛城电站同期开工建设)专用料场实施单位安蓉建设总公司迟迟无法进场,古城电站也改为从木卡料场供料,大大增加了木卡料场的供料压力。另外,在施工中,为保障G317国道畅通及兼顾施工,虽然在靠杂谷脑河的料场采空区分阶段实施了国道的局部临时改线,但该区域的交通在很长时间、很大程度上仍然依赖原G317国道线,该线路横穿了木卡料场,影响了料场的完整性,对料场加工系统的布置及毛料的开采面、开采强度及产量产生较为严重的制约,而且加大了对施工的干扰。而且所开采毛料直接筛分比率还不到原招标文件的一半(原招标文件直接筛分率达到70%以上),而薛、古电站各标段对粗骨料的需求主要以中小石为主,造成砂石骨料系统生产过程中大石浪费严重,造成超径大石大量囤积。

为确保项目实施过程中对骨料的需求及解决储料问题,2006年8月27日,由工程监理部主持,工程指挥部、监理部、薛古电站SI标项目部及水电五局有关负责人参加,针对如何解决系统生产过程中大石浪费及储料场规划等问题,召开了专题会,并达成增加细碎设备的一致意见,即由中水五局以贷款或其他方式支持现场项目部,用一个月时间,在原系统的基础上增设一套细碎设备,并于2006年9月28日正式投入生产运行;作为对增加系统及运行成本的补偿,补偿费用按承包人购置设备、附属项目及安装所需费用(注:甲乙双方协商确认)之和,扣除设备残值。

该细碎系统于2006年9月28日正式投运后,增加的细碎系统处理囤积的大石来生产施工急需的砂、豆石、小石及中石,产料率达98%,确实达到了预期的效果。

5 设计优化

协调事项:优化隧洞衬砌洞段,缩短整个工程工期。

因前期征迁、施工供电、弃渣场、施工期间围岩条件变差以及人工费用暴涨等多种不利因素影响,加之各施工标段均存在混凝土报价偏低现象,甚至多标段出现当月收到业主所支付工程款与现场实际支出出现倒挂现象,导致隧洞衬砌阶段进度异常缓慢。至2006年年底,根据现场施工条件及衬砌设备所能达到的衬砌最高进尺水平,按照当时确定的衬砌洞段长度,我们推断出,最早2008年3月方能完成隧洞衬砌,2007年年底薛城水电站实现发电目标绝无可能。

为完成2007年年底的发电目标,我们华水薛城监理部配合业主一道多次召开有关薛城水电站隧洞衬砌研讨会,进行本项目隧洞衬砌论证,协调设计及施工单位进行衬砌洞段的优化。

根据业主《关于要求对薛城、古城电站引水隧洞设计优化的函》要求,设计院根据现场进度及实际开挖揭示的地质条件,对薛城电站IV类围岩段的衬护方式进行了讨论。设计对相关洞段的地质条件做了进一步复核,考虑引水隧洞的运行条件和结构安全,对相关洞段的支护结构做了进一步细化分析研究,明确仅对影响薛城电站直线工期的5#支洞下游、6#支洞上游、7#支洞下游、8#支洞上游洞段的IV类围岩隧洞支护进行优化。

　　优化措施为,将部分Ⅳ类围岩偏好段调整挂网喷锚支护(在原设计中设有一期支护,并有钢筋混凝土衬砌)。调整支护参数为:边、顶拱采用挂双层网锚喷支护,并进行周边固结灌浆;底板为厚 0.20 m 的素混凝土。共计优化 10 段总长 1 310 m。

　　效果:及时全面贯通,完成总体目标。

第四章　华水监理西南十五年的发展综述

季祥山

（河南华北水电工程监理有限公司）

光阴荏苒,岁月如梭。转眼间,我代表华水监理进军祖国大西南的水利水电监理市场已有十五个年头了!

2004年春节期间,我把监理中心不应缺席祖国开发大西南水利水电项目监理的想法给时任华北水利水电学院工程监理中心主任(兼河南华北水电工程监理中心法定代表人)的李文义老师和聂相田副主任(总经理)汇报后,单枪匹马于3月中旬来到四川成都。从租房,到了解四川水电布局、搜集学习了解水电站施工管理及工程监理的相关材料,拜会水电项目设计、施工、监理的校友以及水电行业的专家、朋友,直至亲临正在施工的紫坪铺水库、乐山沙湾水电站以及南垭河耶勒水电站、栗子坪水电站等项目施工现场了解、学习水电站项目的施工及监理工作情况。功夫不负有心人,终于于2004年12月投标中标了中国华电集团开发的四川华电杂谷脑河薛城水电站工程监理标,亲任该项目的总监理工程师,并以总监理工程师的身份参与了与薛城电站同期开发的古城水电站引水隧洞标(2005年1月)、首部枢纽、厂房标(2005年7月)等项目的开标、评标、定标工作。2005年1月18日监理合同签订后,即在监理中心的全力支持和配合下,组建了四川华电杂谷脑河薛城水电站工程监理部,2005年3月1日进驻薛城电站所在地的四川阿坝藏族羌族自治州理县薛城镇,开始近3年紧张而充满各种挑战的薛城水电站项目建设监理工作。

通过参建各方不辞辛劳、精心组织,克服了因征地移民拖期、地质条件恶劣、施工电源投用滞后及频繁停电、地质灾害等多种不利因素,实现了2007年12月29日3台机组全部发电的工期目标,创造了薛城电站在实际有效工期两年半的时间内建成的骄人业绩!用一位资深合同专家所讲的话说，"薛城水电站在如此不利的地质条件和施工环境下，用不到两年半的有效施工时间，实现3台机组2007年年底同时发电，简直是个奇迹！尤其是从12月20日第一台机组调试开始，到29日凌晨03:40第3台机组也完成72小时上网试运行，仅用了9 d时间，在同类电站调试及上网运行史上应该是前无古人，后难有来者"。

由于在薛城水电站建设过程中监理人员出色的工作，薛城监理部及多名监理人员获得业主嘉奖。通过本项目，不但培养了一支能打硬仗、打胜仗的监理队伍，包括本人在内参与本项目监理工作的各位同事也得到了很好的历练，当然，华水监理公司也赢得了业主及社会认可。

截至2018年5月，我公司在西南承担了包括四川华电杂谷脑河薛城水电站工程、四川米易乌龟石水电站工程、四川西溪河青松水电站工程、甘孜州巴白路(拉纳山隧道至盖玉段)改(扩)建工程、贵州省六盘水市双桥水库工程泵站及输水管道工程、贵州省都匀市大河水库工程大坝枢纽工程，以及贵州省六盘水市双桥水库工程移民监督评估和贵州省夹岩水利枢纽及黔西北供水工程移民安置监督评估项目等大中型水利水电工程的建设监理和移民安置监督评估任务。

下表为华水监理西南片区已完成或正在承担的部分大型水利水电工程监理简况，以及部分项目实施过程中的一些记载和思考，随本书一并载入，以期在以后的工作中能有所借鉴。

华水监理西南片区已完成或正在承担的部分大型水利水电工程监理简况

序号	工程名称	工程等别（级）	监理项目投资（万元）	建设单位	监理范围	监理服务合同起止时间	实际实施时间	说明
1	四川华电薛城水电站工程（引水隧洞长16.617 km，总装机100 MW）	中型工程	项目总投资100 000万元	四川华电杂谷脑水电开发有限公司	整个电站工程建设的施工监理	2005-03~2007-12	2005-03~2008-06	2007-12-29全面实现3台机组发电目标
2	安宁河流域米易县乌龟石水电站工程	中型工程	项目总投资25 000万元	米易县石峡水电开发有限公司	整个电站工程的施工、安装监理	2007-06~2009-12	2007-06~2009-12	按期完成，质量、安全可控
3	四川华电西溪河青松水电站工程	中型工程	项目总投资125 000万元	四川华电西溪河水电开发有限公司	整个电站工程建设的施工监理	2009-09~2014-03	2009年9月开工，2012年9月暂停	暂停状态
4	甘孜州巴白路（拉纳山隧道至盖玉段）改（扩）建工程	大Ⅱ型工程	项目总投资120 000万元	四川华电金沙江上游水电开发有限公司	整个工程建设的施工监理	2010-11~2013-12	2011-03~2016-11	非监理原因，工程拖期
5	六盘水市双桥水库供水工程泵站及输水管道工程	中型工程	项目总投资26 000万元	六盘水市江源电力有限公司	泵站及输水管道工程施工监理	2011-11~2015-11	2011-11~2017-12	因泵站招标原因，工期滞后两年
6	六盘水市双桥水库供水工程移民安置监督评估	中型工程	项目总投资60 000万元	六盘水市江源电力有限公司	整个工程的移民安置监督评估	2011-11~2015-11	2011-11~2015~11	按期完工

续表

序号	工程名称	工程等别（级）	监理项目投资（万元）	建设单位	监理范围	监理服务合同起止时间	实际实施时间	说明
7	贵州省水城县观音岩水库工程（引水隧洞长1 980万 m³，大坝为碾压混凝土双曲拱坝，坝高109 m）	中型工程	项目总投资47 814万元	水城县水务投资有限责任公司	观音岩水库工程的建设监理	2013-10~2016-12	2013-10~2018-12	非监理原因，工程拖期
8	贵州省都匀市大河水库枢纽工程（大坝为碾压混凝土抛物线双曲拱坝，最大坝高105 m，坝顶高程898.00 m）	中型工程	项目总投资90 927.00万元	黔南州大中型灌区管理局	大坝枢纽工程的建设监理	2015-10~2019-08	2015-10~	工程质量、工程安全，工期、投资可控
9	贵州省夹岩水利枢纽及黔西北供水工程移民安置监督评估第一标段	大型工程	项目总投资616 900万元	贵州省水库和生态移民局，贵州省水利投资（集团）有限责任公司	枢纽工程区、七星关区、毕节大供水区等区的移民安置监督评估	2015-10~2023-10	2015-10~	正常

第五章　川黔项目建设工程监理掠影

华电金沙江巴白路改(扩)建工程建设监理历程

季祥山　李雪松

(河南华北水电工程监理有限公司)

为了尽快推进华电金沙江上游水电开发有限公司在金沙江上游的工程项目开工建设,华电集团公司决定先对甘孜州巴白路进行改(扩)建,该项目也是华电集团开发的金沙江上游最大的水电站——叶巴滩水电站连接318国道主要通道。巴白路改(扩)建工程路线全长 84.582 km,全线为水泥混凝土路面,主要包括路基、涵洞、桥梁以及长 3 527 m 欧帕拉隧道工程。由于本工程所在地为国家级原始森林保护区,同时又是海拔在 3 100 m 以上、每年的 10 月中旬至次年 3 月气温大部分时间在 0 ℃ 以下无法施工,而每年的 6~8 月又为雨季,对结构物施工又会造成影响,加上藏族聚居一些民族特点,施工条件极为恶劣、环境极为复杂。虽然 2010 年 10 月举行了开工典礼,但直至 2016 年 12 月 20 日,包括 3 527 m 欧帕拉隧道工程才实现全线通车。以下就针对本工程的设计、实施等具体情况做一简要介绍。

1　项目概况

1.1　工程简介

(1)本项目测设起点 K0+000,起于巴塘县境拉纳山隧道入口附近与既有 G318 公路平面交叉,接线标高接既有 G318 公路中心线标高,设计高程为 3 051.28 m。充分利用巴(塘)白(玉)公路起点至松多乡(K0+000~K10+000)在建路段,路线沿既有巴(塘)白(玉)公路布线,路线在 K5+400~K5+800 经过郎多村,在 K9+800~K10+500 经过松多乡后,为了克服高差路线,在 K11+100 离开老路布设新线,利用山坡地形自然展线和回头展线。在 K12+200 处绕避古滑坡体,利用地形布设 1 对回头线后在 K13+761.92

(此处断链)相接结束新线段,继续沿既有巴(塘)白(玉)公路布线,在K26+900处翻越垭口后沿山坡自然展线,在K31+800经过莫西林场后继续沿既有巴(塘)白(玉)公路临莫西河布线,至既有巴(塘)白(玉)公路巴塘和白玉两县行政交界处(K47+506.54),然后沿莫西河而上,在K52+500~K56+000以一长3 500 m隧道穿越欧帕拉垭口,到达白玉县沙马(K67+700),然后沿降曲河顺河而下,到达本项目止点盖玉乡(K94+445.604)。路线全长约84.454 km,水泥混凝土路面,建设地点在甘孜州巴塘县(K0+000~K47+506.54,长约38.215 km)、白玉县(K47+506.5~K94+445.60,长约46.239 km)境内。

路线采用三级公路技术标准,设计时速30 km/h,路基宽度7.5 m,双车道,水泥混凝土路面,桥涵设计荷载公路I级。其中欧帕拉隧道长3 500 m,隧道建筑限界宽度8.0 m(行车道3.5 m×2+侧向宽度0.25 m×2+余宽0.25 m×2),高度4.5 m,设计时速40 km/h。

(2)水文、气象及地质简况。

巴曲河和莫西河是线路区主要水系,也是当地侵蚀基准面和地下水的集中排泄带。巴曲河沿线是老G318线,经过多年运营,无洪水漫过路基的现象。莫西河是巴曲河的支沟,发源于欧帕拉山南麓,呈南北向纵贯本工程区,汇入巴曲河。莫西河纵坡较大,水流湍急,径流面积62 km²,多年平均径流深度324 mm,实地调查最大洪峰流量为23 m³/s。区内地下水按其赋存条件分为两大类型:松散堆积孔隙水和基岩裂隙水,且分别赋存于不同的含水岩层中。

1.2　气象

(1)本工程区属青藏高原气候,气候的总体状况是:气温低,冬季长,四季不分明,无霜期短,降水较少,干雨季分明,光照强度大,日照丰富,气温随海拔的升高呈明显的垂直分带。

(2)各地因纬度和海拔高度的变化而影响气温的变化,年平均气温具有河谷地带高、高山区低的特点。

(3)本工程区年均气温5~10 ℃。各地年均地面温度都在20 ℃以下,显示出河谷地带高于高山分水岭的变化趋势。本工程区年均地面温度为8~10 ℃。

(4)本工程区内降水因大气环流季节转换的制约和地势起伏的悬殊及山脉走向的共同影响,在时、空、量上不均衡。总体上降水量偏少,本工程区降雪时间、天数受纬度、地形地势和海拔高低的影响。年降雪时间多为每年10月至次年4月。年平均积雪日数为5~10 d。本工程区年相对湿度不大,最大 70% 左右,小的不到 50%。

(5)各地气压受海拔高度和地理纬度的制约,年际变化较小,而月际有一定变化。工程区多年平均气压为 702 bPa,水气压为 5.8 bPa。

(6)工程区因海拔高,地形起伏大,气压差明显,气温差显著等原因,造成风多、风大,大风在一年中,集中于 11 月至次年 5 月,占年均大风日数的 80% 以上。大风日 20~40 d。

(7)工程区从 9 月开始有霜,年均霜日达 70 d,年均无霜日 122 d。

1.3 地质

本工程区内出露的地层有二叠系妥坝组(P_2t),二叠系冰峰组-冉浪组(P_1r-b)石炭系上中统(C_2),下第三系热鲁群(Ert),以及第四系冲洪积层(Qal+pl)、残坡积层(Qel+dl)。

工程区位于青藏高原的东南部,在构造上位于青、藏、滇、缅、印、尼"歹"字形构造体系头部向中部转折端的东缘,地质构造复杂。其东、西分属雅江旋卷构造及"歹"字形构造体系所属赠科—稻城反"S"形构造和三江弧形构造。该构造体系分布于理塘断裂以西,构造线呈近南北及北北西向展布,由一系列大规模的断裂带和复式褶皱带组成,褶皱带往往被断裂切割破坏而模糊不清。在巴塘、章德—木拉一带,与其配套的北北东、北西向断裂发育。

1.4 电力、通信条件

工程区起点段约 15 km 沿线有输电线通过,可通过相关单位协商供施工和生活用电,后面路段无电力供应,需自备发电机发电,项目止点盖玉有电力供应,能满足生活用电。工程区部分路段无移动通信信号,现场工作人员需使用对讲机联络。

1.5 主要工程量

主要工程量如表 1 所示。

表 1 主要工程量

主要工程项目		单位	数量
路线全长		km	84.45
征地	旱地	亩	32.9
	草地		34.9
	林地		2 035.7

续表 1

主要工程项目			单位	数量
拆迁	拆迁建筑物		m²	360
	拆迁电力、电信设施		根	16
路基工程	计价土、石方总量		万 m³	251.87
	其中	土方		168.35
		石方		83.52
	防护工程	挂网喷混凝土	万 m³	0.432
		浆砌挡墙	万 m³	63.14
		浆砌边沟、排水沟	万 m³	6.75
	病害治理工程		m	655
	水泥混凝土路面		万 m³	55.7
桥涵	大桥		m/座	—
	中桥		m/座	358.5/6
	小桥			224/10
	涵洞		道	253
隧道			m/座	3 500/1

1.6　标段划分

标段划分如表 2 所示。

表 2　标段划分

合同段号	里程段号	长度（km）	招标编号
C1 标段	K0+000～K29+000	19.702 26	JSJSY-BBL-2010-A
C2 标段	K29+000～K47+506.54	18.512 61	JSJSY-BBL-2010-B
C3 标段	K47+506.54～K57+000	9.489 75	JSJSY-BBL-2010-C
C4 标段	K57+000～K74+000	16.302 58	JSJSY-BBL-2010-D
C5 标段	K74+000～K94+445.60	20.447 02	JSJSY-BBL-2010-E

1.7　施工用水

本项目沿途山泉水资源充沛，白玉县路段有降曲河，水质能够符合施工质量要求，可通过引蓄、提水满足施工需要。

1.8 施工用电

施工用电采用施工单位自备柴油发电机发电,以满足施工要求。

1.9 工程建设各方

发包人:四川华电金沙江上游水电开发有限公司

工程监理单位:河南华北水电工程监理有限公司

工程设计单位:四川省林业勘察设计研究院

　　　　　　　成都市交通规划勘察设计院

工程承包人:C1 标　中国水利水电第一工程局有限公司

　　　　　　C2 标　中铁十六局集团第二工程局有限公司

　　　　　　C3 标　中铁七局集团有限公司

　　　　　　C4 标　重庆公路(集团)股份有限公司

　　　　　　C5 标　安蓉建设总公司

2　本工程重点难点

巴白路(拉纳山隧道至盖玉段)改(扩)建工程起于巴塘县境拉纳山隧道入口附近与既有 G318 公路平面交叉(K0+000),止点盖玉乡(K94+445.604),路线全长约 84.454 km,主要包括(但不限于):与承包人施工生产、办公、生活有关的所有临时设施,路基、路面、桥涵、隧道(含机电工程),公路设施及预埋管线工程,水土保持、绿化及环境保护工程、完工资料整编和移交竣工验收等与公路相关的所有工程监理工作。本工程在建设中存在重点难点如下。

2.1　工程项目区环境恶劣,施工管理难

2.1.1　高原气候环境对工程影响

(1)工程区属青藏高原气候,海拔高,气温低,冬季长,年均地面温度为 8~10 ℃,从 9 月开始有霜,年均霜日达 70 d,年均无霜日 122 d。当年 10 月中旬至次年 3 月冬季气温较低,不能进行施工;7~8 月雨季较多,对工程施工影响极大。

(2)工作地处于高寒缺氧、气候恶劣、生活条件差,所住的营地海拔最高达到 4 050 m,紫外线强烈、气压低,参建人员不能适应,不同程度出现高原反应,必须忍受高寒、缺氧等极端环境的考验,人员组织(尤其是施工作业人员)较为困难,带来人员更换频繁、劳动效率低,造成参建人员极度不稳定,严重影响工程施工。

冬季积雪覆冰厚,饮用水输水管道结冰,现场饮水只能取用雪水或冰块融化水。

(3)工程区地处高寒、缺氧等恶劣环境,机械设备利用率降低对工程影响甚大。

(4)冬季施工措施复杂性。

在本工程每季冬季施工前都要有可靠的冬季施工措施,施工作业单位必须报送冬季施工方案,方案必须包含各种原材料、产品、半产品及其他物资的防寒保温措施;钢筋焊接、冷拉满足的温度条件;混凝土及砂浆等拌制、使用及养护措施;供水设备及管路、永久机电设备等保温措施;机械设备的防寒、防冻、防滑等措施。

2.1.2　工程地处于藏区对工程影响

(1)工程区处于藏族集中的地区,由于部分藏族的野蛮、不讲理,经常到工地骚事,驻地常发生偷、盗、抢事件;致使参建各方人员生命、财产安全保障率低。

(2)白玉、巴塘两县地界问题,巴塘境内群众多次聚众扰乱施工,阻挠途经巴塘县的施工车辆和施工材料运输车辆。

(3)沿线多次发生地方群众暴力盗抢事件,扰乱了正常的施工秩序。

(4)规划的砂石料场征地一度受阻,施工区域内地材跨区调用受阻,用于工程的片石料源短缺,致使混凝土工程和浆砌石工程施工进展缓慢。

2.2　工程区内交通、通信、电力条件差对工程建设的影响

(1)工程区地处偏远地区,运输条件差,工程材料(水泥、钢材、油料、火工品等)、设备零部件及其他后勤物资的供应受到较大影响,进场困难,特别是在当年11月至次年3月影响更大。

(2)生产和生活电力供应。

施工区沿线基本没有电力供应,工程区起点段约15 km沿线有输电线通过,后面路段无电力供应,项目止点盖玉有电力供应,只能满足生活用电。因此,施工区内生产和生活用电主要依靠自备柴油发电机组发电。

(3)通信条件恶劣。

工程区大部分路段无移动通信信号和固定通信线路。现场工作联系使用对讲机联络。参建人员对外联络特别是与家人联络,都只能步行数千米路程爬到山顶上或到巴塘、白玉现场才能与外界联系。如此长期处在基本上与外界失去联系的地方,很容易造成人员心理上的疲惫。

2.3 地质条件复杂,不可预见的地质原因对工程造成较大影响

工程区位于青藏高原的东南部,在构造上位于青、藏、滇、缅、印、尼"歹"字形构造体系头部向中部转折端的东缘,地质构造复杂。其东、西分属雅江旋卷构造及"歹"字形构造体系所属赠科—稻城反"S"形构造和三江弧形构造。该构造体系分布于理塘断裂以西,构造线呈近南北及北北西向展布,由一系列大规模的断裂带和复式褶皱带组成,褶皱带往往被断裂切割破坏而模糊不清。在巴塘、章德—木拉一带,与其配套的北北东、北西向断裂发育。

(1)在工程勘察设计阶段和实施阶段,我国水电项目的开发建设处于高峰时期,造成水电行业内各家主要设计单位、科研院所、咨询监理、承包人的生产任务都比较饱满,勘查设计工作所需正常周期过度压缩、重大课题研究深度不足影响了工程项目建设顺利进行。

(2)复杂的地质条件,加上工程施工过程中对原始地形地貌的扰动,在沿线边坡作业时时常出现崩塌、掉块、塌方;特别是欧帕拉隧道在施工初期对地质条件认识不到位,再加之超前地质预报不到位,初期支护方案调整不及时,时有塌方出现,对工程造成一定影响。

2.4 安全、文明施工,环水保工作难度大

(1)巴白路(拉纳山隧道至盖玉段)改(扩)建工程施工安全管理工作因为工程点多面广,从业民工安全意识差、习惯性违章等常见问题,当地居民更是缺乏安全意识,经常出入施工区危及自身安全等,而且本工程在桥梁施工存在高空作业、立体交叉作业、起重吊装等危险性高的施工项目,公路边坡开挖同样存在开挖工程常见的爆破作业安全、火工产品使用管理安全等常见问题,也存在上下层交叉作业安全问题,所以本工程施工安全管理工作难度相当大。

(2)巴白路(拉纳山隧道至盖玉段)改(扩)建工程沿巴曲河和莫西河布置,施工过程中生产、生活用水大量来自河水,公路工程属于劳动力密集型项目,承包人搭建的临时房屋、仓库等设施简陋、零乱,缺少垃圾处理设施,其次道路、弃渣场地未最终形成,乱弃乱丢等不文明施工行为也常有发生,尤其在路基土石方开挖过程中,随意弃渣现象较为普遍。因此,在弃渣场具备使用条件后,按照设计要求堆存,严防引发泥石流灾害,造成水土流失。

(3)巴白路(拉纳山隧道至盖玉段)改(扩)建工程沿线基本处于原始森林自然保护区,对边坡开挖、生产生活取用水、各类弃渣等提出了更高要求。

3　实施过程中针对本工程重点、难点采取的监理措施

3.1　工程组织措施

合同工程的目标实现,归根结底是由人来进行控制的,一项宏伟的系统工程的顺利完建,首先是一批高素质的人才队伍和由其组成的一个高效能的管理机构,它融合了勘探设计、科研咨询、建设管理、材料设备生产供应、工程监理、施工承建等各方面、多专业、多层次人员,其中项目发包人处于工程建设的中心和主导地位,勘探设计是龙头,施工承建是主体,工程监理处于项目管理的执行者地位。发包人通过招标采购方式,以合同为纽带,将设计、科研、监理、施工、厂商相关各方集合成为一个围绕工程建设目标的组织系统。

我们在工程监理过程中始终秉承牢固树立为发包人服务的指导思想,加强同发包人的沟通理解,了解发包人对监理工作的期望,认真履行合同义务,当好发包人的工程管家。本监理机构进场后主动协助发包人完成工程建设系统内部沟通机制的建设、完善,同时充分发挥合同管理者、发包人管理工程的窗口作用,做好发包人、设计、各承包人之间的桥梁、纽带,保持四位一体、共同努力。

3.2　监理组织措施

高效能的监理组织机构和高素质的监理人员是为工程提供高质量的监理服务的保证。我们根据本工程的规模、专业特点,采用了总监负责制下直线式组织机构,总监办下设各部门和监理组,其中设 2 个监理组,C1 标、C2 标为巴塘监理组,C3 标、C4 标、C5 标为白玉监理组分别进行管理,并配置专业监理人员。各专业工程师都是经过华水监理多个工程的锻炼,并具有相关专业丰富的监理实践经验,是我公司的工程技术和管理技术过硬的骨干力量。

2014 年依据合同年初计划除 C3 标欧帕拉隧道以外其余明线段进入冬季之前全线完工,在具体实施中,C4 标段 K57+000~K63+755 受村民阻工、开挖工程量大、雨季大量滑坡等客观因素影响,截至 2014 年 6 月下旬,施工进度已滞后于目标工期。按照该标段人、机、物当时投入情况,已无法按期完成工期目标,加之临近冬季,再组织生产要素进场困难,若延期就会延至来年 6 月完成。我监理部在充分调研分析后,认为 C5 标工期比计划目标超前,该标段按当时施工进度在当年 9 月中旬完成,且人力资源较为充分,如

果在该标段抽调一个作业队支援 C4 标,不仅不影响该标段工期,又能帮助 C4 标段如期完成目标。在收集大量基础资料并经过充分论证后,我监理部郑重向业主建议,C5 标抽调一个作业队支援 C4 标,后经过召开多次专题会议,就具体实施中有关问题达成一致意见,于 2014 年 8 月中旬进场施工。为加强该段协调和现场管理工作,我监理部从总监办抽调工程部一名监理工程师充实现场。经过参建各方共同努力,最后该段在冬季之前顺利完成,确保了年初计划的实现。

3.3 技术措施

技术措施不仅对解决施工实施过程中的问题是不可或缺的,而且对纠正合同目标控制偏差亦有相当重要的作用,运用技术手段对合同目标进行纠偏,一是能提出多个不同的技术方案,二是对不同的技术方案进行技术经济分析。具体内容如下:

(1)充分利用自备电源,解决部分地段施工用电、生活用电问题。

(2)本项目地处偏远山区,通信联络十分困难,需要现场配备对讲机、卫星电话等工具,解决联络问题;C3 标与巴塘县电信公司合作,从莫西林场接引通信光纤 10 余千米到项目部,解决现场和对外联络问题。

(3)路基土石方开挖作业过程中,局部受地形影响地段,在采取环境保护和水土保持的措施前,想尽一切办法多开工作面,确保工程进展。

(4)提前做好特别是在冬季施工前现场各种材料、物资、设备零配件等的储备,在冬季前加强工程机械设备的维护和保养,对各种作业进行技术指导,积极解决工程施工中遇到的各种难题。

(5)欧帕拉隧道塌方处理专项措施。

欧帕拉隧道主要有块状结构岩体、松软破碎地层塌方,根据以往监理经验结合现场情况,制订了两种塌方处理预案。

①块状结构岩体塌方。

块状结构岩体中产生的塌方,是不利结构面与软夹层所致。塌落高度不大,且塌落形状呈不规则锥形,在未扰动部分岩体仍然保持相对自稳状态。利用岩体的自稳能力及时处理,支护锚固,防止大塌方。在实施中利用岩体出现塌方后的暂时稳定期,立即施喷混凝土,待混凝土达到一定强度后用 I20 工字钢每隔 80 cm 支护一榀,拱架间使用 φ 25 钢筋间距 30 cm 连接并用缩脚锚杆将拱脚锁住。强调在处理期间,不能清渣。

②松软破碎地层塌方。

松软破碎岩层中产生的塌方,塌方规模大,甚至冒顶,塌落形状为抛物拱形,塌方往往在塌落中将隧洞边壁破坏。前期喷射 C25 混凝土提高松散塌落体的整体强度,提高其自稳能力和荷载能力。塌方体稳定后采用 ϕ 40 超前小导管注浆。然后挖掘,每前进 80~100 cm 用 I20 工字钢拱架间距 80 cm 进行支撑,安装间距 40 cm ϕ 40 环向管注浆锚杆,挂网喷混凝土。最后进行环向灌浆,形成一个固结圈。

3.4　经济措施

经济措施是最易为人接受和最常采用的措施,除了采用常规的对审核工程量及相应的工程款支付和结算、控制设计变更和索赔等手段之外,还要从全局性、总体上加以考虑,往往取得事半功倍的效果。在出现工期延误较多的时候采用奖、罚措施和采取赶工措施来达到对施工进度偏差的调整,通过系统控制的手段达到对合同总目标的合理控制。

经济措施在本项目的显著作用是对作业人员的稳定、安全文明施工及环保、水保管理上,监理工程师进场后协助发包人制定了有关安全文明施工管理办法,签订与各承包人之间的安全文明施工责任书、环水保责任书,明确各承包人在安全文明施工、环境保护方面的职责;制定了检查考核和奖励处罚办法,并有日检查、周总结、月评比等手段严格控制,起到了立竿见影的效果。

3.5　合同措施

对于投资、进度和质量控制三大目标,均要以合同为依据,因此要实现合同目标的控制,合同措施就尤为重要,监理工程师在与参建各方充分讨论协商后,对整个工程进行了项目划分,并编制了基线进度计划、投资控制计划、质量工作计划。

3.6　协调措施

巴白路(拉纳山隧道至盖玉段)改(扩)建工程施工覆盖范围广、战线长,加之地处少数民族地区,因此现场施工协调管理难度较大。建立健全高效的协调机制是保证工程建设各项目标实现的重要保证,协调措施包括工程建设外部环境协调、设计技术供应协调、物资材料和设备供应协调、施工组织协调、施工资源和施工干扰协调等。监理工程师全面协助发包人做好外部环境协调工作,主动积极挑起监理合同范围内工程的施工协调任务,及时处理各种影响正常施工的各种问题,建立定期的协调会议制度,做好各承包人、工序、作业面之间的协调,建立专业技术协调制度,定期或不定期组织各单位主要技术负责人会议,对工程中出现的技术难题,以及需要前瞻性考虑的问题进行商讨,取得共识,确保了施工进度、质量、安全和投资目标的实现。

砂石骨料系统料源、生产加工征地,点多面广,涉及村民众多,工程建设初期,在各标段砂石骨料占地征用中,推进困难,砂石骨料系统建设受征地影响,建设进度较慢;前期很多边坡开挖暴露后,没有衬砌材料,局部地段存在安全隐患;C3 标段在这方面介入后,重视力度大,征地和系统建设都早于其他标段,且加工厂已生产出一定数量砂、石料堆放在料场且能满足本标段施工需要后有能力向其他标段提供材料;经过多次组织协调会,在 2011 年 4 月、5 月 C2 标和 C4 标分部在 C3 标料场调用砂、石及片石 1 230 m³ 和 2 350 m³,解决了无料可用的困境,保证了安全施工和相应进度。

4 经验教训

(1)各参建单位明确项目管理目标,建立高素质、高效率的管理团队。与时俱进,改变传统的项目管理观念,积极引进科学的管理手段、管理方法,讲究技巧,追求实效。有计划、有步骤、有措施、有办法,稳步推进。注重事前控制、主动控制,制订预案、优化计划,有预见性、前瞻性地发现问题,从而能及时解决问题、防范干扰因素的出现。

(2)建立健全质量、安全等各项管理制度,完善与提升管理办法,增强从业人员责任意识,保证工程目标管理有章可循。监控重点,突破难点,以科学的手段和方法确保工程质量,全员、全过程、全方面着力打造精品工程。

(3)加强各参建方沟通与协调,密切配合,和谐共建。建立有效的信息传输通道、信息共享渠道,增强参建各方的联系频率,建立定期的会议制度,适时召开专题会议,协调各方关系。

(4)强化履约行为考核与检查,任何行为都不能违背原则,从外部督促与提升参建各方的服务水平与质量,完善管理体系,充分发挥监理团队的作用。

(5)保护沿线群众的利益,采取各种应对措施,最大程度减轻对沿线群众的生活产生负面影响。保护环境,减轻或避免环境污染事件发生。

(6)高度重视安全管理工作。坚持安全第一、预防为主、综合治理的基本原则。结合工程,建立风险识别表,制定风险控制对策。建立以业主为中心的、各参建方共同参与的安全生产管理体系网络,并能有效运转。

(7)推行工程建设标准化,广泛开展高目标、高标准、高起点,平安工地创建活动。

(8)在地质情况复杂条件下,隧道掘进施工必须重视地质超前预报,为施工技术方案调整提供支持。

(9)征地移民方面,实施前要与当地政府协调,取得政府相关部门支持。

5　结　语

山区公路工程地形复杂、桥隧多,要求工程监理工程师技术知识面广、经验丰富。因为只有充分认识到影响公路施工诸多因素,才能从具体施工情况分析,将影响公路工程施工的问题完善与改进,才能保证公路工程监理工作的顺利开展,使监理工作质量得到保证。

本项目部监理人员都是具有多年监理工作经验的专业监理工程师,工作认真,原则性强。在项目实施过程中,从质量、进度、投资等目标进行控制,充分发挥监理人员的优势。对于重要部位全程跟踪。

工程合格是参建各方的共同的目标,提供优质产品是共同的追求。通过本工程监理工作,总结经验,找出差距,以期在以后的工程管理中,以更科学的管理、更严格的要求完成合同的约定相关工作和目标。

图1　C4标 K69+460~
K69+760 水稳层铺筑

图2　C5标 K75+535
水稳层钻芯取样

图3　C4标 K73+411.5 中桥 0#~3#
连续箱梁底板与腹板浇筑

图4　C3标欧帕拉
隧道进口检查

六盘水市双桥水库供水工程项目建设监理概述

朱时秀　王志强

（河南华北水电工程监理有限公司）

1　工程概况

双桥水库坝址位于水城县保华乡双桥村阿勒河上，于下游 5.5 km 处汇入三岔河，距离保华乡政府约 2 km，距六盘水市约 35 km，水厂位于钟山区月照乡大坝村的青冈坡。

双桥水库供水工程包括水库枢纽工程、水库附属电站工程、泵站及输水管线工程、水厂工程四部分。工程坝址以上集水面积 502.2 km²，多年平均径流量 25 830 万 m³，多年平均流量 8.19 m³/s。双桥水库正常蓄水位 1 614.5 m，相应库容 8 830 万 m³，总库容 9 140 万 m³，水库年总可供水量为 9 892 万 m³。混凝土面板堆石坝最大坝高 65.5 m，输水管线总长 11.5 km，采用二级泵站提水，设计总扬程 350 m，设计引用流量 3.68 m³/s。水库附属电站装机规模 4 500 kW。综合确定本工程等别为Ⅲ等，工程规模为中型。本工程建设范围涉及水城县保华乡及南开乡、钟山区的月照乡，是以向六盘水市中心城区供水为主要任务的中型水库，兼有灌溉及人畜饮水，同时，为充分利用水利资源，利用下放环境水及弃水发电。水库主要向六盘水市中心城区"一城七片"供水，"一城"即中心城区，"七片"即将中心城区分为钟山、石龙、柏杨坡、德坞、水（钢）月（照）、双水和老鹰山七大片区。年供水量为 9 382 万 m³（$P=97\%$）；解决下游保华乡 2 万人及 3 000 头大牲畜饮水，年供水 175 万 m³/d（$P=95\%$）；承担下游左岸保华乡 1 600 亩（蔬菜 200 亩，经果林 1 400 亩）耕地灌溉用水量为 7.37 万 m³/a（$P=80\%$）；年下放生态环境水 5 170 万 m³（$P=90\%$）。水厂供水规模为 30 万 m³/d，采用分质供水，其中生活用水 20 万 m³/d，工业用水 10 万 m³/d；水库附属电站装机 3 500 kW。

输水工程由两级提水泵站及全长 11.48 km 输水管线组成。其中两级泵站提水流量为 3.68 m³/s，一级泵站提水扬程 175 m，二级泵站提水扬程为 147 m，为高扬程泵站；输水管线主要部分为两条球墨铸铁管输水管道，管道直径 1.2 m,单条长度 4.8 km,以及总长 5.3 km 的 3 条输水隧洞和 4 座管桥。

2011 年公司开创贵州新市场首战告捷。承担了六盘水市双桥水库供水工程泵站及输水管道工程的建设监理工作,于 2011 年 11 月 13 日签订监理合同后进场工作。因征地等原因历时近 8 年,于 2017 年基本具备供水条件。近 8 年的监理工作中,项目监理部在总监理工程师季祥山的领导下,克服重重困难,以高度责任心、严谨的工作方法,协助解决了一个又一个制约因素,在提水泵站设备安装调试过程中,老院长黄克国发挥聪明才智并以其深厚的实践经验提出了许多关键性建议,为机组运行顺利通过验收做出了贡献,深获业主六盘水市水务局好评。

2　监理工作措施

2.1　进度控制

本项目共划分为三个施工标段:泵站土建及机电设备安装工程、输水管线工程及 10 kV 输电线路工程。各个项目开工时间的跨度较大,这对监理工作的安排带来了一定的困难,现场先后投入监理人员近 30 人,做好不同时段、不同标段的监理工作。

在项目实施过程中,协助业主编制了控制性总进度计划,同时对各标段进度计划进行了认真的审查、分析,提出了有利于保证工程进度的监理意见。

输水管线工程批准的开工时间是 2012 年 6 月 30 日,控制性关键线路为天生桥 2# 隧洞,隧洞全长 2 960 m,断面为 3 m×4.5 m 的城门洞形,设计断面小,施工过程中出渣、通风排烟十分困难,在施工组织设计批复中,要求在进出口双向开挖的同时在适当位置增加施工支洞。为此同业主进行商议,争取业主的认同。最终得到了业主的支持,虽然增加了部分投资,但工期得到了保障。

10 kV 输电线路工程于 2015 年 4 月 15 日正式开工,在进行线路踏勘过程中发现月照乡施工段已经被政府建设学校、道路圈占,无法按设计线路施工,监理先后组织两次会议进行协调,建议业主组织设计进场重新勘察线路,历经一周,完成线路变更,施工得以进行。保华段因跨越煤矿开采区无法施工,采取了同样的办法。

通过本项目的监理工作实践,在进度控制方面取得了以下收获和经验:

（1）进度控制是监理工作的一个重要内容，监理机构对施工组织设计、进度计划批复要十分慎重，充分考虑到施工中可能存在的不利于施工进展的客观因素，提出预见性意见，指导施工，为业主提供正确的合理的建议，这在一定程度上对工程进度的控制有着重要的意义。

（2）在监理工作中，监理人员必须认真做好监理日志，对每天施工现场投入的人、机、物以及施工进展情况，不可预见因素（如阻工、强降雨、洞内围岩变化等）记录清楚，为处理工期调整、项目索赔等工作提供第一手准确材料。

（3）适时组织进度专题会议，了解施工单位的相关意图和实际困难，并协调解决。同时使施工单位不断提高进度意识、履约意识；在工期延误后，及时分析原因，解决问题。

2.2 质量控制

质量控制是监理工作的首要任务，能否做好质量控制工作不但关系到监理工作的成败，同时更关系到工程的安全。在本项目监理工作中，认真进行了监理规划、监理实施细则、质量保证体系的编制工作，并使每一位监理人员充分了解并在工作中提高认识，在整个项目实施过程中，没有出现任何质量事故和问题。

（1）提高监理人员的技术水平和业务素质，要求每一位监理人员首先熟悉监理规范，了解监理工作的程序，这需要监理机构负责人必须言传身教，组织各方面的业务学习，是监理人员素质整体提高，满足监理工作的要求。

（2）按规范要求做好对进场施工设备的检查，确保设备正常工作，同时不留安全隐患。对每一批设备进场进行报验和审查。

（3）对原材料、中间产品采用现场检查、试验检验、跟踪检测、平行检测的方法。对关键部位采取见证取样，加强质量控制。

（4）采用现场检查、巡视、旁站等技术手段加强对施工过程的质量控制，同时做好监理工作记录。

（5）对每一道施工工序进行认真的检查和验收，完善检查记录，严格规范施工"三检制"。

3　工作体验

（1）保证工程顺利实施，征地工作必须先行，待满足施工条件后，方可安排施工。双桥水库输水管线工程,施工单位2012年2月进场,因征地工作尚未开展,无法正常施工仅天生桥1#、2#隧洞开工时间推迟了4个月,管线因征地原因推迟了379 d,工程时断时续,给业主及施工单位都带来了不必要的损失。这不但要引起业主的高度注意,同时监理单位进场应督促业主做好这方面工作,为施工的顺利进行提供良好的条件。

(2)贵州是岩溶及喀斯特地质及其发育的地区。工程建设前充分、翔实的地质、水文勘察十分重要,否则影响工程进展、增加工程费用。

天生桥1#、2#隧洞设计三类围岩为95%,5%为四类、五类围岩,实际开挖暴露围岩60%为四类围岩,五类围岩占10%,由于围岩的变化,导致支护、衬砌的费用加大,地质超挖严重,隧洞施工费用增加35%,同时出现溶洞3处,岩溶泥质洞段近300 m;出现3处大流量涌水,一处暗河一处冒顶。虽然都得到了有效处理,但对工程进度影响很大,费用显著增加。因此,在施工在对可能出现的地质变化情况必须做好提前预警,做到安全防范。

(3)加强各参建方沟通与协调,业主的科学指导与管理、设计单位高水平设计、监理严格监督、施工单位精心施工,各参建单位的通力合作,各方密切配合与协调,注重沟通协调的途径与方法,建立有效的信息传输通道、信息共享渠道。增强参建各方的联系频率,建立定期的会议制度,适时召开专题会议,协调各方关系。定期向业主汇报项目管理情况,定期总结、确保业主的决策层能全面掌握工程动态,进而提高监理工作的质量。

(4)在工程建设中,选择一个具有一定施工技术能力、诚信守约的施工单位和工程设备供应商十分重要,直接关系到工程建设的质量。因此,项目招标必须慎重,双桥水库泵站虽然已经完成,并通过了验收,但设备缺陷的问题始终没有彻底解决,使得这个项目留有遗憾。

4 结束语

在业主、监理、设计及施工单位的共同努力下,双桥水库泵站及输水管道工程项目已经按设计要求完工,验收工作全部完成,水土保持及环境保护专项已通过政府验收,监理工作已经完成。虽然也存在一些不如人意的缺憾,但通过这个项目,监理人员的技术水平、业务素质、从业经验都得到了跨越式提升,为公司锻炼了一批具有一定专业技术水平的人才。相信在未来,他们将成为公司的中坚力量,在监理行业续写辉煌。

水城县观音岩水库工程监理实践和评述

王先斌　牟思勇

(河南华北水电工程监理有限公司)

1　工程概况

1.1　监理工程概况

观音岩水库位于贵州省六盘水市水城县阿戛乡仲河村,处于月亮河干流上游巴都河段,属珠江流域西江水系北盘江一级支流。坝址以上集雨面积 97.2 km², 河长 23.1 km。观音岩水库开发任务为:工业供水、灌溉及人畜饮水、兼顾发电。

观音岩水库总库容为 2 164 万 m³, 为中型水库,工程等别为 Ⅲ 等,挡水建筑物为 2 级建筑物,泄洪洞、溢流表孔,底孔、取水口建筑物级别为 3 级建筑物;施工临时建筑物为 5 级建筑物;水库采用洪水标准为:50 年一遇洪水设计,500 年一遇洪水校核;消能防冲按 30 年一遇洪水设计。水库正常蓄水位 1 430.00 m, 正常蓄水位以下库容 1 980 m³, 校核洪水位 1 432.25 m; 死水位 1 382.5 m, 死库容 251 万 m³, 兴利库容 1 532 万 m³。

大坝为碾压混凝土双曲拱坝,坝顶高程 1 434 m, 建基面高程 1 325.0 m, 设计最大坝高 107.0 m, 拱冠梁处顶厚 6.0 m, 底厚 24.0 m, 坝顶中心弧长 267.327 m。

坝顶溢流表孔前缘净宽 15 m, 堰顶高程 1 425.0 m, 分 3 孔, 分别设 5.0 m×5.5 m 的弧形钢闸门。溢流堰为 WES 型实用堰,由上游曲线、下游面曲线和下游反弧挑流消能段组成,挑流鼻坎顶高程 1 418.56 m。闸墩顶部设 C20 混凝土交通桥连接大坝两端。

底孔布置于右坝段非溢流坝体内,进口底板高程拟定为 1 375.00 m, 高于淤沙高程 0.5 m。进口为喇叭形,孔口尺寸为 4.9 m×5.2 m, 孔身为 2.5 m×3.5 m 的矩形断面,进口设置 2.5 m×3.5 m 的事故平板检修闸门;出口段设压坡段,出口孔口尺寸为 2.5 m×3.0 m, 出口设置 3.0 m×2.5 m 的弧形工作闸门。出口采用挑流消能,挑流鼻坎高程 1 375.18 m, 底孔总长 35.00 m。

本工程供水与发电共用一取水口,布置于右坝段坝体内,进口拦污栅 1

道(含1套清污机)、分层取水隔水闸门3扇(与拦污栅共用1台台车式移动卷扬启闭机),工作闸门1扇(含1套高扬程卷扬启闭机)。

输水管道建筑物主要为输水主管、支管、高位水池、发电引水管道及管道附属建筑物等组成。

厂房布置于拱坝下游250 m右岸缓坡地带,采用地面式厂房,厂区主要建筑物有主厂房、副厂房、尾水渠及变压器场等。概算总投资为69 093万元,建设工期为43个月。

1.2　项目划分情况

根据贵州省水利厅质量监督中心站最终的审定意见,观音岩水库工程主要建筑物共划分6个单位工程、53个分部工程,其中主要分部工程4个。观音岩水库工程项目划分情况统计如表1所示。

表1　水城县观音岩水库工程项目划分

序号	名称	单位工程(个)	分部工程(个)
1	▲碾压混凝土拱坝工程	1	17
2	▲引水工程	1	5
3	▲地面发电厂房工程	1	12
4	地面升压变电站工程	1	5
5	输水管线工程	1	9
6	交通工程及其他附属工程	1	5

1.3　监理任务

水城县观音岩水库工程项目工程施工监理,水保及环保工程监理,移民监理(对移民搬迁、生产开发、工业企业和专业项目处理等活动进行监督(监理)),对移民搬迁过程中生产生活水平的恢复进行跟踪监测、评估。不含库区专业复建工程监理,为施工阶段的全过程监理(含缺陷责任期)。

1.4　主要参建单位

(1)工程建设项目法人(业主):贵州水城水务投资有限责任公司;

(2)工程建设质量监督机构:贵州省水利厅质量监督中心站;

(3)工程建设监理单位:河南华北水利水电工程监理有限公司;

(4)工程建设设计采购施工总承包单位:贵州省水利院·粤水电水城县观音岩水库工程总承包项目部;

(5)移民单位:水城县移民局。

2 针对本项目实施过程中重点和难点问题采取相应的监理措施

2.1 重点审查导(截)流工程实施方案并监督按期完成相关工作

本工程初期导流采用围堰一次拦断河槽、左岸隧洞导流方式,枯期围堰挡水方案。后期导流,在导流洞下闸封堵前,采用坝体挡水,导流洞和放空底孔过流;在导流洞下闸封堵后,坝体挡水,由永久泄水建筑物泄流。

(1)严格审查承包人导(截)流工程的施工方案,特别关注其施工进度及为保证施工进度而必须投入的劳动生产力;同时,对承包人的施工技术方案、安全保证措施的可行性和有效性进行认真分析,确保不因出现上述问题而影响导流围堰和导流洞的如期完工。

(2)认真审查防洪度汛预案。并特别注意大坝的上游围堰及导流工程的行洪安全等关键措施。

(3)导流工程要有可靠的临时支护和永久支护。

2.2 确保1#、2#崩塌体按照设计要求如期完成

1#崩塌堆积体位于左坝肩下游,崩塌体沿河流方向长约50 m,后缘高程约1 416 m,前沿深入河床(高程1 336 m),堆积坡度30°~50°,成分为块石、碎石夹少量黏土。崩塌体垂直深度5~25 m,规模约3.2万 m³。1#崩塌堆积体位于大坝后方约50 m处,大坝坝顶泄洪时易对其坡脚产生冲刷和侵蚀,引起泥石流危害下游右岸的发电厂房,所以考虑将1#崩塌体清除,以确保大坝泄洪及厂房安全。

2#崩塌堆积体前缘位于右岸坡槽谷内,高于河床40 m以上,目前未见裂缝、塌陷及滑塌等现象,自然状态稳定。根据地质测绘、机械钻探和高密度电法勘探结果,高程1 490~1 510 m处崩塌堆积体厚度最厚,为30~38 m;然后厚度逐渐变薄,至高程1 420~1 430 m处崩塌堆积体厚度最薄,一般3~8 m,局部有基岩出露;1 420 m高程至崩塌堆积体下限处崩塌堆积体厚度增加,平均厚度约13 m。2#崩塌堆积体处理措施:

(1)对2#崩塌体考虑进行消坡减载处理,采取放坡分级开挖,开挖边坡为1∶2.0,每10 m分一级,每级设宽2 m的马道,马道内侧设置排水沟(300 mm×400 mm),消坡减载后正常水位以上部位采用菱形格构,正常水位以下部分采用干砌块石护坡。

(2)崩塌体坡脚采用弃渣回填压脚,压脚坡度根据地形条件确定为1∶2.54。

（3）在取水口上侧冲沟狭窄平缓处修建重力式挡土墙,确保大坝及取水口安全。

2.3　严格控制坝肩开挖及支护

基础土石方开挖顺序遵循"先岸坡、后河床"和"自上而下、逐层开挖"的原则,河床截流前完成岸坡开挖,截流后再进行河床基础开挖。

（1）爆破设计:边坡开挖时采用预裂控制爆破方式起爆,每次开挖前都进行爆破设计,严格控制一次最大单药量,质点振动速度必须满足设计要求,坝肩石方开挖单位耗药量为 $0.4 \sim 0.5$ kg/m³。

（2）开挖方式:采取分台阶开挖方式,台阶控制高度 $10 \sim 15$ m;造孔采用 351 潜孔钻、孔径为 90 mm。

（3）出渣:采取挖掘机配合推土机翻渣至基坑,再经挖装用 20 t 自卸汽车装运至渣场。当开挖高度接近大坝建基面时,预留 2 m 保护层手风钻开挖。

（4）监理、业主及施工方共同对大坝坝基开挖进行联合测量,实测 115 个点,超欠挖最大值为 114 cm,最小值为 -8 cm,平均值为 30 cm。从测量数据分析,符合开挖技术要求,大坝开挖质量合格。

（5）采用先进手段对坝基进行检测。大坝坝基单、跨及电磁波 CT 检测结论:

①超声波测试结果在 $1\ 327.5 \sim 1\ 330.2$ m 高程范围内,岩体波速普遍低于 3 500 m/s,该高程范围内岩体较破碎;1 327.5 m 以下岩体波速大于 5 000 m/s,该高程范围内岩体较完整。

②电磁波 CT 测试成果:坝基基坑岩体 1 327 m 高程以下电磁波吸收系数低于 0.3 dB/m,该区域测试深度范围内未见岩溶异常,岩本完整;1 327 m 高程以上呈现多处吸收系数大于 0.7 dB/m 的高吸收率异常区域,该区域内岩体较破碎。

（6）地质缺陷及处理措施是否满足设计要求,通过检测数据分析,无地质缺陷。

（7）声波检测由监理全程旁站监督,测试成功可靠,通过测试数据分析,坝基开挖质量满足设计要求。

2.4　严格按照要求做好碾压试验工作

2.4.1　混凝土碾压试验要获取的主要参数

（1）混凝土拌和的投料顺序和拌和时间;

（2）不同混凝土 VC 值与碾压遍数及 VC 值损失情况;

(3)变态混凝土施工工艺;

(4)碾压混凝土铺料厚度;

(5)变态混凝土加浆量及施工工艺;

(6)检验试验推荐配合比是否满足技术要求;

(7)钻孔取芯对碾压混凝土综合评定。

外加剂:FDN-I 型缓凝高效减水剂(掺量 0.8%)和 HL-E 型引气剂(掺量配 5/万,三级配 4/万)。

骨料:二级配=中石:小石=50%:50%,三级配=大石:中石:小石=30%:40%:30%。

变态浆液掺量为碾压混凝土体积的 5.0%,每立方米变态混凝土浆液材料用量(kg):水泥 $C=32.5$,粉煤灰 $F=26.6$。

FDN-I $J=0.945$,水 $W=26.6$。

2.4.2 试验施工配合比

试验施工配合比如表 2 所示。

表 2 试验施工配合比

混凝土种类及设计等级	级配	水胶比	粉煤灰掺量(%)	砂率(%)	每方混凝土材料用量(kg/m³)								
					水	水泥	粉煤灰	人工砂	小石	中石	大石	减水剂	引气剂
C9020W8F100	二	0.50	50	36	105	105	105	761	682	682	/	1.68	0.105
C9020W6F50	三	0.50	50	32	90	90	90	704	452	603	452	1.44	0.072
变态浆液	/	0.45	45	/	531	650	531	/	/	/	/	18.9	/

2.4.3 碾压试验场地的选择

碾压混凝土试验场地布置在施工生产区材料场,试验场地尺寸 21 m×13 m×1 m(长×宽×高),沿宽度方向分 6 个条带,分别为各 3 个条带的二级配、三级配碾压混凝土试验区,试验区四周分别为变态混凝土试验区,如图 1 所示。

2.4.4 确保碾压试验工艺

碾压试验工艺流程如图 2 所示。

2.4.5 对碾压混凝土工艺参数及成果进行分析

(1)拌和工艺参数。

试验按(粗骨料+砂)→(水泥+煤灰)→(水+外加剂(水剂))的投料顺序进行投料,混凝土拌和时间为 75 s 分别控制,碾压混凝土投料顺序和拌和时间均进行机口的 VC 值、含气量和 28 d、90 d 抗压强度试验。最后,根据试验结果碾压混凝土拌和投料顺序和拌和时间。混凝土拌和物外观及物理性能均匀。

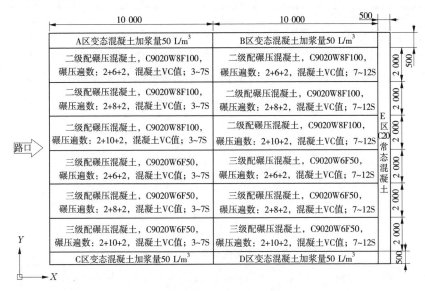

10 000	10 000	500
A区变态混凝土加浆量50 L/m³	B区变态混凝土加浆量50 L/m³	
二级配碾压混凝土，C9020W8F100，碾压遍数：2+6+2，混凝土VC值；3~7S	二级配碾压混凝土，C9020W8F100，碾压遍数：2+6+2，混凝土VC值；7~12S	
二级配碾压混凝土，C9020W8F100，碾压遍数：2+8+2，混凝土VC值；3~7S	二级配碾压混凝土，C9020W8F100，碾压遍数：2+8+2，混凝土VC值；7~12S	E区C20常态混凝土
二级配碾压混凝土，C9020W8F100，碾压遍数：2+10+2，混凝土VC值；3~7S	二级配碾压混凝土，C9020W8F100，碾压遍数：2+10+2，混凝土VC值；7~12S	
三级配碾压混凝土，C9020W6F50，碾压遍数：2+6+2，混凝土VC值；3~7S	三级配碾压混凝土，C9020W6F50，碾压遍数：2+6+2，混凝土VC值；7~12S	
三级配碾压混凝土，C9020W6F50，碾压遍数：2+8+2，混凝土VC值；3~7S	三级配碾压混凝土，C9020W6F50，碾压遍数：2+8+2，混凝土VC值；7~12S	
三级配碾压混凝土，C9020W6F50，碾压遍数：2+10+2，混凝土VC值；3~7S	三级配碾压混凝土，C9020W6F50，碾压遍数：2+10+2，混凝土VC值；7~12S	
C区变态混凝土加浆量50 L/m³	D区变态混凝土加浆量50 L/m³	

图1　试验条带布置平面图

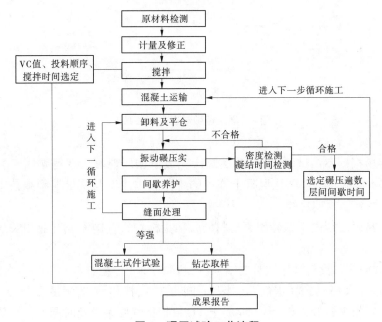

图2　碾压试验工艺流程

（2）碾压工艺参数。

碾压混凝土 VC 值损失：由于运距长，试验时间天气阴、平均气温 16℃、微风，仓面混凝土 VC 值损失 2 s 左右。

（3）碾压遍数与碾压密实度。

碾压混凝土摊铺厚度为 35 cm，根据不同 VC 值、不同条带、不同碾压遍数、振动碾的不同振动频率进行试验，试验结果如图 3、图 4 所示。

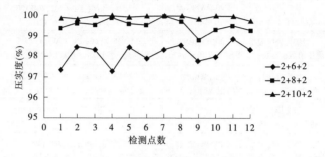

图 3　碾压遍数与压实度关系

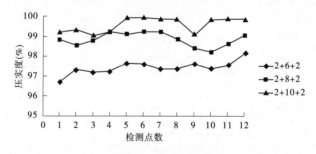

图 4　碾压遍数与压实度关系

2.4.6　试验结论

（1）根据室内试验结果，此次圆满完成了碾压混凝土现场碾压工艺试验，基本掌握了坝体碾压混凝土施工的工艺和方法以及质量控制和技术要求等，达到了预期目的。

（2）碾压混凝土试验用原材料的各项指标均符合国家或行业相关质量标准。

根据拌和投料顺序试验的结果，拌和顺序采用（粗骨料+砂）→（水泥+煤灰）→（水+外加剂（水剂）），拌和时间为 75 s，拌和均匀，满足要求。

（3）根据试验成果，碾压混凝土 VC 值根据气候条件及时调整，VC 值仓面控制在 3~7S 能够达到试验预期结果，满足要求。

（4）混凝土运输车辆进仓前轮胎要冲洗，严禁带泥进仓。

（5）通仓平层法的平仓虚铺厚度控制在 35 cm，采用 BM203AD 型振动碾静碾 2 遍+振动 8 遍+静碾 2 遍，行走速度控制在 1.0～1.5 km/h 范围内，经压实度检测能满足要求。

（6）混凝土自拌和到碾压完毕控制在 2 h 内，层间间歇时间控制在 8 h 以内，高温季节超过 6 h 后以现场实际情况判断是否铺筑水泥浆，层间间歇时间超过 12 h 冲毛铺设砂浆方可进行下一层碾压混凝土铺设。

（7）变态混凝土采用打孔加浆振捣能够满足要求，异种混凝土交接、模板及岩面附近、较狭窄无法进行碾压部位采用变态混凝土。

（8）根据碾压试验及钻芯取样结果分析，建议坝体碾压混凝土的施工碾压参数如表 3 所示。

表 3　坝体碾压混凝土的施工碾压参数

拌和投料顺序	标号	拌和时间（s）	层间最佳时间（h）	碾压机械	铺层厚度	VC（s）	振动碾压遍数
（粗骨料+砂）→（水泥+煤灰）→（水+外加剂（水剂）	C90/20W8F100二级配	75	8	BM203AD	虚铺厚度 35 cm，碾压后 30 cm	3～7	8 遍
（粗骨料+砂）→（水泥+煤灰）→（水+外加剂（水剂））	C90/20W6F50三级配	75	8	BM203AD	虚铺厚度 35 cm，碾压后 30 cm	3～7	8 遍

2.5　采用新方法、新工艺加快混凝土浇筑进度，确保工程质量

2.5.1　大模板施工

（1）本项目大坝模板采用可调式全悬臂翻升大模板为主，两岸坝肩与基岩接触带、各门槽、孔洞、边角补缺、埋件施工部位等一些不宜采用定型或全悬臂翻升大模板施工的部位采用少量散装钢模板或木模板施工，施工前均需设计配板图，示出模板的布置和纵横向围檩及拉条的位置，以确保混凝土的成型尺寸。

（2）模板准备：至少准备满足全坝段浇筑两套以上的模板。

（3）悬臂翻升模板安装时，仓面采用 12 t 汽车吊配合人工提升，对准下层大块模板的卡槽就位，连接好桁架后部调节螺栓。大块模板采用钢筋斜拉的

方式加固,拉筋采用 14 mm 的三级螺纹钢,预埋插筋采用 22 mm 的三级螺纹钢,预埋深度 30 cm,外露 10 cm,钢筋焊接采用双面焊,不小于 7 cm(5 倍拉筋的直径),拉筋角度控制在 $31° \sim 67°$。预埋模板脱钩后,安装人员通过调节螺栓来实现大块模板内外倾斜度的调整,使其达到施工精度要求。

2.5.2　仓面冲洗

混凝土浇筑前,基岩上的杂物、泥土及松动岩石均清除,并用压力水冲洗干净并排干积水。施工缝采用高压水冲毛辅助人工凿毛,清除缝面上浮浆、乳皮和局部光面处,松散物及污水用压力水冲洗干净,保持湿润。基岩面浇筑时,在浇筑第一层混凝土前,先铺一层 $2 \sim 3$ cm 厚的水泥砂浆,砂浆水灰比与混凝土的浇筑强度相适应,铺设施工工艺保持混凝土与基岩结合良好。

2.5.3　大坝 1 347 m 以上高程混凝土运输

大坝 1 347 m 高程以上混凝土采用抗分离溜管输送,溜管进口处设置体积为 18 m³ 的集料斗,混凝土由自卸车运输至集料斗卸料,溜管里面设有抗分离器,抗分离器长 1 500 mm、管径 800 mm、674.4 kg/个,共计 3 套,在抗分离器中设置抗分离板,在溜管内按一定角度成对设置斜钢板,缩小溜管过流面积,混凝土下落过程,与抗分离斜板相碰,在降低速度的同时,改变混凝土下落方向,使部分混凝土在溜管内相互碰撞并与管壁碰撞,混凝土下落速度进一步降低。在溜管的出口处,设置控制弧门,当溜管开始进料时,弧门关闭,溜管充满混凝土时,开启弧门卸料,并控制卸料速度,防止混凝土分离。其缺点是:每仓首次和末次充满管内的混凝土因落差大而会分离,但该部分混凝土可再经卸料平仓过程中平仓机进行二次搅拌来解决,可保证混凝土入仓质量。

溜管管径为 800 mm,混凝土输送速度(匀速)为 0.375 m/s,每小时不间断输送混凝土可达 670 m³/h,完全满足本工程混凝土进仓要求。

2.5.4　混凝土浇筑质量控制

2.5.4.1　碾压混凝土浇筑

本工程碾压混凝土浇筑,1 329 ~ 1 339 m 高程采用平层铺料法,1 339 ~ 1 422 m 高程为减少仓面铺料面积、控制层间间歇时间、加快施工进度,采用斜层平铺法。

2.5.4.2　平层铺筑

混凝土入仓后,经平仓机(投入 2 台)摊铺,松铺分层控制厚度 37 ~ 40 cm,经 BW203 振动碾(投入 2 台)碾压,振动碾行走速度采用 1.0 ~ 1.5 km/h,

无振 2 遍→有振 8 遍→无振 2 遍。

2.5.4.3　斜层平推铺料

采用斜层平推法施工时,斜面坡度控制在 1:10,坡脚部位避免形成尖角和大骨料集中。平仓后的混凝土料口保持斜面,让汽车能倒在新平仓的混凝土层上卸料,避免直接卸在已碾压的层面上。

2.5.4.4　拌和物碾压时 VC 值的控制

(1)根据不同施工工艺条件和气温气象条件所确定的基准 VC 值,是碾压是否密实的先决条件,本工程现场碾压混凝土 VC 值控制在 3~7 s 范围内。在碾压过程中,拌和物 VC 值是否合适,一般根据以下碾压时进行直观判断:拌和物 VC 值过大时,振动碾碾压 3~4 遍后,表面没有明显的灰浆泛出,并时有骨料被碾碎的现象,或碾压过后,混凝土表面有一些条状裂纹;拌和物 VC 值过小时,振动碾压 1~2 遍后,混凝土表面明显有灰浆泛出,或有较多灰浆甚至骨料粘在振动轮上;当振动碾压 3~4 遍后,碾压面明显有灰浆泛出,表面平整有光泽,呈现一定的弹性,则表明拌和物 VC 值适中。

(2)在碾压过程中发现拌和物 VC 值不合适时,分析其原因:加水量不当、入仓后停放时间过久、运输等。如因骨料含水较高造成的,则及时进行拌和用水量的调整;如因其他原因,如气温、风速、日照变化或因拌和物入仓后未能及时碾压,则根据具体情况重新确定机口控制的 VC 标准值,以满足碾压施工质量要求。

(3)现场 VC 值的检测项目与控制标准见表 4。

表 4　现场 VC 值的检测项目与控制标准

检测项目	检测次数	控制标准
VC 值	每 2 h 一次	由现场试验确定 VC 值范围,并按期判定
抗压强度	相当于机口取样数量的 5%~10%	
压实密度	每铺筑 100~200 m² 至少一个测点,每层 3 个测点以上	每个铺筑层测得的密度有 80% 不小于指标
骨料分离情况	全过程控制	不允许出现骨料集中现象
层间间隔时间	全过程控制	按试验确定的层间允许间隔时间判定
混凝土加水拌和至碾压完毕时间	全过程控制	小于 2 h

2.5.4.5 卸料、平仓、碾压作业的质量检查和控制

（1）层间结合质量控制：层间结合质量的好坏直接导致碾压混凝土整体性以及层面渗漏通道的形成。施工中造成层间结合不良的原因主要有三个方面：层间间隔时间过长，或混凝土已凝结硬化而未做处理或处理不当；已碾压层面被污染或被扰动破坏；配合比和施工方法不当，造成骨料分离，使分离骨料过分集中于层面、缝面。

（2）碾压层面及处理：按前述层面与缝面处理的方法进行层面处理。

（3）防止层面破坏和污染：在仓面行使的自卸汽车必须控制行走速度和回转半径，不得急刹车，以防止破坏已碾压的层面。仓内各种机械、设备，严格防止漏油，并不得在仓面直接进行可能造成油污的机械设备检修。必须在仓面内进行检修时，其底部垫一层塑料布。油污的憎水性，必然使层间不能黏结。因此，万一发现油污，必须将污染的混凝土挖除。平仓机平仓时，不得在硬化中的混凝土表面原地转动，履带对硬化混凝土面破坏性很大，当出现外露的石子松动或破碎时，在清除干净后，先铺砂浆，再铺混凝土。碾压面除保持清洁、无污染处，还必须保持湿润状态，直到覆盖上层混凝土。为防止层面干燥，用喷雾等方法形成湿润的小环境，但以不形成水滴为度。

（4）改善骨料分离：在卸料、平仓过程中发生骨料分离时，用人工将分离的粗骨料洒铺于未经碾压的混凝土料中。若因配合比不当引起的分离，则及时调整配合比。

（5）改善骨料分离的措施：优选抗分离性好的混凝土配合比；减小卸料、装车时的跌落和堆料高度；在拌和机口和各中间转运料斗的出口，设置缓冲设施防止骨料分离。

（6）及时铺料和碾压：混凝土拌和物入仓后，要尽快摊铺并碾压完毕。平仓中注意控制铺料层厚度在允许偏差范围（±3 cm）以内。摊铺厚度的检查用水准仪进行，每层模板安装、校对完成后，在模板面上标识每层的摊铺厚度。碾压顺序、遍数、振动碾压的行走速度，严格按现场试验所确定的参数进行，质检员记录和抽查，避免漏振或过碾。

（7）压实度的检测与控制：压实度检测采用表面型核子密度仪，测试在碾压完毕 10 min 后进行。若发现压实度达不到要求，则及时进行补碾。

（8）原材料品质、质量检测成果（标号、取样强度）是否可靠，列出混凝土强度、密实度、压水试验检测成果。按碾压混凝土拱坝工程中的 17 个分部工程进行编写。

2.5.4.6　坝体温控措施

本工程坝体除与基岩接触部位、表孔部位及两岸的接触部位采用变态混凝土外,其余部位均为碾压混凝土。为控制坝体温度、防止裂缝产生,需采取温控措施。

(1)降低混凝土的出机温度。

①水泥、煤灰提前组织进场,降低出厂温度;

②增加成品骨料堆高,堆料高度不低于 6 m,深层取料,用 15 ℃冷水喷淋。

(2)减少混凝土浇筑过程中温度回升。

主要包括混凝土运输途中设置遮阳防晒设施,碾压完成的混凝土仓面采取 15 ℃冷水喷雾措施,必要时搭设遮阳棚以形成人工小气候,坝体高温时段在仓面上布置喷雾设施,在碾压混凝土仓面上形成雾水,喷雾管固定在交替上升模板顶部,随模板翻升而上升,局部采用人工喷雾,充分利用每天早晚的有利时机浇筑混凝土等。

(3)埋设冷却水管。

①坝体内全断面预埋冷却水管,冷却水管采用管外径 32 mm、壁厚 2 mm 的高强度聚乙烯管,间距 1.5 m,垂直间距为 1.5 m。供水管按两套布置,主管路布置根据实际情况并结合坝体下游面交通桥布置,且在坝外布置进回水交换设施,以满足通水冷却的要求,若采用制冷水时回收重复利用。

②碾压混凝土在施工完成后立即进行仪器通水冷却,初期通水时间 20 d,每 12 h 变换一次水流方向。初期通水结束后待设计检测后再确定二期通水冷却时间。

③冷却水管铺设时使用带铁钉的"U"形卡将其固定在混凝土层面上,弯段采用不少于 3 个"U"形卡固定;冷却水管铺设前每条水管长度不超过 200 m,断裂伸长率大于 200%,水管弯曲半径为 0.75 m,不得有折角;对长度不足的水管进行加长时采用专用的直管接头,并保证连接可靠。

④做好冷却水温测量工作,并做好记录,以便及时控制冷却水温。

⑤埋管冷却能在混凝土浇筑时大幅度消减层间间隔时间,有利于减少因外部气温而增加的混凝土温度。

(4)仓面喷雾。

2.5.4.7　特殊气候条件下混凝土施工

1.降雨条件下混凝土施工

当降雨强度小于 3 mm/h 时,可连续施工,适当增大拌和站混凝土出机口 VC 值,运输车辆加盖遮雨棚,对仓内碾压完的混凝土及时覆盖。

当降雨强度超过 3 mm/h 时,停止拌和,将仓内混凝土尽快摊铺碾压完毕或进行覆盖,并用塑料彩条布覆盖新碾压的仓面,将雨水集中引排至坝外,对个别无法自动排出的水坑人工进行处理。当重新具备施工条件时,可根据中断时间采取相应的层面处理措施后继续施工,并将坡脚处尖角部分切除。

2.低温条件下碾压混凝土施工

大坝碾压混凝土施工期间面临冬季施工,所以施工中必须考虑低温条件下施工措施,当气温突然骤降且平均气温低于 3 ℃时,可不安排碾压混凝土施工。

如必须施工时,则适当调整混凝土配合比,适当调整出机口 VC 值,取其允许范围的上限;仓面摊铺和碾压紧密衔接,快铺快碾,及时用塑料布覆盖已碾压好的混凝土面、适当延长拆模时间等措施。

3.高温条件下碾压混凝土施工

当日平均气温高于 25 ℃时,采取以下措施保证碾压混凝土施工质量:

(1)调整混凝土配合比,采用高强缓凝减水剂,延长混凝土初凝时间,调节出机口混凝土 VC 值,一般不大于 4 s。

(2)对筛分场料堆搭设遮阳棚,以防止阳光直接照晒骨料,以降低骨料表面温度。

(3)自卸汽车用活动棚遮阳防晒,仓面缩窄条带铺筑宽度,并尽快碾压,碾压后的混凝土及时覆盖,避免表面温度上升。

(4)采用喷雾保持仓面湿润,营造局部小气候。

2.5.4.8 坝体监测设备埋设

碾压混凝土内部观测仪器和电缆的埋设,采用后埋法。对没有方向性要求的仪器,坑槽深度保证上部有大于 20 cm 的回填保护层,对有方向性要求的仪器,上部最少要有 50 cm 的回填保护层。回填料为相应部位碾压混凝土剔除大于 40 mm 粒径骨料的新鲜混凝土,人工分层捣实。对电缆或电缆束直在槽内回填砂浆,以避免形成渗漏通道。

预埋件埋设及时并与施工协调一致,尽量避免互相干扰。埋设单位要加强对仪器埋设后的保护工作,在混凝土浇筑过程中,各施工单位严禁损坏埋设件。仪器埋设后,必须加以维护和保护。当埋设区的回填混凝土未初凝或上层混凝土尚未摊铺时,严禁各种设备在上面行驶。

3　工程经验总结

3.1　坝体碾压混凝土施工质量控制要点

（1）碾压混凝土重点控制层间结合,确保碾压混凝土浇筑过程中热搭接连续施工。

（2）碾压混凝土经溜管输送后,到达仓面仍有少许粗骨料分离,因此仓面需采取人工分散粗骨料及平仓机二次搅拌;重点做好仓面的布料规划、统一指挥。

（3）及时对溜管出口接料口散落混凝土清除及严控施工缝砂浆铺筑前的二次冲洗及验收。

（4）妥善引排清洗及雨水、岩体渗浸水,浇筑过程中出现局部冷缝进行凿毛清洗,严格控制好碾压混凝土层间结合质量。

（5）注重浇筑过程中埋设冷却水管保护工作,确保冷却水管周边无粗骨料堆积,铺设完冷却水管(绘制铺设平面图),保持通水状态进行浇筑,从而避免冷却水管遭受破坏。

（6）碾压混凝土浇筑收仓时,收仓面宜略向上游面倾斜,收仓面宜平整。

（7）碾压混凝土拌制配备中,当短时间出现少许石粉含量不足时,可采取粉煤灰替代石粉。

（8）碾压混凝土对自卸汽车上坝入口块超压的混凝土在上层混凝土浇筑前,进行清除重新浇筑,避免浇筑块出现弹簧状。

（9）当仓面浇筑碾压混凝土出现弹簧状时,及时清除,采取二次加强振捣、挖除换填等措施处理。

（10）重点做好坝肩局部欠挖、尖角、反坡、破碎松散软弱带清理验收,浇筑前重点对岸坡临时散落的砂浆及混凝土块进行清除。

（11）根据观测资料提供的坝体混凝土内部温度,及时对大坝混凝土通水冷却实施,确保不因内外温差过大而产生裂缝。

3.2　安全管理

（1）坝肩高边坡在开挖过程中每 10~15 m 设置安全防护栏,可以有效地对飞石、滚石进行阻击及拦挡。

（2）高边坡开挖后,危岩松散体处理及时到位。

（3）大模板安装拆除施工中,要求工人必须拴好安全带、安全绳,大模板底部设置安全防护网,大坝安装完成模板边沿严禁堆放材料及杂物;模板拆除若遇拉筋卡住难于拆除,首先固定好吊车,同时控制好吊车起吊角度,避免大模板突然脱离弹跳而导致吊车失稳,模板拆卸、安装过程中派专人指挥。

(4)碾压混凝土卸料、摊铺过程中,严禁操作人员靠近大模板,仓内自卸汽车卸料过程中,严禁升斗行驶,卸料过程中派专人指挥。

(5)溜管运行过程中派专人不定期对溜管法兰盘连接螺栓进行检查。对溜槽集料斗进料口底部小局部磨穿部位及时进行修补。

(6)当抗分离溜管弧门无法关闭而直管下料过程中必须上下统一指挥,确保不因接料口弹跳高速飞石伤人。

(7)碾压混凝土施工前对各工种操作人员进行安全技术交底培训。

(8)随着坝体浇筑上升,规划好专用上坝临时交通爬梯,挂好安全网。

(9)每仓碾压混凝土浇筑至模板顶部位置时,上下游面临时安全防护及时跟进。

3.3 投资控制

在实施过程中,按照合理化设计、科学化管理、精细化施工的原则,在不改变功能的前提下挖掘设计潜力,合理进行优化;实行程序化、流程化、制度化管理,以管理出效益;在确保质量、安全的前提下,采用新工艺、新方法施工,合理节约施工成本。

3.4 项目管理模式

本项目采用EPC(设计、采购、施工)总承包模式,在运行过程中:

(1)在管控层面,项目部以"设计先导,采购保障,施工重点"为EPC思路,以矩阵式组织结构建立"系统化管理、分项目运作"的管理体系;在执行层面,构建采购、设计、质量、安全、成本控制等七大系统,利用区域管理实现项目组织的完整性、系统性;在操作层面,以设计为龙头,以项目控制为主导,以区域项目管理为中心,清晰工作职责和管理权限,形成完整、统一、高效的项目管理系统。

(2)项目业主对EPC总承包人的控制力度减弱,质量和进度控制难度大。业主以宏观控制为主,机构简单,减少管理人员的投入,节省部分管理费用,但对EPC总承包人控制力也相对减弱,只是在施工阶段通过具有丰富施工管理经验的监理单位对EPC总承包人进行监督,可以有效控制施工的安全、质量和进度。而在设计和采购方面,业主缺少了助手,未有第三方替业主对 EPC 总承包进行限制,因此在本项目中为避免此种情况发生,另聘咨询公司进行管控。

(3)协调难度较大,监理对总包人员很难控制,人员配备难以达到施工及管理要求。EPC 总承包人按合同关系仍属施工单位,但实际运行中含有 PMC 项目管理成分,是业主主要依赖的对象。由于 EPC 总承包人具有这样的特殊地位,在施工过程中容易挑战监理地位,造成工作上出现一些不协调的因素。

(4)采购监督较弱,容易出现材料与设计不符的现象。

(5)在新的项目管理模式下监理工作的思路。新的事物出现,就需要新的方法与之适应,所以在新的项目管理模式下就需要新的监理工作思路。

①明确监理定位适应环境,监理需要进行观念转变,与 EPC 总承包人需要更深入的协作与配合,在坚持服务业主、服务项目的宗旨下,结合现场实际情况也要为 EPC 总承包人进行服务。

②充分发挥监理作用,获取业主信任,争取主导地位。监理应站在项目管理的高度做好监理工作,做业主的延伸;监理程序规范化,方显"大家"风范;增强主动服务意识,拉近双方距离;树立质量第一思想,确保工程实体质量,是业主对监理最主要的依赖,获取业主信任的前提;做好沟通、协调、宣传工作是监理工作的捷径,有益于争取主导地位。

③正确处理监理与 EPC 总承包人关系是顺利开展监理工作的重要条件。在实际工作中,应采取灵活机动、不卑不亢的原则:在监理工作范围内,EPC 总承包人就是被监理对象,严格按监理程序管理,这是监理的职责,同时也树立了监理的威信。在项目管理问题上,双方应是协作关系,共同服务于工程、服务于业主。

4 结 语

(1)观音岩水库工程自 2013 年 11 月正式开工以来,承建单位现场机构及时编制安全质量管理文件和程序控制文件,建立健全了质量和安全管理及保障体系,并在工程建设过程中基本有效地运作,指导现场的质量、安全管理工作。

(2)在施工过程中承包人详细制订了施工方案和技术措施,在得到监理单位的审查认可后,现场严格过程控制,各项工作均能较好地按照规定的程序和方法进行操作与施工。

（3）监理工程师在施工监理过程中，根据国家相关规程规范和业主、设计相关要求，对现场施工进度、质量、安全和投资等各方面进行管理控制，及时对施工中出现的工程质量问题进行纠正和整改。

（4）通过对承包人试验检测的原材料、中间产品及混凝土检测结果和监理平行检测的试验数据进行分析，施工过程质量合格，施工过程质量一直处于受控状态。因此，自工程开工以来，进度、质量、投资、安全等方面均得到有效控制。

观音岩水库工程施工现场掠影

黔南州大河水利枢纽主体工程监理实践和评述

庆爱国　王志强　王　帅

（河南华北水电工程监理有限公司）

1　工程概况

1.1　概况

都匀市大河水库工程坝址位于都匀市西南部菜地河中下游，菜地河为马尾河右岸一级支流，菜地河全流域总面积 229.7 km²，发源于都匀市摆忙乡，流经都匀市摆忙乡、江洲镇、河阳乡，在小围寨办事处的毛滩汇入马尾河。大河水库工程任务是以满足都匀市经济开发区城镇居民的生活供水和工业用水为主要任务，同时满足输水管线沿线人畜饮水及部分农田灌溉；水库年设计供水量 6 438.2 万 m³，灌溉面积 6 061 亩。本工程静态总投资 87 302 万元，动态总投资 90 927 万元。

1.2　设计标准

本工程枢纽工程等别为Ⅲ等，水库规模为中型，挡水大坝按 2 级设计，泄水、取水口建筑物级别为 3 级，永久性次要建筑物为 4 级，导流工程建筑物为 4 级。水库正常蓄水位 891.5 m，设计洪水位 894.92 m，校核洪水位 896.16 m，死水位 841.0 m，总库容 4 376 万 m³，死库容 216.5 万 m³。

1.3　工程主要建设内容

本工程由大坝枢纽、供水工程两部分组成，主要建设内容由碾压混凝土双曲拱坝、坝顶自由溢流表孔、放空底孔、供水取水口、供水干管及灌区支管、泵站等组成。大坝为碾压混凝土双曲拱坝，最大坝高 105 m，坝顶高程 898.00 m，坝顶中心弧长 323.332 m，为简化温控措施，采用 MgO 混凝土筑坝技术。主输水工程由无压引水隧洞结合管道输水，最大引水流量 3.36 m³/s。

1.4　工程布置

工程推荐拱坝方案最大坝高 105.0 m，坝顶高程 898.0 m，建基面高程 793.0 m，坝顶中心弧长 323.332 m；主河床中央布置溢流坝段，为开敞式，溢流前缘净宽 40 m，堰顶高程 891.5 m，分 4 孔布置。

放空底孔布置于左坝段非溢流坝体内，进口底板高程 830.0 m。进口为喇叭形，孔口尺寸 4.9 m×5.2 m，孔身为 2.5 m×3.5 m 的矩形断面。

取水口布置在左岸,设置4层取水口,最低一层底板高程837.0 m,进口设置一道固定式拦污栅。

取水口后接取水隧洞,总长246 m,开挖洞径3.3 m,隧洞内径2.5 m,设计最大取水流量为3.36 m³/s。取水钢管接取水隧洞,与输水干线的首段三棵树无压隧洞,采用明管布置方案,管径为1.4 m。

输水主管线总长9 234.4 m。其中夹砂玻璃钢长2 264.9 m,管径1.4 m;球墨铸铁管长1 831 m,管径1.4 m;6条隧洞总长5 138.5 m,隧洞过水断面宽度2.3 m。

灌区主要建筑物包括3座泵房、12座水池、PE管总长8 690 m。

大河坝轴线处地形较陡,局部岩体为陡崖或倒悬,坝轴线处左岸上、下游均有堆积崩塌体,布置场内交通的难度较大,左岸上、下游可作为施工场地的条件有限;右岸布置交通条件较差、投资也较大,且跨河管理有一定难度,不宜作为施工场地。坝区施工场地可在近坝区和老鸭滩石料场因地制宜选择。

2 主要参建单位

本工程建设由贵州省水利投资(集团)有限责任公司组织实施,其主要参建单位有:

(1)工程建设项目法人(业主):黔南州大中型灌区管理局;

(2)工程建设质量监督机构:贵州省水利厅质量监督中心站;

(3)工程建设监理单位:河南华北水电工程监理有限公司;

(4)工程建设项目管理总承包单位(PMC):贵州省水利水电勘测设计研究院;

(5)移民单位:都匀市移民局。

3 针对本项目实施过程中的重点和难点采取的相应监理措施

3.1 影响项目工期问题的措施

导(截)流工程、砂石骨料生产系统和混凝土拌和系统工程、坝肩开挖及支护工程、碾压混凝土拱坝工程等工程的实施直接影响目标工期。

(1)重点审查承包人报送的相关工程的施工方案,特别关注其施工进度及为保证施工进度而必须投入的各种资源;同时,对承包人的施工技术方案、安全保证措施的可行性和有效性进行认真分析,确保不因出现上述问题而影响工程的如期完工。

（2）认真审查防洪度汛预案。并特别注意大坝的上游围堰及导流工程的行洪安全等关键措施。

（3）各种洞室、边坡工程要有可靠的临时支护和永久支护。

（4）碾压混凝土拱坝工程为本项目的关键工程，需要制订详细的施工计划和措施，采取切实可行的施工工艺，研究施工导流和度汛、料场、坝体浇筑设施及交通运输等施工条件，积极研究优化施工方案并配齐配强施工资源，确保大坝按期完成。

3.2　影响项目质量问题的措施

在质量控制方面，我们除严格审查承包人的施工组织设计文件，特别是施工方案、施工方法等，在施工过程中严格监督检查，保证批准方案、方法的贯彻执行，在施工监理过程中，重点对以下内容予以监控，确保施工质量。

3.2.1　严格控制坝肩及坝基开挖质量

3.2.1.1　土石明挖

（1）土石方开挖自上而下分层进行，分层厚度经综合研究确定。两岸水上部分的坝基开挖在截流前完成或基本完成。水上水下分界高程可根据地形、地质、开挖时段和水文条件等因素分析确定。

（2）在邻近建基面的常规开挖梯段爆破孔的底部及建基面之间预留保护层，地基保护层以上石方开挖，采取延长药包、梯段爆破。

（3）设计边坡轮廓面开挖，采取防震措施，如预留保护层、控制爆破等。

（4）若地基开挖的地形、地质和开挖层厚度有条件布置坑道时，在满足地基预裂要求的条件下采用辐射孔爆破。

（5）结合施工总布置和施工总进度做好整个工程的土石方平衡，宜与水土保持措施相结合。在满足施工总进度及环境保护要求前提下，开挖石渣宜利用；合理安排减少二次倒运，堆渣不应污染环境。

（6）水工建筑物岩石基础部位开挖不能采用集中药包法进行爆破。

3.2.1.2　地基处理

（1）地基处理根据水工建筑物对地基的要求，认真分析水文、地质等条件，进行技术经济比较，选择技术可行、效果可靠、工期较短、经济合理的施工方案。

（2）帷幕灌浆施工场地面积除满足布置制浆系统、灌浆设备外，并考虑必要时补强灌浆的需要。具备条件的工程帷幕灌浆宜在廊道内进行。

（3）有盖重的坝基固结灌浆应在混凝土达到要求强度后进行。

（4）基础灌浆按照先固结、后帷幕的顺序进行。帷幕灌浆按分序逐渐加密的方式施工。

3.2.2 严格按照控制碾压混凝土施工质量

3.2.2.1 混凝土拌和系统

根据施工总进度计划、最大仓面面积和初步确定的混凝土初凝时间,确定碾压混凝土最高峰浇筑强度,拌和楼要选用连续式推进式拌和系统,整个系统的操作采用全电脑控制,操作简单,称量准确,生产能力、混凝土拌和物的质量通过现场试验、检测,满足施工规范及设计要求。

3.2.2.2 现场碾压混凝土工艺试验

大坝碾压混凝土在施工前进行现场工艺试验,以验证设计配合比、施工工艺流程,施工系统及资源配置的适应性,以确定系统的实际生产能力、拌和时间、混凝土运输能力、VC 值的损失情况,进一步确定施工工艺及参数,为主体工程碾压混凝土施工提供较为合理的碾压参数,为工程设计施工提供依据。

3.2.2.3 碾压混凝土施工中常见问题的处理

(1)关于解决碾压混凝土层面结合问题。

碾压混凝土采用分层碾压施工,若施工控制和处理不当,往往层与层之间会形成薄弱环节,影响混凝土整体质量。严格地说,层间结合问题并非碾压混凝土本身的问题,而是一个施工问题。如何改善层间结合质量,关键在于减小施工仓面以缩短层间间隔时间(下层混凝土拌和物拌和加水时起到上层混凝土碾压完毕为止的历时)。但在碾压混凝土施工中,为了追求效率,又不得不挖掘混凝土初凝时间争取更大施工仓面,这便是一对矛盾。实际施工中,解决这对矛盾有两个努力方向:一是通过掺和优质的缓凝剂,延缓混凝土拌和物的初凝时间,从而延长层间间隔允许时间;二是合理安排和组织施工,缩短施工层间间隔时间。

掺和缓凝剂,延缓混凝土拌和物的初凝时间,是所有碾压混凝土都采取的一种措施,但外加剂延缓初凝时间毕竟有限,并增加混凝土成本。所以,更多的要靠合理的安排和组织施工,根据现场施工设备的生产能力和混凝土初凝时间,适度控制施工仓面的大小。

除此之外,适度降低 VC 值、改善混凝土拌和物质量,保证碾压层面全面泛浆并有一定弹性,做好泌水的处理,防止层面污染等都是保证层面结合质量的措施。

(2)关于解决碾压混凝土坝面防渗问题。

在坝体上游面应用二级配富胶凝材料全断面碾压混凝土结构防渗,其宽度为(1/15～1/10)倍的水头,并在混凝土浇筑层面上铺洒水泥粉煤灰净浆,在下层混凝土初凝前铺好上层混凝土,再进行碾压,即可获得较好的碾压混凝土自身防渗体。近些年"变态混凝土"施工工艺,进一步提高了碾压混凝土防渗能力,即在二级配富胶凝材料的基础上,靠近迎水面30～50 cm宽的范围内掺入一定比例的水泥粉煤灰净浆,用插入式强力振捣棒振捣密实,形成防渗层。这种方法已被很多工程证实其垂直向和水平向均有很高的抗渗性。"零坍落度混凝土"是对"变态混凝土"加浆量的约束概念,其施工工艺与"变态混凝土"基本相同,控制加浆量保证混凝土的坍落度接近零,以改变以往变态混凝土加浆量控制不严,因加浆量过大,增加表面裂缝的弊端。碾压混凝土坝上游坝面采用二级配富胶凝材料全断面碾压混凝土结合"零坍落度混凝土"结构防渗是经济可靠的。

(3)关于低温条件下施工。

采取低温季节施工措施,碾压仓号开仓前,要及时掌握当地中长期的天气预报,了解气候的变化情况,准备好应对措施,寒潮来临前,对已浇筑混凝土面及时采用5 cm的保温被覆盖,当采取的临时保温措施不能满足以上温度要求时,应停止施工,对已浇的混凝土面进行越冬临时保温或永久保温。拆模时间应选择在午后,避开霜冻天气。低温季节施工期间,特别注意温度检查。

外界气温及仓内气温每4 h至少测量一次,水温及骨料温度每2 h至少测量一次,混凝土的出机口温度,每2 h至少测量一次。

已浇块体内部温度,浇后3 d内应特别加强观测,以后可按气温及构件情况定期观测。测温时应注意边角最易降温的部位。

(4)关于冬季施工保温。

冬休前,对当年浇筑的混凝土面要进行越冬保护和永久保温,保温方案选用表面喷涂聚氨酯材料,聚氨酯施工环境要求低、喷涂速度快、保温效果好,其中大坝永久外露面喷涂厚度为5 cm,间歇面(临时越冬面)喷涂厚度3 cm,第二年恢复浇筑前,对越冬面临时保温材料进行铲除。所有的混凝土面要求必须在外界气温出现负温前全部保温完成,由于特殊原因,寒潮到来前未能及时进行聚氨酯保温的,应采用覆盖保温被、延缓拆模时间等手段进行临时性防护,待气温回升后,在白天正温环境中,拆除模板,随即进行聚氨酯保温层喷涂,防止新浇筑的混凝土受冻。

3.3 严格按照审批的大模板安拆专项施工方案进行过程控制

本项目在进行碾压混凝土坝体浇筑过程中,大坝上下游双曲面采用全悬臂翻身大模板施工。

(1)根据本工程大坝坝型,大坝模板采用可调式全悬臂翻升大模板为主,两岸坝肩与基岩接触带、各门槽、孔洞、边角补缺、埋件施工部位等一些不宜采用定型或全悬臂翻升大模板施工的部位采用少量散装钢模板或木模板施工,施工前均需设计配板图,示出模板的布置和纵横向围檩及拉条的位置,以确保混凝土的成型尺寸。

(2)可调式全悬臂翻升大模板尺寸为 3 m×3 m,单块重约 1.1 t,上、下两层模板桁架用调节螺栓连接,可任意调节模板倾角,两层模板自下而上交替上升。大模板由 12 t 汽车吊配合拆装,一般 10~15 min 可拆装一块。

(3)可调式全悬臂翻升大模板由面板、支撑结构、可调式松紧螺栓、锚筋及套筒螺栓共四部分组成,模板面板厚 5 mm。支撑结构包括横围檩、加肋板及竖向桁架。横围檩采用[12 型钢,65 cm 布置一根。竖围另由 2 支[12 型钢组成,间距 180 cm;竖向桁架由 L 63×5 角钢焊接而成,竖向桁架采用剪刀撑加固,每一套模板使用 4 根(2 排)φ20 锚筋固定,混凝土浇筑时,模板受到的侧压力通过钢桁架传递给下层模板。

(4)使用前需对模板的稳定性进行计算。

(5)模板的安装。

①模板安装前,测量技术人员按设计图纸要求进行测量放样,由全站仪测放模板安装控制点,沿拱坝上下游边线每 3 m 弦长放一个安装点与一个校核点,装模时以 3 m 弦长代替弧长,模板安装工人按现场施工放样点进行模板安装,模板安装好后,先由模板安装班组初检,再由现场测量人员作复检,最后由质检人员作终检,合格后方能进行下道工序施工。

②悬臂翻升模板安装时,仓面采用 12 t 汽车吊配合人工提升,对准下层大块模板的卡槽就位,连接好桁架后部调节螺栓。大块模板采用钢筋斜拉的方式加固,拉筋采用 14 mm 的三级螺纹钢,预埋插筋采用 22 mm 的三级螺纹钢,预埋深度 30 cm,外露 10 cm,钢筋焊接采用双面焊,不小于 7 cm(5 倍拉筋的直径),拉筋角度控制在 31°~67°。预埋模板脱钩后,安装人员通过调节螺栓来实现大块模板内外倾斜度的调整,使其达到施工精度要求。安装一块模板,耗时 10~15 min。模板安装时,测量人员随时用仪器校正。

③调节模板时,两背架要同时进行,使模板系统受力均衡,调节一致。并避免用钢筋、钢管敲打,防止其变形。调节模板倾斜度时,同时旋动两根调节螺栓,以保证模板调节一致。

(6)模板的拆除。

用钢丝绳系紧下层模板,然后松开大块模板的锚筋螺栓,大块模板与混凝土面脱离后用 12 t 汽车吊配合人工提升悬臂模板。模板的拆除,遵守下列规定:

①不承重的侧面模板,在混凝土强度达到 2.5 MPa 以上,能保证表面及棱角不因拆模而损坏时,才能拆除。

②拆模时,须遵循"先支后拆,后支先拆,先拆非承重构件,后拆除承重件"的原则,在安拆人员处于安全情况下(安拆人员在作业时必须佩带长短两条安全绳,且须固定在不同的模板上),根据锚固情况,分批拆除锚固连接件,以防止大片模板坠落。拆模使用专用工具,不使混凝土及模板受到损伤。

③拆下的模板、支架及配件,及时清理、维修,并分类堆存,妥善保管。

(7)模板的维护与维修。

①模板在使用之后和浇筑混凝土前应清理干净。为防锈或为加速拆模而涂在模板表面上的涂料,应为矿物油或一种不会使混凝土留有污点的油剂。模板应在立模前涂刷好。不采用能污染混凝土的油剂。若检查发现在已浇的混凝土面沾染污迹,则采取有效措施予以清除。

②对仓面损坏的模板及时运回模板加工厂维修,所有大钢模板每周转 10 次以上时均进行全面维护保养一次,以有效延长模板使用寿命,确保模板精度。

③钢模板运输时,不同规格的模板不得混装,并必须采取有效措施,防止模板滑动。

④钢模板和配件拆除后,应及时清除黏结的灰浆,对变形及损坏的钢模板及配件应及时修理校正,并宜采用机械整形和清理。

⑤对暂不使用的钢模板,板面应涂刷脱模剂或防锈油,背面油漆脱落处,应补涂防锈漆,并按规格分类堆放。

⑥钢模板堆放时,模板的底面应垫离地面 100 mm 以上,地面应平整、坚实,高度不超过 2 m。

⑦操作人需经过环境保护教育,并按操作规程进行操作。

⑧模板支拆及维修应轻拿轻放,清理与修复时禁止用大锤敲打,防止噪声扰民。

3.4　严格按照审批的抗分离溜管运送混凝土专项施工方案进行过程控制

结合大河水库枢纽工程现场实际情况,本项目在进行碾压混凝土坝体浇筑过程中,大坝 845 m 高程以上碾压混凝土运输采用抗分离溜管运送混凝土入仓。

3.4.1 抗分离溜管安装、加固

根据混凝土基础布置溜管,集料斗及支撑墩位置均采用满堂支撑的方法,根据溜管角度及边坡地形控制支撑的高度,支撑柱均用16#槽钢,斜撑均75#角钢加固。溜管加固采用25#钢管柱和25#工字钢支撑、16#槽钢斜撑,沿轴线溜管布置长3 m、直径为25 mm的锚杆以固定连接钢支撑,并对钢管柱进行外包钢筋混凝土加固,最后全部用钢丝绳斜拉建立软连接体系,确保溜管的稳定。

3.4.2 溜管输送能力确定

溜管输送能力需考虑溜管混凝土输送速度(匀速)及不间断运输输送混凝土强度,以满足本工程混凝土进仓强度要求。

3.4.3 混凝土质量保证措施

(1)抗分离器可以减缓混凝土在溜管中的下落速度,调整混凝土骨料在管内的运行状态,使混凝土在抗分离器中相互撞击,充分混合,达到多次拌和作用,能防止混凝土因大落差向下输送而产生分离,保证混凝土质量。经抗分离溜管输送的混凝土VC值损失小、匀质性变好、混凝土强度离散程度缩小。

(2)在溜管的出口处,设置控制弧门,当溜管开始进料时,弧门关闭,溜管充满混凝土时,开启弧门卸料,并控制卸料速度,防止混凝土分离。其缺点是:每仓首次和末次充满内的混凝土因落差大而会分离,但该部分混凝土可再经卸料平仓过程中平仓机再次进行二次搅拌来解决,可保证混凝土入仓质量。

(3)夏季高温施工时,将在溜管外壁顶设置自流水管浇水进行溜管降温,以降低混凝土的入仓温度。

(4)在溜管局部安装附着式振动器,一旦发生堵工时,开启振动器,并采用人工敲打方式配合解决堵管问题,在溜管两侧设有专用检修通道。

(5)生产性试验:对混凝土分别在拌和楼出机口及溜管出料口进行取样,按照规范要求28 d凝期,500 m³一组;90 d龄期,1 000 m³一组进行取样对比,分别作混凝土VC损失、混凝土抗压、抗渗、抗冻等试验数据对比,在整理出数据后提交生产性试验报告。

3.5 采取必要的经济措施

经济措施是最易为人接受和最常采用的措施,除了采用常规的对审核工程量及相应的工程款支付和结算、控制设计变更和索赔等手段之外,还需

要从全局性、总体上的问题加以考虑,往往可以取得事半功倍的效果。在出现工期延误较多的时候还可以采用奖、罚措施和采取赶工措施来达到对施工进度偏差的调整,通过系统控制的手段达到对合同总目标的合理控制。本项目从开工建设就制定了一系列的奖惩措施。

另外,根据不同项目工程量变化、性质变化的敏感性和严重性,抓住主要矛盾,有所侧重,根据各项目费用的特点选择适当的控制方式,通过偏差原因分析和预测,可以发现一些现有和潜在的问题,并采取主动控制措施,达到对合同目标的有效控制。

经济措施的显著作用在本项目的作业人员的稳定、安全文明施工及环保、水保管理上效果最为明显,监理工程师进场后协助发包人制定有关安全文明施工管理办法,签订与各承包人之间的安全文明施工责任书,明确各承包人在安全文明施工、环境保护方面的职责,制定相应的检查考核和奖励处罚办法,并通过日检查、周总结、月评比等严格执行落实,可以起到立竿见影的效果。

3.6　加强现场协调工作

(1)由于本工程施工覆盖范围较广,地处少数民族地区,因此现场施工协调管理难度较大。建立健全、高效的协调机制是保证工程建设各项目标实现的重要保证,这些协调措施包括工程建设外部环境协调、设计技术供应协调、物资材料和设备供应协调、施工组织协调、施工资源和施工干扰协调等。监理工程师全面协助发包人做好外部环境协调工作,并主动积极挑起监理合同范围内工程的施工协调任务,及时处理各种影响正常施工的问题,确保施工进度、质量、安全和投资目标的实现。

(2)建立定期的协调会议制度。

(3)做好各承包人之间的协调。

在施工期间,对监理所属项目各承包人之间、各作业面之间、各施工工序之间均可能发生矛盾、干扰、纠纷,必须进行及时、有效的协调,以确保承包人有一个良好的施工环境。

(4)协助发包人做好现场与外界协调。

监理工程师必须做到经常深入现场,了解各工作面的进展情况以及存在的问题,定期(周或旬)召开协调会议,向发包人、设计和承包人通报工程的形象进度,指出应该注意的事项,协调统一各单位对质量、进度、安全、文明施工方面的认识,齐心协力搞好工程建设。充分了解当地民族风俗习惯,协助发包人解决施工中需与地方等外界协调的事项,为工程施工创造良好的外部环境。

(5)竭诚做好专业技术协调。

定期召开各单位主要技术负责人会议,对工程中出现的技术难题,以及需要前瞻性考虑的问题进行商讨,取得共识,指导工程建设。

4 结 语

(1)本工程由贵州省水利水电勘测设计研究院作为 PMC 项目管理承包商,由于 PMC 承包商本身依托设计单位,及时方便地与设计单位进行协调,本身又有着丰富的项目管理经验,因此自工程开工以来,进度、质量、投资、安全等方面均得到有效控制。

①能有效控制工期。

传统的建设模式在勘测设计、施工采购各主要环节之间存在互相分离与脱节的弊端,一般建设周期长、效率不高。在工程总承包模式下,总承包单位可以将设计、采购、施工工作合理交叉,减少外部协调环节,降低各方沟通成本,通过综合进度控制和协调,将采购纳入设计程序,先期采购关键长周期设备,提前交付急需施工图纸等措施,可以有效地控制总工期,又能保证各阶段工作的合理持续时间。

②能有效控制投资。

在传统承包模式下,施工和设计是分离的,双方难以及时协调,常常产生投资和使用功能上的损失。在工程总承包模式下,总承包单位将设计和施工过程深度融合,可以对设计方案进行优化比选,还可以根据施工单位的技术水平和装备条件调整方案,能够在保证工程质量的前提下,达到既满足技术要求又能节省投资的目的,而且可确保工程投产后的经济、社会和环境效益。

③能有效控制质量。

采用工程总承包模式,能充分发挥总承包单位的整体技术优势,在设计时能采用最优化的设计方案,在工程实施过程中,能及时了解设计中存在的问题,不断修改优化设计,始终保证设计质量最佳化。在施工过程中,也能更全面、透彻地贯彻设计意图。通过对整个建设过程进行管理和控制,全面贯彻国家、行业政策及规程规范,使工程质量得到保证。

④能有效减轻业主管理压力。

业主单位通常存在管理技术水平及人员不足的情况,在传统承包模式下需管理设计方、施工方、供货方等参建单位,协调管理难度较大,需投入大量的人力物力。工程总承包模式的合同结构较简单,业主单位只需管理总承包单位,由总承包单位负责设计、采购和施工的规划、组织、指挥、协调和控制,能有效减轻业主单位多头管理的压力,让业主单位将精力集中在筹资、征地协调以及项目整体目标的把控上。

⑤降低项目管理的风险。

项目管理主要风险在于项目的工期与投资两个方面,两者在一定程度上存在矛盾关系,产生的原因在于设计、供货、施工各方的责任实际中很难协调,极易造成工期延长与造价增加的索赔。采用总承包方式后,设计与施工的责任由同一家单位承担,两单位的协调由业主协调转变成为承包商的内部协调,简化了管理程序,减少了索赔理由,从而大大降低了索赔风险。

⑥总承包模式可以充分发挥总承包单位的主动性、积极性和创造性,特别是设计单位的技术支撑作用,促进新技术、新材料、新工艺、新设备的应用。

(2)灌浆工程质量的好坏,对工程安全及施工成本施工都有着重要的影响,如上下游围堰堰基帷幕灌浆质量的好坏影响着基坑渗水量的多少,决定着施工排水的强弱,直接影响着基坑降水费用。大坝坝基固结灌浆、大坝坝基及左右岸坝肩防渗帷幕灌浆的质量好坏影响着基础承载力及坝基、坝肩的绕渗,关系着工程安全。故而,灌浆工程应进行多方面的咨询、研究,选择合理的施工设备、机具与工艺方案,并对操作人员进行培训或直接选用熟练工,是确保工程施工质量的关键,违章指挥是工程施工之大忌。监理机构已要求承包方(施工方)对于即将开始的上下游围堰堰基帷幕灌浆、大坝坝基固结灌浆、大坝坝基及左右岸坝肩防渗帷幕灌浆,从钻灌设备、机具、管路、仪表和操作人员培训、技术交底、作业记录以及施工质量安全进度保证责任等方面提前做好准备。

(3)在工程进度方面,施工方案的合理性,是进度控制的关键,一定要坚持控制关键线路工程施工项目,瞄准节点工期目标进行进度控制和管理,不能因局部非关键线路项目的施工而影响了整体进度。

(4)加强施工质量控制,特别是施工方案或措施计划的确定与审批工作,必要时应邀请相关方面的专家对方案进行审查。原材料质量的控制是质量控制的源头,施工过程中,按图施工,遵守有关技术标准(规程规范)和设计要求,规范施工程序,认真执行"三检制",及时报检报验,严格施工工艺控制、加强工序质量管理是过程控制的要点。涉及施工质量的试块、试件(包括喷混凝土大板试样)应及时送检进行检测试验。

(5)加强施工期临时监测,并结合永久监测布置监测点。左右两岸坝肩边坡(包括坝顶以上)已由 PMC、监理人、承包人共同商定布置了临时监测点,承包人应按规定要求的监测频率进行观测。同时,应尽快布设施工期或永久变形监测,以利及时发现问题,及时采取相应防范措施。

通过监理工程师的辛勤工作,在参建各方的协作配合下,目前大河水库工程进展顺利,实施过程中未发生质量和安全事故,将有望按期实现合同目标。

六枝特区阿雨水库工程建设监理实践

宋 楠 王松伟 邵淑涵

(河南华北水电工程监理有限公司)

经过建设各方近三年的共同努力,阿雨水库工程主体工程全部完工并通过大坝安全鉴定,顺利实现水库蓄水。监理部具有丰富水电施工和监理经验的陈鹏同志,坚守工地整两年,提出的许多建议意见,均被业主和承包人采纳,保证了质量,加快了进度。年轻的监理工程师宋楠同志自始至终参与了本项目的建设监理工作,恪尽职守完成监理任务的同时,个人的业务水平也得到了较大的提升。六枝特区水利投资有限责任公司现场业主代表郑勇同志,恪守岗位,认真履责,积极沟通和协调参建各方,促进参建各方通力协作,共同完成了阿雨水库工程建设任务。

自本工程开工以来,"百年大计,质量第一"是监理部的中心工作,内部实行了重要部位 24 h 现场值班制度,对施工进度及工程质量实行有效监

控。经检查验收,大坝枢纽工程的三大件,即混凝土面板堆石坝、溢洪道、导流洞及其洞内敷设钢管为引水工程均为合格工程,满足大坝安全蓄水的要求。"安全第一、预防为主"始终是监理部安全工作的指导方针,现场监理工程师在巡视检查工程施工进度和质量的过程中,每天巡视材料场,大坝填筑、导流洞地下工程施工工作面,检查施工现场的安全情况及是否有违章作业,一旦发现问题及时制止,把事故隐患消灭在萌芽状态。为了加快工程施工进度,监理部按照监理合同的有关规定,及时发布了开工令,审查批复承包方上报的施工总进度计划,在征地延迟及施工蓝图延误达5个多月之久,对工期极其不利的条件下,经监理、发包人和承包人的共同努力,确保了现场施工的有序进行。项目建设过程中,监理部还要求承包人充分认识到文明施工在项目管理中的重要地位,通过文明施工改变施工现场面貌,改善职工劳动条件,提高工作效率,始终保持良好的工作状态。在项目实施过程中,要求承包方严格遵守国家和地方政府有关环境保护的法令、法规,做好施工合同范围内的环境保护工作,教育一线作业人员遵守环保法规,提高环保意识,并通过一系列具体措施加以贯彻落实,积极改进施工中存在的环保问题,提高环保水平。

前事不忘后事之师,现对阿雨水库工程施工监理工作总结如下。

1　工程概况

阿雨水库位于六盘水市六枝特区西南面洒志彝族布依族苗族乡的把利村,距六枝特区中心城区60 km,坝址位于北盘江左岸一级支流纳吉河流蒋家小河上。本工程主要任务为灌溉、乡镇供水及农村人畜饮水。主要建筑物包括枢纽工程(混凝土面板堆石坝、导流隧洞、溢洪道工程)及泵站工程(泵站、管道、高位水池)。其中面板堆石坝坝顶高程1 275.3 m,趾板建基面高程1 240.8 m,最大坝高34.5 m,坝顶宽度5 m,坝底宽度105 m,上游迎水面为40 cm厚的钢筋混凝土面板,下游为40 cm厚的干砌块石护坡,上下游坡比为1:1.4,坝轴线长97.79 m,坝体主要结构分为垫层区、过渡区、主堆石区、次堆石区、滤水坝址区及坝顶结构。

2　项目划分编制原则

以大坝枢纽及管理设施工程、供水工程各为一个单位工程;大坝枢纽工程按设计的主要组成部分划分为13个分部工程,供水工程按照施工部署和长度划分为9个分部工程。共计2个单位工程、22个分部工程。

3 监理效果

3.1 主要原材料、中间产品、工程施工质量抽检情况

3.1.1 确定检测试验单位

为了保证阿雨水库工程质量,监理方要求承包方依据国家、行业有关材料、中间产品试验、检验规程、规范、质量标准、检验方法,对本工程使用的原材料及中间产品进行检测试验,承包方在工地建立实验室,现场与监理方共同平行取样,并且委托有资质的试验单位贵州省黔水试验测试工程有限公司进行检测。受业主六枝特区水利投资有限公司委托,华水监理阿雨水库监理部对原材料及中间产品进行抽样检测,并委托有资质的试验单位贵州省水利工程建设与安全监测中心进行检测,按照规范要求数量的 10% ~ 20% 独立抽检。

3.1.2 建立工程原材料及中间产品检测试验制度

3.1.2.1 要求承包方建立工地实验室

为了保证阿雨水库工程的建设质量,要求承包方在工程开工前建立简易工地试验室,在试验室购置一些简易的取样称重设备,如天平、筛分、称重等设备,并配备专职试验技术人员,为委托抽检检测单位取样并做好相应的准备工作。

3.1.2.2 建立了完善的原材料进场审批制度

凡用于阿雨水库永久工程建设原材料(发包方供应除外),我监理部均要求承包方在采购前将拟选的生产厂家和产品有关资料报送监理部,经审

批后方可采购,要求承包方严格按规范、标准和合同要求进行控制原材料、中间产品的检测频次、检测内容,并及时将检测结果整理分析后报监理部。譬如:

(1)水泥:运到工地的水泥每批次都必须有出厂检验合格证,要求承包方按每400 t同品种同批号的水泥为一批进行检测(不足也为一批),样品重量不少于12 kg。水泥检测内容包括强度、凝固时间、安定性、水化热(中、低热水泥),必要时要增做:比重、细度、含碱量、二氧化硫、氧化镁等材料的检测。

(2)粗细骨料:用于阿雨水库工程上的砂石料(为承包方机械加工粉碎的成品料),同样按规范试验规程取样送达贵州黔水试验检测工程有限公司试验室进行检测试验,由检测单位出具检验合格证。

(3)钢筋:承包方按施工规范、试验规程的规定,对永久工程上使用的钢筋(钢材)进行取样送检,并以同一牌号、同一炉(批)、同一截面尺寸的钢筋(钢)为一检验批,每一批重量均不大于60 t,不足者也作为一取样送检单位。

每批取样送检验收检测内容,主要是物理性能检测项目,主要包括外观检查、屈服强度、极限抗拉强度、伸长率、冷弯试验等检测指标,均每批次取样送检的钢筋(钢材)的各项检测指标满足设计与施工规范要求。

(4)为了保证混凝土面板堆石坝主体工程与附属工程质量,监理工程师还要求承包方对工程上使用的铜止水、接缝处的填筑覆盖材料(如铜片止水、三元乙丙复合板、GB柔性等填筑材料)进行取样送检,取样送检结果均符合设计施工规范和试验规程的相关规定,同意用在本工程上。

3.1.2.3 严格执行《水工混凝土试验规程》和设计方提供的《大坝填筑材料技术要求》的相关规定进行混凝土配合比试验和大坝填筑材料碾压试验

本工程的混凝土强度和耐久性要求高,尤其是大坝面板、趾板的混凝土不仅要求高抗压强度满足设计要求,而且还对抗裂、抗拉性能、防渗和抗冻性能进行试验,为此,承包方委托有资质的试验单位分别对不同强度等级的混凝土(包括土方干砌石 $M_{7.5}$、M_{10} 水泥砂浆标号)均作了配合比试验,室内试验与施工配合比均满足混凝土工程设计和施工规范要求。

为了保证大坝坝体不同填筑区的填筑要求,设计方专门提供了大坝填筑材料技术要求,其主要技术参数包括各垫层堆石区的粒径级配、干容重、孔隙率、渗透系数等。承包方委托有资质的试验检测单位通过堆石体骨料级配、摊铺碾压等,最后确定其施工过程中填筑碾压参数,其指标均符合设计与施工规范要求。

3.1.2.4 严格控制施工过程中中间产品的质量,保证整个工程的总体质量满足设计和施工规范要求

为了使阿雨水库的工程质量在管控范围,监理方通过现场检查、监督和室内(中间产品如混凝土试块、钢筋焊接件等)试验结果分析,认为其工程施工的中间产品均符合设计要求。

3.2 施工质量的复核及验收签证

质量控制是监理人员在施工阶段的主要任务。严格执行国家有关规定、规范,按照设计要求和合同的相关规定,对工程项目进行质量控制。

在阿雨水库建设的质量控制过程中,监理部以主动控制为主,被动控制为辅,主动控制与被动控制相结合,采取了全过程全方位的控制模式,实际以单元工程为基础,以工序控制为手段的程序化管理,对重要部位和关键程序进行旁站监理,并做好旁站记录,主要采取验收、现场巡查和重点旁站相结合的控制办法。

3.2.1 边坡土石方开挖

施工前监理部认真审批承包方上报的施工技术措施,对原始地形测量时,检查是否按照设计图纸的要求进行原始基准点的复标;施工中,检查开挖是否受施工措施控制,其开挖高程、轴线和轮廓线是否达到设计图纸及规范要求;施工完成后,根据开挖揭露的地质情况,合同业主、设计人员与承包方技术人员进行联合基础隐蔽工程验收,针对开挖基础存在的问题,主要采取以下处理措施:

（1）局部不合格松动、强风化层进行人工配合机械清除。

（2）对不符合设计要求的基岩表层（覆盖层），经处理后必须满足设计要求方予以认可。

3.2.2 面板堆石坝基础开挖工程质量复核与验收

鉴于大坝右岸岩体有近 1.0 万 m³ 岩石是强风化岩体，岩体节理裂隙，岩体内存在大量的大大小小溶槽、溶洞和强风化堆石，给大坝和起初开挖带来了很大的困难。

在坝坡和基础开挖前，监理部要求监理人员先熟悉阿雨水库初设阶段的地址描述、设计文件和施工期间大坝坝基、坝坡开挖揭露出的地质条件，以及施工过程中应注意的事项，尤其高边坡开挖和爆破等。

施工过程中监督承包方严格按照设计图纸坐标点、水准点施工放样，及时将测量成果上报监理部审查。施工中严格按照施工图纸进行测量放样，采用大型挖掘机和人工辅助装药爆破自上而下 5 m 一层，按设计给的坝坡开挖比（特殊情况除外）向下开挖，施工测量技术人员跟踪开挖过程，开挖断面成型符合设计要求后，由监理组织设计、施工、业主和当地质量监督站相关人员进行大坝开挖基础隐蔽工程联合验收。

3.2.3 大坝帷幕灌浆工程质量复核和验收

阿雨水库面板堆石坝帷幕灌浆设计图纸布置 165 个孔，单排孔孔距 2 m，帷幕线总长 328 m。设计要求帷幕灌浆质量标准为岩石透水率 $q \leqslant 5$ Lu，左右岸覆盖层较厚，右岸延伸段由平洞灌浆改为明灌段。监理部通过灌浆材料、灌浆试验、检查孔压水试验旁站监理等检测手段复核,其帷幕灌浆工程为合格,通过验收。

3.2.4 大坝填筑工程质量控制

阿雨水库混凝土面板堆石坝最大坝高 33.3 m,填筑分区:垫层区、主堆石区、次堆石区和坝后干砌护坡,监理部按照《混凝土面板堆石坝施工规范》《混凝土面板堆石坝设计规范》、施工合同的技术条款等规程、规范的相关规定,进行检查及过程控制。

4 结束语

根据工程质量评定、施工期间大坝安全监测数据的分析、各种堆石坝坝体填筑材料的试验、取样、各种原材料的监测,以及混凝土拌和物试验取样统计和水库蓄水后的总体情况分析,阿雨水库大坝、溢洪道、导流(引水)洞及其辅助工程满足质量及安全要求。

修文高效节水灌溉试点工程监理浅记

范玉祯

(河南华北水电工程监理有限公司)

修文县 2012 年度中央财政小型农田水利重点县(高效节水灌溉点)建设工程项目位于贵州省修文县境内。

工程建设以现有小型农田水利重点县工程和小型灌区田间配套灌溉设

施改造为主,因地制宜地建设高效节水灌溉工程。修文县小型农田水利重点县(高效节水灌溉试点县)工程建设以《修文县县级农田水利规划》为准,在其规划范围内新建、改造小型水利设施,有效利用水资源,提高农业生产力。本次选取自然条件相对较好、耕地相对集中、水源条件较好的项目点进行建设,通过3年建设,全县高效节水灌溉建设可达到新增高效节水灌溉面积6万亩,其中喷、微灌面积为3万亩,占新增面积的50%。平均每年新增高效节水灌溉面积2万亩。全县有效灌溉面积从10.24万亩增加到16.24万亩,有效灌溉面积比全县现有耕地面积提高37.1%。

华水监理受修文县水务局的委托为本工程的监理单位,在2013年6月17日正式进场,展开监理工作,我项目部监理人员在建设地点分散、没有青苗补偿、当地村民频繁阻工的情况下,克服诸多困难,结合本工程的特点制定出行之有效的监理措施,督促施工单位在果树收获完成后增加作业人员赶进度,保质保量地完成了建设任务。水源得到了最大限度的有效利用,实现了节水灌溉的设计初衷。

河南华北水电工程监理有限公司修文项目部依据施工监理合同,并根据现场实际情况,本着为业主服务、为在建工程服务的精神,克服各种不利因素,努力做好施工现场的各项监理工作。

"百年大计,质量第一"是监理部中心工作,监理部实行了重要部位24h现场值班制度,对施工进度及工程质量实行有效监控。"安全第一、预防为主"始终是监理部安全工作的指导方针,现场监理工程师在巡视检查工程施工进度和质量的过程中,每天巡视施工工作面,检查施工现场的安全情况及是否有违章作业,一旦发现问题及时制止,把事故隐患消灭在萌芽状态。

为了加快工程施工进度,监理部按照监理合同的有关规定,及时发布了开工令,审查批复承包方上报的施工总进度计划,给承包方出主意、想办法,确保现场施工有序进行。要求承包方充分认识到文明施工在项目管理中心的重要地位,通过文明施工改变施工现场面貌,改善职工劳动条件,提高工作效率,始终保持良好的工作状态。

对本工程的工程监理主要采取巡视、平行检查、旁站监理、跟踪检查、事前控制、事中控制、事后控制等方法进行质量检查。检查内容主要包括审查设计图纸、施工组织设计和施工措施等。检查验收施工单位使用的所有原材料如大坝填筑材料、试验检测材料;检查验收施工现场工序,督促落实施工措施,现场施工工艺等。按照监理合同约定,对大坝主体工程、堆石坝的填筑和碾压,堆石坝面板、趾板(不限于此)的混凝土施工、拌和、入仓、振捣进行旁站监理;对大坝趾板下基岩的固结灌浆,趾板轴线和大坝轴线的帷幕灌浆及检查孔的压水试验进行跟踪检查等。

监理人员进场后,针对本工程的特性、建设环境、工期、技术要求和建设监理合同的有关规定,结合本公司的质量手册,首先编制了《修文县2012年中央财政小型农田水利设施重点县工程工程监理规划》,同时监理内部出台了《监理机构内部工作管理制度》《技术文件审核、审批制度》《材料、构配件和工程设备检测制度》《现场质量检测制度》《工程计量付款签证审核制度》《旁站监理工作制度》《安全生产、文明生产监理工作制度》等监理工作制度,真正做到有章可循、有法必依;明确了《总监理工程师(各专业监理工程师)工作岗位职责》《监理员岗位工作职责》,真正做到分工明确,责任落实到人,工作紧凑,忙而不乱。

在实施监理工作过程中,监理工程师根据建设监理合同、建设施工合同及相关文件赋予的责任和权力,严格按照招投标文件及规程规范要求,对所建工程各工序进行监督控制,以"守法、诚信、公正、科学"的原则,认真开展合同工程的建设监理活动。保安全、抓质量、促进度,全面推进工程建设。"以信而立、立信于心、尽责至善、科学公正",让客户满意,让国家放心。

第六章 水利工程征地移民安置监督评估

贵州省夹岩水利枢纽及黔西北供水工程征地移民简述

罗政 刘流 周亮

（贵州省水利水电勘测设计研究院）

1 概 况

1.1 工程概况

夹岩水利枢纽及黔西北供水工程（以下简称"夹岩水利枢纽工程"）的开发任务是以供水和灌溉为主，兼顾发电，并为区域扶贫开发及改善生态环境创造条件的综合水利工程。受水区包括毕节—大方城区、遵义市中心城区、黔西县城、金沙县城、纳雍县城、织金县城、仁怀市等7个城镇（区）以及8个工业园区、79个乡镇、399个农村集中聚居点，夹岩水库校核洪水位1 326.06 m，正常蓄水位1 323 m，总库容13.25亿 m^3；设计灌溉面积90.42万亩；坝后电站装机容量90 MW；按《水利水电工程等级划分及洪水标准》（SL 252—2000）2.1条规定，夹岩水利枢纽工程等别由水库总库容控制，为Ⅰ等大（1）型工程。

夹岩水利工程由水源工程（含水库淹没区、水库影响区、枢纽工程建设区）、毕大供水工程、灌区工程三大部分组成。建设征地涉及毕节市和遵义市。

1.2 移民前期设计审批过程

2012年5月，贵州省人民政府印发了《省人民政府办公厅关于禁止在夹岩水利枢纽工程水库淹没区及工程占地区新增建设项目和迁入人口的通知》（黔府办函〔2012〕92号）。

2012年6月，贵州省移民局组织审查我院编制的《夹岩水利枢纽工实物调查细则》。

2012 年 6 月至 2013 年 8 月,我院会同地方政府对建设征地区实物进行了全面调查。

2013 年 8 月 27 日,省移民局组织对《贵州省夹岩水利枢纽及黔西北供水工程建设征地移民安置规划大纲》(以下简称《规划大纲》)进行省内预审,并出具了预审意见。

2013 年 9 月 5 ~ 6 日,水规总院会同省移民局在北京市召开会议,对我院编制的《规划大纲》进行了审查。会后,我院根据会议讨论意见对《规划大纲》进行了补充修改,完成了《规划大纲》(报批稿)。2013 年 10 月 30 日,水规总院以水总环移〔2013〕1026 号向水利部报送了《贵州省夹岩水利枢纽及黔西北供水工程建设征地移民安置规划大纲审查意见》。2013 年 12 月 18 日,水利部和贵州省人民政府以水规计〔2013〕485 号《水利部贵州省人民政府关于对贵州省夹岩水利枢纽及黔西北供水工程建设征地移民安置规划大纲的批复》对《规划大纲》进行了批复。

在开展《规划大纲》编制的同时,我院同步开展了移民安置规划报告的编制工作,于 2013 年 11 月编制完成《贵州省夹岩水利枢纽及黔西北供水工程建设征地移民安置规划报告(送审稿)》(以下简称《规划报告》),2013 年 11 月 23 ~ 26 日,水规总院在贵阳组织对《规划报告》(送审稿)进行了审查。2014 年 1 月 10 ~ 12 日,水规总院在贵阳组织对《规划报告》中公路复改建专项报告进行了审查。根据水规总院审查意见,我院会后认真修改完善,提出了《规划报告》(报批稿)。

2014 年 4 月 29 日,水利部水规总院向水利部报送了《关于报送贵州省夹岩水利枢纽及黔西北供水工程建设征地移民安置规划审核意见的函》(水总环移〔2014〕385 号)。

2014 年 6 月 6 日,贵州省水库和生态移民局印发了《夹岩水利枢纽及黔西北供水工程建设征地移民安置规划报告审核意见》(黔移函〔2014〕65 号)。

2014 年 11 月 24 日,国家改革委印发《国家发展改革委关于贵州省夹岩水利枢纽及黔西北供水工程可行性研究报告的批复》(发改农经〔2014〕2647 号)文件,正式批复同意夹岩水利枢纽及黔西北供水工程可行性研究报告。

2015 年 2 月 1 ~ 5 日,水利部水规总院在贵阳市召开《贵州省夹岩水利

枢纽及黔西北供水工程初步设计报告》审查会。2015 年 4 月水利部以水总
〔2015〕194 号对初设报告进行了批复。

2015 年 6 月,根据 3 县(区)的分县(区)实施规划报告和毕大供水区灌
区实施规划报告,我院会同毕节市移民局共同汇编了《夹岩水利枢纽及黔
西北供水工程建设征地移民安置实施规划报告》(送审本)。

2015 年 6 月 14~15 日,水利部水利水电规划设计总院会同省水库和
生态移民局在贵阳组织召开《夹岩水利枢纽及黔西北供水工程建设征地移
民安置实施规划报告》审查会议,贵州省发展和改革委员会、贵州省水利
厅、贵州省国土资源厅、贵州省水投集团公司、中国电建集团贵阳院、贵州省
水利勘测设计研究院,工程涉及的毕节市、县(区、管委会)人民政府及移民
部门、遵义市移民部门、毕节市交通运输局等单位的领导、代表和 5 名特邀
评审专家参加会议。根据审查意见,我院对报告进行了修改完善。

2015 年 7 月 14 日,在得到贵州省政府确认后,贵州省移民局以黔移发
〔2015〕39 号对实施规划报告进行了批复,至此整个前期工作全部完成,进
入了实施阶段。

2　规划设计

2.1　建设征地范围

本工程建设征地范围分别为水库淹没区、水库影响区、枢纽工程建设
区、毕大供水区和灌区,具体情况如下。

2.1.1　水库淹没区

水库淹没处理范围主要情况如下:

(1)居民迁移线:考虑水库运行 20 年泥沙淤积,按 20 年一遇设计洪水
回水水面线,在回水影响不显著的坝前段,考虑风浪爬高影响,在正常蓄水
位上加 1.0 m 的安全超高作为居民迁移线。

(2)耕、园地征收线:考虑水库运行 20 年泥沙淤积,按 5 年一遇设计洪
水回水水面线。在回水影响不显著的坝前段,考虑风浪爬高影响,在正常蓄
水位上加 0.5 m 的安全超高作为征收线。

(3)各专业项目淹没线:考虑水库运行 20 年泥沙淤积,按《防洪标准》
及各专业项目规范中所列设计洪水回水水面线。

(4)林地、草地及其他土地征收线确定:按正常蓄水位高程 1 323 m 平
水线为征收线。

2.1.2　水库影响区

根据本阶段工程地质勘查和《贵州省夹岩水利工程地灾评估报告》，夹岩水利工程部分村寨在蓄水后将受到库岸再造塌岸及滑坡（蠕动变形）等影响，本工程共存在 13 处地质影响居民点，除地质影响居民点区域外，另有 4 处因蓄水后无法生产生活的区域。

2.1.3　枢纽工程建设区

枢纽工程建设区征地范围根据工程总体布置及施工总布置方案确定，枢纽工程建设区包括枢纽工程建筑物及工程永久管理区、料场、渣场、作业场、施工企业、场内施工道路、工程建设管理区、伏流处理措施等占地区域等。按用地性质分为永久征地和临时用地，与库区重叠部分全作为永久征收。

2.1.4　毕大供水区

毕大供水区范围根据工程总体布置及施工总布置方案确定，包括输水管道、料场、渣场、作业场、施工企业、场内施工道路。管线由于为埋管，全为临时用地，泵站及永久公路为永久征地。

2.1.5　灌区骨干输水工程区

灌区骨干输水工程区工程由总干渠、北干渠、南干渠、金遵干渠、金沙分干渠和黔西分干渠以及 16 条支渠（管线）、灌区泵站系统等渠系建筑物组成。

2.2　实物情况

2.2.1　调查起止时间

（1）2012 年 5 月 25 日，贵州省人民政府办公厅印发了《省人民政府办公厅关于禁止在夹岩水利枢纽工程水库淹没区及工程占地区新增建设项目和迁入人口的通知》（黔府办函〔2012〕92 号）。

（2）2012 年 6 月 11 日，省移民局组织审查我院编制的《夹岩水利枢纽工程实物调查细则》。

（3）2012 年 6 月 13 日，毕节市市级征地移民前期工作暨实物调查启动会召开；6 月 16 日，七星关区、赫章县召开县级实物调查启动会；6 月 18 日，纳雍县召开县级实物调查启动会。

（4）2012 年，6～9 月，我院会同库区三县（区）对库区正常蓄水位以下实物进行了全面调查，三榜公示并复核。

（5）2013 年 3 月 27 日，大方县召开输配水区实物调查启动会；3 月 28 日，黔西县召开输配水区实物调查启动会；3 月 29 日，金沙县召开输配水区实物调查启动会。

（6）2013年3~4月，完成枢纽工程建设区、提水工程区、输配水区所有干渠及需典型设计的重南支渠的实物调查。

（7）2013年6~7月，完成水库影响区范围和回水范围的实物调查。

（8）2013年8月2日，遵义市市级输配水区实物调查启动会召开，并于当月中完成实物调查。

（9）2015年3~4月，在实施规划阶段对实物进行了核定。

2.2.2 实物调查成果的确认程序

实物公示的程序：实行由地方人民政府组织三榜定榜制，第一榜公布实物调查成果7 d，对调查成果有异议的，权属人在3 d内提出书面申请，交村委会负责人，由村委会负责人交乡（镇）负责人签署意见后，报调查组进行复核。第二榜：在复核完毕后，实物进行公示7 d，如对公示成果无异议的即可定榜，如对调查成果有异议的，权属人在3 d内提出书面申请，交村委会负责人，由村委会负责人交乡（镇）负责人签署意见后，报调查组进行复核。第三榜：将二榜公示的成果进复核后，公示7 d，此榜为最终榜。凡申请复核的指标以复核的为准，不得更改。本次调查采取边调查边公示的方法，调查下一个乡时就公示前一个已经完成调查的乡，整个公示工作已全部完成定榜。

本次涉及农户的私有指标，由户主签字或盖章认可；集体指标由权属单位签章认可。专业项目由专项主管部门盖章认可，工业企业由权属单位（人）盖章签字认可，最终实物由各县（区）政府盖章确认。

2.2.3 实物调查成果

建设征地区需永久征收土地总面积54 042亩，临时征用土地1 385亩；调查年搬迁人口24 284人，拆迁各类房屋766 105 m²。

（1）水库淹没影响区。

本阶段水库淹没影响区（不含重叠部分）涉及毕节市七星关区、纳雍县、赫章县15个乡镇75个村384个村民组，水库淹没影响总面积43 214.54亩，其中：淹没耕地24 301.88亩，园地4 677.05亩，林地7 224.40亩，草地728.05亩，工矿仓储用地16.08亩，住宅用地（农村宅基地）964.36亩，公共管理和公共服务用地19.76亩，交通运输用地395.22亩，水域及水利设施用地4 724.27亩，其他土地163.47亩。直接淹没影响人口21 869人。淹没各类房屋679 211 m²及各类附属建筑物、农副业设施；淹没各类零星树木718 051株（笼），坟墓4 436座。影响工矿企业：砂石场4处、养殖场8处、水泥砖厂5处、蜂窝煤厂2处等。没影响主要专业项目有输变电设施、交通设施、通信设施等。

(2)枢纽工程建设区。

枢纽工程建设区涉及毕节市七星关区、纳雍县、赫章县4个乡镇9个村29个村民组,影响总面积2.73 km²,其中陆地面积2.63 km²,水域面积0.09 km²。坝区枢纽范围涉及七星关区和纳雍县,伏流工程措施用地涉及赫章县。

枢纽工程区影响总面积4 082亩,其中永久征地2 560亩(含与水库淹没重叠区1 616亩),临时用地1 522亩,影响人口560人。影响各类房屋18 389 m²及各类附属建筑物、农副业设施。

(3)毕大供水区。

毕大供水区征地涉及毕节市七星关区、纳雍县和双山新区的3个乡镇6个村35个村民组,永久征地141.14亩,临时用地927.94亩,影响人口160人,各类房屋面积5 518.40 m²。

(4)灌区骨干输水工程区。

灌区骨干输水工程区涉及毕节市的大方县、纳雍县、金沙县、黔西县、织金县(支渠)和遵义市遵义县、仁怀市(支渠)、红花岗区(支渠)32个乡镇99个村306个村民组,永久征地8 125.77亩,临时用地11 355.52亩,影响人口1 891人。

2.3 移民安置规划

2.3.1 规划方针和原则

(1)按照《大中型水利水电工程建设征地补偿和移民安置条例》(国务院令第471号)、《水利水电工程建设征地移民安置规划设计规范》(SL 290—2009)的要求,贯彻开发性移民方针,采取前期补偿、补助与后期生产扶持相结合的原则,妥善安置移民的生产、生活,逐步使移民的生活达到或超过原有水平。

(2)移民安置与库区建设、资源开发、环境保护及治理相结合,促进库区经济的可持续发展。

(3)在环境容量允许的前提下,农村移民尽可能就近安置,尽量在本村、本乡(镇)内安置。对土地资源不足,安置确有困难的乡(镇),按经济合理的原则,考虑在本县内其他乡镇安置。

(4)农村移民以大农业安置和城集镇安置并举,通过对安置区各种资源的调查和环境容量分析,从实际出发,因地制宜,有偿征(收)用、流转耕地,对大农业安置的移民进行改造中低产田土、开发利用25°以下的荒地,建设稳产高产农田和经济园林,发展种植业、养殖业,等于城集镇安置的移民积极鼓励培训进行二、三产业,使每个移民都有恢复原有生活水平所必要的物质基础。

(5)坚持"以集中安置为主,其他安置方式为辅"的原则。对于淹房不淹地的搬迁安置人口考虑组内后靠建房安置;对于组内耕地资源较丰富,耕地损失较少且无搬迁安置人口,仅需进行生产安置的组,考虑适当降低组内原有人均耕地标准,采取流转耕地或一次性调剂耕地补偿安置;对于建设征收耕地数量较多,生产安置人口也较多且组内难以流转耕地全部安置移民的,考虑采取在本村组或出本村组在本乡(镇)耕地较丰富的村组流转耕地分散安置。

(6)在有利生产、方便生活和节约用地的前提下,综合考虑地形、地质、水源、交通等情况,并征求库区移民的意见,进行移民居民点的布设。

2.3.2　安置途径

根据贵州省水库和生态移民局《关于做好夹岩水利枢纽及黔西北供水工程建设征地移民安置实施工作的意见》(黔移发〔2015〕28 号)的精神,根据国家审批的移民安置规划,结合本库区实际,借鉴其他库区的经验和有效做法,因地制宜、探索创新扎实做好本项目建设征地移民搬迁安置工作。

2015 年 5 月,三县(区)根据《指导意见》精神开展移民安置意愿调查,根据移民生产安置意愿调查成果,本工程涉及的农户生产安置意愿以一次性补偿耕地补偿为主,长期补偿为辅;涉及的搬迁安置农户大部分实行城镇安置和集镇安置。

根据国家审批的移民安置规划,结合本库区实际,借鉴其他库区的经验和有效做法,因地制宜、探索创新扎实做好本项目建设征地移民搬迁安置工作。在搬迁安置上,实行集中安置与分散安置相结合、以集中安置为主的方式,包括城镇安置、集镇安置、农村集中安置点安置和分散安置等;在安置方式上,实行长期补偿与一次性调剂补偿相结合的方式。要把规划确定的城镇无土安置、集镇少土安置和农村有土安置、分散安置等方式的政策和具体情况,向移民讲解清楚,使移民可根据自身情况,自愿选择适合自己的安置方式。

(1)城镇无土安置。

符合搬迁条件的移民,可选择到毕节市双山新区移民集中安置小区进行无土安置。其条件包括:①提出申请并签订搬迁安置协议。③按当地户籍管理规定办理户口迁移手续。③移民安置小区及房屋由政府统一规划、统一设计、统一建设管理,基础设施费由政府统筹安排使用。规划建设方案及购房方案、购房价格由毕节市政府及相关县(区)人民政府根据有关规定,结合地方实际制定。④移民安置后通过自行经营门面、摊位或自主就业、创业、长期补偿等方式解决生计保障问题。⑤移民搬迁后线上剩余的耕地、林地等资源由移民按国家政策规定自行处理。⑥移民迁出迁入地移民管理机构对移民的生计保障问题及保障方案进行评估签署意见并经县级人民政府同意。

(2)集镇安置。

符合搬迁条件的移民,可选择到七星关区田坝,纳雍县维新、姑开、羊场,赫章县平山等集镇进行安置。其条件包括:①提出申请并签订搬迁安置协议。②移民安置点由政府统一规划、统一设计、统一建设、统一管理,基础设施费由政府统筹安排使用。③移民宅基地通过政府征地建设后划拨,移民按集镇规划要求自行建房,移民住房规划建设按门面房与住房相结合考虑。④移民通过门面经营、对接适量耕地从事农业生产经营、务工经商、自主创业、参加养老保险、长期补偿等多种方式,解决长远生计保障问题。⑤移民搬迁后线上剩余的耕地、林地等资源,由移民按国家政策规定自行处理。

(3)农村集中安置点安置。

符合搬迁条件的移民,可选择到各县农村移民安置点安置,其条件包括:①提出申请并签订搬迁安置协议。②移民安置点由政府统一规划、统一设计、统一建设,基础设施费由政府统筹安排使用。③移民宅基地由政府征地建设后划拨,移民自行建房并满足安置点规划要求。④实行长期补偿、一次性货币补偿与有土安置相结合的方式。对选择有土安置的,移民应在安置点周边村寨自行对接流转耕地,以解决其长远生计问题。对淹没影响耕地较少、剩余耕地能满足生产生活条件、长远生计不受影响的移民,经当地政府核实同意后可选择一次性货币补偿。⑤移民搬迁后线上剩余的耕地、林地等资源,由移民按国家政策规定自行处理。

(4)分散安置。

选择分散安置的移民,其条件包括:①征占耕地较少或生产生活已落实,实行分散安置对其长远生计影响不大。②提出申请并签订安置协议。③移民自行解决宅基地,自行建房,自行解决水、电、路等配套设施。基础设施费按政策规定兑现给分散搬迁安置的移民户,用于解决移民建房所涉及的征地、场平、水电路配套设施等问题。④移民可选择长期补偿或一次性补偿。⑤移民搬迁后线上剩余的耕地、林地等资源，由移民按国家政策规定自行处理。⑥以就地安置为主，对个别生计有保障确需外迁的，必须严格按照省局《夹岩指导意见》执行。

2.3.3　生产安置人口和搬迁安置人口

经推算，本工程生产安置人口到规划水平年共 27 923 人，其中水库淹没区到规划水平年生产安置人口为 20 173 人，枢纽工程区到规划水平年为 917 人，毕大供水区到规划水平年 71 人，灌区骨干输水工程区到规划水平年 6 762 人。本工程搬迁安置人口到规划水平年共 25 838 人，其中水库淹没影响区到规划水平年为 23 117 人，枢纽工程区到规划水平年搬迁人口为 566 人，毕大供水区到规划水平年为 161 人，灌区骨干输水工程区到规划水平年 1 994 人。

2.3.4　安置区的选择

(1)农村移民的迁建安置规划应与生产安置规划紧密结合。

(2)节约用地，尽量少占耕地，尽量不拆迁安置地居民的房屋、迁改建专业项目。

(3)本着有利生产、方便生活的原则，在充分征求移民意愿的前提下，根据地形条件，合理确定后靠分散安置人数。

(4)移民迁建地点应选择地质地形条件较好，便于解决交通和用水、用电等基础设施，并留有发展余地的地点，并做好地质灾害评价工作。

(5)解决移民的用水、用电、交通、邮电、通信等基础设施以及文教卫条件，使移民尽快恢复到搬迁前的生活环境水平并有所提高。

(6)移民搬迁应充分尊重少数民族权益，尽可能照顾移民原有的生产、生活习惯。

(7)安置区应选择在乡镇附近的安置点，结合当地小城镇建设进行规划。双山新区城镇安置点要遵守双山新区城市总体规划，符合毕节市城乡规划局规划设计条件的相关要求。

(8)移民集中安置点的规划应结合国家建设社会主义新农村的要求。

(9)毕大供水区和灌区骨干输水工程区由于是线性工程对每家每户影响较小，拟对生产安置方式采取一次性调补，对搬迁安置采取后靠方式，因此不进行环境容量分析。

根据以上原则，建设征地区各县(区)人民政府、移民局，乡(镇)人民政府会同我院设计人员分别对可能安置移民的地区进行社会情况调查。

　　根据调查结果分析安置区的社会资源、交通条件、水源条件、自然条件等因素,把选定的移民安置区推荐给移民,以供移民选择。然后逐户征求移民意愿,签订搬迁安置协议。

2.3.5　安置区选择的过程和成果

　　为了使移民安置后的生活水平不低于原有水平,并为移民的生产生活打下良好的基础,根据各县(区)的工作实际情况,地方人民政府组成移民安置规划组,在各县(区)范围内开展全面调查,收集当地的社会经济资料,了解当地交通、供水、供电基础设施情况、文教卫等社会服务设施现状,分析其可承载的移民安置环境容量,并将初步选定的移民安置区推荐给移民,充分征求移民意愿,供移民选择。

　　2015年3~4月,我院会同七星关区、纳雍县和赫章县三县(区)移民局及相关部门在涉及乡镇展开群众大会,宣传相关夹岩水利枢纽工程搬迁和生产安置方式。县(区)以户为单位征求了移民的意愿并签订了移民搬迁安置承诺书,根据移民的意愿和承诺书,毕节市移民局以毕市移〔2015〕12号文将移民意愿调查情况报送,根据此文,我院开展了集中安置点的全面设计。

　　根据移民意愿和签订的移民搬迁安置承诺书,夹岩水利枢纽工程水源工程区分散安置5 210人,农村集中安置2 662人,集镇集中安置4 605人,城镇集中安置点11 206人。

2.3.6　工业企业处理

　　夹岩水利工程涉及的工业(商)企业共19个,均为农村小型农副业企业,结合规划实际情况,并征求权属部门(人)意见,考虑一次性补偿。各工业(商)企业具体由企业房屋及附属建筑物补偿费、工业场地场平基础设施费、设备搬迁费和停产损失费组成。

2.4　专业项目复改建

　　夹岩水利枢纽工程涉及的专业项目主要有交通设施、输变电设施、通信设施、水利水电设施、文物古迹、矿产资源等,按照"原规模、原标准、恢复原功能"的三原原则,结合移民安置规划方案、行业发展规划方案和库区实际情况,确定各专业项目规划方案。

2.4.1　交通工程

　　根据交通工程淹没情况及水库淹没后库周交通恢复调查,拟改复建交通工程31处,需复建大中型桥19座、人行桥9座、三级路1条、四级路5条、渡口6对、农村道路6条等。

2.4.2　电力工程

本工程淹没 35 kV 线路 1.7 km,10 kV 线路 36.77 km,变压器 27 台。这些输变电设施全部都为线路周边村民组生产生活供电及煤矿生产生活供电,水库蓄水后,淹没影响的输变电线路不复建严重影响了线路周边村民组和平山煤矿的用电需求,经征求地方政府和专业主管部门的意见后,需对淹没影响的所有线路进行复改建。其中 10 kV 线路复建总长度 55 km,35 kV线路复建总长度 3 km。

2.4.3　水利水电设施

本工程共淹没水利水电设施 25 处,其中小型水电站 10 处,由于当地没有合适的复建地点,经征求地方政府及专业主管部门、权属单位的意见后,对其进行一次性补偿。其中小型水利设施 15 处,有 4 处因为供水对象已搬迁不需复建,其他 11 处均需复建。

2.4.4　通信设施

本工程淹没影响的通信线路共 24 条 25.38 km,其中移动公司 10 条7.95 km,电信公司 8 条 10.38 km,联通公司 4 条 3.05 km,广电公司 1 条1.5 km,毕节军分区 1 条 2.5 km。为解决库区涉及乡镇及线路沿线居民的对外联系,需按原功能对其进行恢复,总复建长度为 118.99 km。

2.4.5　教育设施

本工程共淹没学校 6 所,全为小学,均为后靠复建。

2.4.6　宗教设施

本工程共淹没寺庙 3 所,由于该设施为当地老百姓自发建设,在征求地方政府和当地老百姓意见的基础上,规划一次性补偿后老百姓自建。

2.4.7　水文站

本工程共淹没国家级水文站——七星关水文站一座,在征求贵州省水文水资源局的意见基础上,规划在下游万寿桥处新建一座水文站恢复其功能。

2.4.8　文物古迹处理方案

根据贵州省文物考古研究所编制的《毕节市夹岩水利工程库区文物考古调查、勘探报告》,夹岩水利工程水库淹没区共涉及文物如下:

(1)地下文物:引底河磨制石斧采集点、马场商周时期遗址、塘边先秦时期遗址、水营清代彝族墓群和庄园建筑遗址。

(2)地面文物:毕节七星关摩崖。

根据贵州省文物考古所编制的《贵州省夹岩水利枢纽及黔西北供水工程文物调查勘探、评估和保护规划报告》，对淹没的省级文物保护单位七星关摩崖进行原址保护。

2.4.9 压覆矿产资源处理方案

根据省地矿局115地质队2013年11月编制的《贵州省夹岩水利枢纽工程建设项目用地压覆矿产资源评估报告》，夹岩水利枢纽工程共涉及压覆设有矿业权18处，其中采矿权7处、探矿权11处，按照《贵州省夹岩水利枢纽工程压覆矿产探矿权、采矿区资产评估咨询报告》，补偿内容严格按照《国土资源部关于进一步做好建设项目压覆重要矿产资源审批管理工作的通知》（国土资发〔2010〕137号），并按分担原则进行处理。

2.5 补偿投资概算

2.5.1 概算构成

投资概算由以下几部分组成。

第一部分为水库移民安置补偿费用，包括以下几项：农村部分补偿费、工业企业处理费、专业项目复（改）费、库底清理费。

第二部分为其他费用。

第三部分为基本预备费。

第四部分为有关税费，包括耕地占用税、耕地开垦费、森林植被恢复费。

第五部分为建设单位用地取得费。

2.5.2 投资补偿

经计算，实施规划阶段夹岩水利枢纽工程建设征地移民补偿总投资概算为613 910万元，主要构成如表1所示。

3 结 论

贵州省是全国没有平原支撑的省份之一，人均占有耕地面积在全国处于较低水平，近几年，由于"西电东送"等重点工程的建设，淹没了大量的耕地，截至2006年6月底，贵州省水库移民已达到43.69万人，由于耕地资源有限，传统的"有土安置"移民安置方式实施难度越来越大，为妥善解决工程建设对征地移民的影响，解决失地农民的长远生计，加快社会经济可持续发展的步伐，经过充分调研论证，在大量征求移民意愿的基础上，本次采用少土集镇和无土城镇进行安置，可有效解决贵州省土地资源紧张等问题，通过在贵州省一些大中型水利水电工程试行的情况来看，也取得了地方政府、移民、业主三方满意的效果。

表1　夹岩水利枢纽工程实施规划投资概算汇总表

序号	项目	实施规划投资(万元)
1	建设征地移民安置补偿费	451 048.57
1.1	农村移民补偿费	362 784.8
1.2	工业企业补偿费	1 507.24
1.3	专业项目补偿费	83 352.3
1.4	防护工程	522.83
1.5	库底清理	2 881.39
2	其他费用	52 803.52
3	基本预备费	34 414.63
4	有关税费	74 047.54
5	管理用房用地	1 596
	总投资	613 910.27

　　夹岩水利枢纽工程以灌溉、城市供水为主,兼顾发电等综合利用,并为改善当地生态环境创造条件。工程的建设在取得较好社会效益的同时,也带来大量的移民搬迁,水库淹没面积30 km²,淹没耕地约3万亩,需搬迁移民2.5万人左右,各县(区)搬迁安置任务较重。特别是纳雍县是目前贵州省移民任务最重的县,该县目前已安置了贵州省"西电东送"工程的洪家渡水电站、引子渡水电站、索风营水电站,以及早期建设的东风水电站、普定水电站移民约6万余人,而现在也正承担着贵州在建的最大水利工程黔中水利枢纽约1万余人的移民。加之毕节市是贵州省石漠化严重的地区,后备资源匮乏,人地矛盾尤为突出,在本县内实行有土安置夹岩水利枢纽移民有一定的难度。本阶段在贵州省移民局的指导下、在地方政府支持下考虑了一定数量的集镇少土安置和城镇无土安置,有效缓解了土地资源紧缺的问题。

水库移民安置监督评估工作人员应做到"十个清楚"

吴贵胜

（贵州省水库和生态移民局）

水利工程建设征地移民安置实行监督评估,已成为我国水库移民工作管理的一项基本制度。要做好监督评估工作,水库移民监督评估人员应做到"十个清楚"。

1 清楚监督评估的依据

我们是根据什么来开展监督评估工作的？依据有四个:一是移民条例的规定,即《大中型水利水电工程建设征地补偿和移民安置条例》(国务院令第471号),该条例第六章第五十一条规定,"国家对移民安置实行全过程监督评估。签订移民安置协议的地方人民政府和项目法人应当采取招标的方式,共同委托移民安置监督评估单位对移民搬迁进度、移民安置质量、移民资金的拨付和使用情况以及移民生活水平的恢复情况进行监督评估;被委托方应当将监督评估的情况及时向委托方报告",这是开展监督评估工作的法律依据,是国家的强制性规定,是必须要做的事情,而不是可做可不做的事情。二是行业管理的有关规定,如水利部《大中型水利工程移民安置监督评估管理暂行规定》、水利部《水利水电工程移民安置监督评估规程》(SL 716—2015)等,这些规定和规程规范了监督评估的内容、程序和要求,是开展监督评估工作的政策依据。三是监督评估合同,即委托方与监督评估单位签订的移民安置监督评估合同书(协议),如夹岩水利枢纽及黔西北供水工程移民安置监督评估(1标段)合同书,由贵州省水库和生态移民局与贵州省水利投资(集团)有限责任公司作为委托方(双甲方),河南华北水电工程监理有限公司作为乙方,明确了双方的权利与义务,监督评估的内容和要求、时限、费用及拨付等,是开展本项目监督评估的工作依据。四是国家批准的移民安置规划,这决定了监督评估的范围和内容。

监督评估的依据就是监督评估评判的标准和尺度,凡参与监督评估工作的人员,都应当对这些法律法规、政策规定、合同要求等,认真学习领会,掌握熟悉,烂熟于心,灵活运用。这是起码的基本功,是适应工作必须具备的基本知识和基本常识。监督评估单位应定期对监督评估人员进行培训和强化训练,开展业务测试及工作考核,确保监督评估队伍能够适应工作需要。

2　清楚监督评估的目的

众所周知,为了保证交通顺畅和安全,交管部门在道路上安装了监控器,目的就是使驾驶员遵守交通规则,按规矩办事。监督的本意,就是监视和督促,目的就是使客体的行为符合规则和要求。

移民安置监督评估的目的,可以分为两个层次来说明:

从国家层面,就是要维护好国家、集体、个人利益,既要满足工程建设的需要,又要维护好移民群众和集体组织的合法权益,不能顾此失彼。利益的平衡点就是国家的政策,政策就是规矩,监督的目的,就是保证地方政府、移民和集体在征地移民工程中,大家都按政策办事。

从项目本身的层面,就是通过对征地移民的监督和控制,使地方政府按照国家批准的方案执行,而不能"随心所欲"。这里,国家批准的移民安置规划,就是规矩。具体可概括为"三控制一评估":一是在进度控制方面,通过对移民搬迁和专项建设的进度进行监督和控制,保证各阶段(如截流、度汛、蓄水、竣工等)移民搬迁能够满足工程建设的需要,征地移民工作不能影响工程建设的需要,不能形成"水赶人",不能因为移民搬不出来而影响工程建设进度;二是在质量控制方面,通过对移民安置质量的监督和控制,确保移民搬迁后生活水平不降低,并为今后的发展奠定良好条件,实现"搬得出、安得下、逐步能致富"的目标,做到越搬越富,不能越搬越穷;三是在投资控制方面,通过对移民资金使用情况进行监督和控制,保证资金按规定使用、安全运行,在国家批准的投资范围内完成建设征地移民工作任务;四是在移民生活水平的恢复上,通过对搬迁后移民生活水平的综合评估,对比搬迁前的水平,对移民的生活水平是降低、达到或超过做出评价,为移民工作验收及开展移民后期扶持及区域经济发展规划提供依据。

因此,移民安置监督评估的目的,就是通过"三控制一评估",促使征地移民工作按政策和规划执行,规范有序进行,达到"移民搬迁如期完成、移民安置妥善处理、移民资金合理使用、移民生活水平逐步提高"的目的。"三控制一评估",是有机统一的整体,应准确、系统地把握和理解,不能为了赶进度而忽视质量,也不能强调质量而不顾进度,更不能为了完成任务而不管投资控制和资金管理规定,采取"花钱买进度、花钱摆平"等,都是不可取的。而移民生活水平的恢复情况如何，与移民的前期安置息息相关，安置工作越扎实，移民的生活水平恢复得越快。作为监督评估工作人员，应自觉应用立体思维、系统思维的方式来思考问题和开展工作，避免顾此失彼，防止顾头不顾尾、顾前不顾后。

3 清楚监督评估的原则

"依法、独立、客观"是监督评估工作的基本原则。

依法，就是监督评估各项工作必须依法依规进行，按程序进行，监督评估意见要合理合法，不能凭感觉、想当然。

独立，就是站在第三方的角度，就事论事，不受利益相关者的影响和制约，独立观察分析和判断预测移民工作实施情况，做出公正的评价。

客观，就是以政策规定和规程规范作为分析判断的准绳，以事实为依据，用数据说话，客观真实反映情况。

移民工作涉及各方利益，情况复杂，监督评估人员要做到"依法、独立、客观"不是一件容易的事情，只有把政策吃透、情况摸清，不唯上、不站边，坚持真理、敢于直言，才能提出公正客观的监督评估意见。唯有如此，才能树立监督评估单位的权威，体现监督评估单位的价值和作用。切忌不讲政策、不讲原则、不切实际、人云亦云。

4 清楚监督评估的范围

一般而言，监督评估的范围包括三个部分：①建设征地范围区，含水库淹没区、水库影响区、枢纽工程建设区、渠（管）道等输配水工程区；②移民安置区，含城集镇移民安置点、农村移民安置点以及分散安置的移民分布点；③安置点及专项复建占地区，如安置点、交通专项占地等。

监督评估人员应根据工作合同及审批的移民安置规划，清楚和熟悉监督评估范围，在脑海中要有清晰图像，做到心中有数。一般情况下，一个项目往往就是一个标段，由一家监督评估单位负责。但对一些比较大型的水利工程，也有分标段进行的，就要了解标段划分的原则和方法，清楚相应标段的范围和界限，做到"不缺位、不越位"。譬如夹岩水利枢纽工程，监督评估分为两个标段进行，标段划分是根据工程建设区类别进行划分的，而不是根据行政区划划分的，各个标段的范围不一样，有的县涉及两个标段（如纳雍县、赫章县）的范围，某些区域还存在交叉重叠，如双山新区移民安置点，均涉及两个标段的移民,都属于两个标段的监督评估范围。

5　清楚监督评估的对象

移民安置监督评估,究竟是监督谁? 移民条例规定,我国水库移民工作实行"政府领导、分级负责、县为基础、业主参与"的管理体制,县级人民政府负责本辖区移民工作的组织和领导。移民工作是社会管理行为,实行的是属地管理。因此,县级政府是移民工作的实施主体、工作主体和责任主体。由此可见,移民安置监督评估的对象是地方政府,主要是县级地方政府及其移民工作部门。这与工程监理的监理对象是施工单位的性质是一致的,只是各自监督的对象不一样。水库移民的特殊性决定了移民安置监督评估对象的特殊性。

监督评估人员必须清楚监督主体与监督对象的关系,要通过监督评估工作,促使地方政府规范有序实施移民搬迁,确保移民工作按政策执行,移民群众合法利益得到维护,移民搬迁得到妥善安置,移民资金安全运行,移民工作进度满足工程建设需要,避免"重工程轻移民、重搬迁轻安置、重进度轻质量"的现象发生。

实际工作中,有的监督评估人员没有清楚自身的定位,地方往往也搞不清楚监督评估工作中各方的关系问题,认为监督评估单位是来协助地方开展移民工作的,错位安排和指挥监督评估单位,要求监评单位按地方意见执行。而有的监评单位为了搞好和地方的关系,便于开展工作,往往采取妥协的态度。

监督评估单位的委托方是上级移民主管部门和项目法人,必须对委托方负责,监督评估单位与地方政府的监督与被监督关系,是移民条例明确规定的,监督评估人员要理直气壮、认真负责、独立客观开展工作。

6　清楚监督评估的内容

监督评估从大的方面讲,包括监督和评估两个方面,监督侧重于实施的过程,评估侧重于实施的结果或效果,但实施过程的监督也包含评估的内容,如对实施质量的评价,就是评估的内容。

监督评估的内容,就是合同规定的工作内容,一般也就是移民安置规划涉及的内容。常规性的监督评估内容主要包括:①移民搬迁安置情况,即搬迁哪些人、搬到哪里去、房子怎么建、生存和发展怎么解决、什么时候搬、补偿多少、怎样兑现、搬迁手续怎么办等;②移民安置点建设情况,包括要建哪些安置点、安置点的具体位置在哪里、安置点的用地规模是多少、规划设计方案怎样审查审批、如何建设、要求什么时候完成、怎样验收等;③专业项目(含防护工程)建设情况,包括涉及哪些专业项目要复建、哪些要补偿、哪些部门来负责组织实施、处理的程序是什么、要求什么时候完成、怎样验收等;④库底清理情况,包括清理的范围、清理的对象、清理的要求、清理的工程量、清理的投资、组织实施和验收等;⑤资金使用情况,包括资金到位情况、资金使用情况、资金管理情况等;⑥库区社会稳定情况,包括移民信访上访及处置情况、反映的主要问题及原因、重要事件、重点人物等;⑦档案管理情况,包括移民户档案、专业项目档案、资金档案、信访档案管理情况等。

评估的重点,主要是对移民生活水平恢复情况进行评估,目的就是对移民搬迁后的生活水平是降低、达到或超过原有水平进行评价。

监督评估人员必须熟悉合同,按合同规定的内容和要求开展工作;必须熟悉移民安置规划报告的内容,包括专题设计报告、设计变更报告、补充报告等,了解设计方案的主要内容和要求,做到心中有数,监督"有谱"。监督评估单位要时常和设计单位沟通衔接,了解设计意图,了解国家审查审批意见,决不能脱离设计而随意监督。

尽管水利工程建设征地处理的内容大同小异,但每一个水库都有其特殊性,因而,监督评估也要掌握特定工程征地移民工作的特点、重点和难点,突出监督评估工作的针对性、实用性。如夹岩工程的特点——①属贵州最大的水利项目,国家重点项目,各方高度关注;②征地移民量大、项目多、战线长;③移民安置容量小,安置方式多样化,城集镇安置与农村安置、集中与分散、外迁与就地、有土与无土少土相结合;④市内跨县;⑤扶贫攻坚时期;⑥专项实施管理模式。重点——双山安置小区、移民安置点。难点——政策解释工作、移民意愿及协议签订、变更管理、投资缺口等。

7 清楚监督评估的政策

凡涉及征地移民的法律法规和政策规定,都属于开展监督评估工作的政策依据,从政策体系上讲,一般包括国家层面、地方层面和项目层面等三个层次上的政策。其中国家层面的政策具有普适性,属于顶层设计;地方层面的政策具有区域特色性,属于地方贯彻落实国家政策的基本规定;项目层面的政策具有针对性,属于针对项目具体特点而制定的用于实际操作实施的规定。

（1）国家层面的政策：包括《中华人民共和国土地管理法》、《中华人民共和国土地承包法》、《大中型水利水电工程建设征地补偿和移民安置条例》（国务院令第471号）、水利部《大中型水利工程移民安置监督评估管理暂行规定》、水利部《水利水电工程移民安置监督评估规程》（SL 716—2015）、水利部《水利水电工程建设征地移民安置规划设计规范》（SL 290—2009）等相关的法律法规和规程规范。这些规定，是征地移民工作的普适性政策，规定了移民工作的基本原则、基本程序、基本要求、基本遵循，监督评估人员只有熟悉国家层面的基本政策，才能在工作中坚持正确的原则，把握准确的方向，不致犯方向性、原则性错误。

（2）地方层面的政策：包括省级层面的政策和市、县一级的有关规定。以贵州为例，省一级的政策主要有《贵州省人民政府关于进一步做好移民工作的意见》《贵州省大中型水利水电工程移民安置监督评估管理暂行办法》等一系列相关的政策文件；毕节市委、市政府针对夹岩水利枢纽工程的实际，也制定印发了相关的实施意见和办法。

（3）项目层面的政策：包括审批的移民安置规划报告、实施规划报告、实施方案、专项设计报告、设计变更报告、年度计划；有关针对本项目移民工作管理的政策文件、管理办法、会议纪要、领导批示等。以夹岩工程为例，贵州省水库和生态移民局印发的《关于做好夹岩水利枢纽工程建设征地移民工作的意见》《夹岩水利枢纽工程移民政策宣传手册》等相关文件，就是项目层面的政策，是开展征地移民工作的重要政策依据。

监督评估人员必须熟悉相关的政策，这是基本功，是"看家本领"。要成为移民工作的"行家里手"、业务能手，不能搞成"外行"监督"内行"。监督评估单位应经常收集相关的政策文件，汇编成册，并经常性地组织监评人员学习研讨，努力提高政策业务水平。监督评估人员政策业务不熟、理解不透，是当前移民监督评估工作时普遍存在的问题，直接影响到监督评估工作的质量。

8　清楚监督评估的方法

中医诊断常用"望闻问切"，望，指观气色；闻，指听声息；问，指询问症状；切，指摸脉象。移民安置监督评估也可以通过"望、闻、问、切"的方法开展工作。

（1）望，就是查看、观察、核查，发挥监督评估"耳目"作用中"目"的功效。通过查看现场、查阅资料等手段，了解移民搬迁安置进度，了解专业项目建设情况，了解资金使用情况等，从而判断搬迁进度能否满足工程建设要求、移民安置质量能否达到预期目标、移民工程建设是否符合程序、移民资金使用是否合规、投资控制是否合理等。

"没有调查就没有发言权"，深入现场开展监督评估既是基本方法，也是基本要求，监督评估人员应经常深入现场，采集信息，收集第一手资料，拍摄影像图片，掌握动态情况，真正做到"情况明了、问题清楚"，才能做出科学判断和准确预测，才能编制出有针对性的监督评估报告。

（2）闻，就是发挥监督评估"耳目"作用中"耳"的功效，通过"听"的办法了解情况、收集信息。听一听移民群众的意见，看焦点在哪里；听一听干部的意见，看难点在哪里；听一听社会的声音，看关注点在哪里；听一听实施单位的意见，看障碍在哪里；听一听上层的声音，看方向在哪里。通过听取各方意见，为调整监督评估工作思路、完善监督评估意见提供依据。

（3）问，就是询问，采取随机访问、问卷调查、随意闲谈、抽样调查，召开座谈会、专题会、院坝会等多种形式，广泛收集信息，提取资料，掌握情况。善于询问是移民监督评估人员的一项基本功，不同的对象应采取不同的询问方式，不同的场合应有不同的内容。无论是谈话或是会议，要有针对性和目的性，但切忌先入为主，否则信息失真，了解不到真实的情况。

（4）切，就是直面问题，深入分析。"望、闻、问"都是从外部进行分析判断，属现象层面的分析，而"切"则直摸脉象，了解原因，属于本质层面的分析。监督评估工作也要做好把脉工作，对工作中出现的问题，要做深度解剖，深层次分析问题产生的原因，紧紧抓住问题的要害和关键，提出解决的建议和意见。做到这一点，需要监督评估人员有较高的专业技术能力、一定的移民工作经验和社会阅历，需要长期不断的实践和锻炼。因此，合理的监督评估机构，应当是"老中青"结合，各专业技术人员都适当配置。总监督评估师要有充沛的精力、丰富的移民工作经验、较高的政策业务水平和熟练的统筹协调技巧。

"望闻问切"在监督评估工作中的应用，通俗来讲，就是腿要跑——经常深入现场了解情况；耳要灵——善于打听和收集库区各类信息；眼要尖——善于发现关键问题；脑要动——善于分析问题。

9　清楚监督评估的程序

按程序办事,是移民工作的一项基本要求,程序也是政策。移民工作一般涉及以下程序:

(1)项目审批程序:包括工程审批、移民安置规划审批、移民工程项目审批等,都有严格的程序。

(2)设计变更程序:包括规划调整变更、方案调整变更、项目设计变更等,也有严格的规定和程序。

(3)公文处理程序:包括往来文件的格式、接受、处理、归档等,都要规范要求。

(4)公务办事程序:移民工作涉及多个部门,避免不了要与政府部门打交道,熟悉和掌握基本的公务办事程序十分重要。公务办事的一个基本要求就是按责权一致的原则,按职责办事。因此,要搞清楚什么事情在什么部门处理,需要提供什么材料,不要"稀里糊涂"。工作中最容易犯的错误,就是"路子不对,走错门",影响办事效率。

10　清楚监督评估的定位

位置决定责权,处在什么位置就做什么事情,明白定位对做好工作十分重要。形象比喻,移民安置监督评估的地位相当于交通道路上的监控器和报警器,当实施主体的行为偏离规则时,能够及时提醒和纠偏。

一是充当"监控器"的作用,站在独立第三方的角度,扫视各方的行为,包括地方、设计、业主、移民等,判断各方行为是否符合国家政策,发现问题,及时提出处理意见,起到委托方"耳目""第三只眼"的作用。

二是充当"报警器"的作用,一旦发现有违规或可能违规的问题或倾向,及时报警,起到提醒的作用。

三是充当"裁判"的作用,对移民生活水平的恢复情况、对移民安置的质量和效果,以事实为依据、以数据为依据,做出独立公正客观的评价。

由此可见,监督评估实际上是起到一个"旁观者清"的角色,监督评估人员既要善于用"放大镜"开展工作(解剖问题),也要善于用"望远镜"开展工作(预测判断),努力做到"点面结合、远近结合、动静结合"。

工程移民投资控制与管理

何有源

（河南华北水电工程监理有限公司）

摘　要　本文在工程移民投资的概算制定、控制手段、管理办法、临时应急项目的处理，结合笔者亲身实践浅述心得和体会，以期与同仁在夹岩水利枢纽工程移民实践中总结提高。

关键词　水利移民；投资控制；管理协调

中国幅员辽阔，水资源时空分布差异大，造成水灾旱灾频发。随着国民经济的快速发展，中心城市规模迅速扩大，带来市镇水资源需求急剧增加。近两个五年计划中，水库建设成了水利工程的重头戏，贵州省更是抓住契机，各市（州）规划建设数百座大、中、小型水库工程。工程的开工建设必然带来大量移民的搬迁。据不完全统计，移民搬迁安置的投资在水工程总投资占 1/4 以上，有的项目移民投资比重甚至高达 1/3。各级党委、政府在抓项目立项和建设的同时，十分重视移民的搬迁安置。既要使移民搬得走、安得住，又要保证移民生活水准有所提高。

1　工程移民投资的构成

工程移民投资是指进行工程移民活动所开支的全部费用，包括工程建设占用、水库淹没土地补偿，移民原有不动产（如，房屋及辅助设施）的补偿，搬迁过程中的交通、生活和可能的过渡安置等费用的总和。

工程移民投资主要由以下 11 部分组成：

（1）农村移民安置费。包括征用土地补偿费、房屋及附属建筑物补偿费、工副业设施补偿费、小型水利电力设施补偿费、工商企业迁建补偿费、事业单位迁建补偿费、公用工程设施复建费、搬迁运输费、其他补偿费、过渡期生活补助费等。

（2）集镇迁建费。包括新址征地和场地平整费、对外交通及道路工程恢复费、公用工程设施复建费、公共设施恢复费、移民迁移补偿费、工商企业迁建补偿费、行政机关和事业单位迁建补偿费等。

（3）城镇迁建费。包括新址征地和场地平整费、对外交通及道路工程恢复费、公用工程设施复建费、市政公共设施恢复费、居民迁移补偿费、工商企业迁建补偿费、行政机关和事业单位迁建补偿费等。

（4）工业企业迁建费。包括新址征地和场地平整及挡护工程费、房屋及附属建筑物补偿费、基础设施费、生产设施费、不可拆迁机器设备补偿费、搬迁运输费、停产损失补助费等。

（5）专业项目恢复改建费。包括铁路、公路、电信、广播电视、电力、航运工程和设施复建费、水利水电设施补偿费、国营农、林、牧、渔场迁建费、其他设施（水文站、测量永久标识）补偿费、库周交通恢复费，文化古迹保护费，以及风景名胜区、自然保护区的保护或补偿等所发生费用。

（6）防护工程费。包括永久工程费、临时工程费、其他费用等。

（7）库底清理费。包括建筑物拆除与清理、卫生清除与消毒、坟墓迁移、竹木砍伐与林地（含有机植被）的清除等。

（8）其他费用。包括勘测设计费、科研费、实施管理费、管理机构开办费、技术培训费、监督评估费。利用外资的项目还应计列外资机构咨询、评估、检查配合工作经费。

（9）预备费。包括基本预备费和价差预备费。

（10）建设期还贷利息及利用外资手续费、承诺费。

（11）有关税费。

2 工程移民投资控制的概念和要求

工程移民投资是补偿性投资。随着国家经济的发展，对工程移民的投资补偿标准近年来有较大范围的提高。同时，伴随着农村经济条件改善，青壮年农村人群文化知识和职业技能的提升，相对于 20 世纪八九十年代工程移民的搬迁取向发生了本质变化。如果说以前大多偏重于有土安置，而现在更多的移民会选取城镇安置即无土安置。他们期望借助移民补偿安居城镇和自谋职业的部分原资本，走自主创业之路。

移民投资既是补偿性投资，又别于建筑工程投资，期待移民在得到补偿投资后能"搬得出、稳得住、有提高"。笔者亲身体会是：及时搬出是根，移民安置稳定是本，生活水准有所提高是目的，必要扶持使移民创业发展是期望。对补偿投资的管理和控制的对策是：用完用到位、建筑工程保质保量、对鳏寡孤独人群在政策允许的情况下给予倾斜、对工程建设未带来间接受益区的移民大众积极创造条件帮助、扶持。

2.1 补偿投资控制的必要

移民补偿投资是搞好生态移民、开发性移民，安置好移民生产生活的一项重要工作。加强补偿投资的计划性调度、经济性时空安排划付、有针对性调控监督是负责实施的政府部门和监督评估单位切实履行职责的首要任务。

移民补偿投资资金种类多、投资性质不一、涉及专业繁杂,同项不同地、同地因项目不同采用标准差异。要求执行时必须时时、事事、每笔、每件紧扣审定的规划。实际经验证明,任何偏离规划都会导致投资管理的失控。

2.2 补偿投资的细化和分解

移民补偿投资的概算计列,项目繁杂、结构种类多、工程(工作)量计量复杂、可比照采用定额准难于准确确定,实践中往往需要进行必要细化和分解。对水工程建设非自愿移民的移民补偿投资确定和实施,我国一直纳入政府实施范围,有效采用"政府领导、分级负责、县为基础、项目法人参与"的原则有效进行管控,取得了单个项目工程移民从数十万到数百万人的移民经验。

根据笔者实践体会,细化分解工作重点在如下方面:

(1)土地占用和淹没土地补偿方面,国家确定补偿倍数是总纲,而土地分片分类分量和年产量产值是总纲下的关键。在规划审定的基础上,实施中尤为重要的是严格遵规依规兑付。

(2)农村房屋和附属设施方面,由于农村房屋所处位置不同(深山沟谷、山涧平坝、大河变向平原等)、村人口规模不同、民族风俗不同及经济条件不同等原因,计量计价上都存在较大难度。曾在实施中对人均面积少于平均面积的贫困户在不改变总面积的前提下高套一级补偿标以确保安置房顺利建成。

(3)木、果林补偿方面,笔者涉及陇南、陕南、云贵、豫晋和四川各地项目都存在一定程度上适用地方和基层农户,有利化解乡村邻里矛盾。具体表现为多年成材林和果林户的依规补偿带来无林户、少林户的幼林高产和抢栽密栽,在一些时候乡村干部退避情况时有发生,使得工程严重受阻。为使工程顺利进行,曾采用对幼年林采用按有关专业机构的控制指标商移民机构协调处理,对抢栽造假严格禁止,寻求获得政府支持。

(4)私有产权人的专项资产补偿。这方面资产补偿政府协调力度相对较小,产值补偿标准核查困难大,且往往存在一定的决策干扰,实践表明,类似项目还会导致滋生腐败情况发生。笔者认为,对私人权属专项宜采用社会第三方资产评估机构书面提出评估意见,经专家评审确定或采用规划包干的办干为宜。

(5)乡村四级以下道路和村间道路。移民安置方案往往随时间推移和移民从众、从人心理影响变化较大。设想一次规划、一个模式、一成不变是不可能的。规划中对于乡间干道和村间道一般采用按县、乡核定一定数量的道路长度和标准,实施中应适时分解细化到村,确保移民安置点道路畅通,给移民创造较好的生产生活环境。

(6)其他大型专项(如专用公路、桥梁),此类项目一般属新建项目,定额选用和费率计取有规可依,通常采用工程招标办法实施,根据工程规模和进度要合理分标;有的项目为便于现场管理交由项目法人组织实施,项目投资账列移民投资项下。

3　工程移民补偿投资总量控制

工程移民补偿投资项目分类多而杂、涉及面广(大型或特大型项目甚至跨市跨省)、使用时间长。为有效实行投资总量控制,几十年来探索过不少实施办法,有经验也有教训。水工程移民属非自愿移民,完成移民搬迁安置和必要的后期扶持,从实施规划之时起到完成搬迁安置及其后 5 年、10年甚至 20 年,后期扶持全过程都依靠政府来组织实施,是政府行为工程。

3.1　分级包干责任制

省级人民政府对经国家审定批准的规划实施报告,先期进行分类细化分解,按类实行分级包干责任制,对规划设计深度达到一定标准的项目,也可实行总量包干责任制或有保留的总量包干责任制。包干责任制有利于落实该级政府权力和职责,发挥本级政府部门积极性。

笔者认为,对小型工程从工程枢纽建设到水库淹没和影响范围均在单一县内,可实行对县人民政府包干;涉及多县(区)的项目对市(州)人民政府实行包干;涉及两市(州)或两省的项目原则上不宜包干,但对移民生活生产的安置补偿和小型专项可实行分项分类包干。

3.2　枢纽工程建设征地由项目法人实行包干责任制

枢纽工程建设征地包括永久征地和临地,对大型工程还存在工程国防警卫防护区占地,项目法人包干有利协调和减少临时用地,有时还可利用租房用工等手段消除和化解纠纷。笔者在黄河和沱江两项目采用该办法有效协调施工单位之间的用地矛盾,省移民局以省级主管身份工作更显主动。

3.3　运用一定的工程投资手段向非项目受益区移民利益倾斜

工程建设期和运行期,政府税收和周边民众所享受的受益因区域不同,受益不均。例如,黄河小浪底水利枢纽工程水库 120 km,山西省垣曲县处于水库末端,水库回水淹没百年县镇。曾设想适当提高补偿标,但政策标准牵一发而动全身,该县于水库末端归属山西省。经考察分析,该县位于山西南端,日常生活交通主要通过渡船与对岸河南渑池相通,距陇海铁路线和连霍高速近。为体现对非受益区利益倾斜,报请批准从招标结余款中划提近

5 000 万元替代轮渡补偿兴建南村大桥,即解决了垣曲群众出行通道,也方便了渑池群众。

　　水利枢纽工程的兴建改善区域生态和环境,工程建设有数以万计的移民离别世代祖居支援工程建设,如何运用好有限的补偿投资帮助移民搬走、稳住、有提高,是从事工程建设、移民管理人们的历史重任。展望和期待着夹岩水库建成之日,总溪河绿水高挂,润济毕节千家万户,流注遵义万亩良田。

浅谈夹岩水利枢纽工程一期移民搬迁组织管理工作

陈定峰　　郭嘉艺

(河南华北水电工程监理有限公司)

摘　要　本篇从移民安置监督评估的角度出发,阐述夹岩水利枢纽工程一期移民搬迁组织管理工作,需明确指导思想、基本原则、总体安排、职责分工和工作要求共 5 个方面的内容,构成制订移民搬迁实施方案框架。

关键词　水利;夹岩;移民;搬迁;工作

　　夹岩水利枢纽及黔西北供水工程,规划基准年搬迁安置移民 24 284人,规划水平年搬迁安置移民 25 838 人。2017 年 5 月将启动一期移民 966户 4 564 人搬迁安置工作。要切实搞好夹岩水利枢纽工程移民搬迁工作,圆满完成一期移民搬迁安置任务,做到平安搬迁、有序搬迁、文明搬迁、和谐搬迁,从移民安置监督评估的角度出发,浅谈几点移民搬迁组织管理工作。

1　指导思想

　　夹岩水利枢纽工程移民搬迁安置工作,全面贯彻落实习近平总书记系列讲话精神,坚持以人为本,按照贵州省委、省政府的总体部署,加强领导,落实责任,科学安排,精心组织,统筹社会资源,凝聚各方力量,努力实现"不伤、不亡、不漏、不掉一人"的目标。

2　基本原则

2.1　先验收、后分房

　　集中安置点统建移民房及基础设施(水、电、路)建设已经完成并先后通过县级初验、市级终验,方可进入分房程序,未经验收不得进行分房操作。依据与移民户签订的住房协议面积,迁入地提供全部安置房源并配合迁出地,以多重抓阄形式,确定移民户分房、选房顺序。凡出县(区)在双山安置点集中安置的,按照县(区)、乡(镇)、村、组、移民户依次抓阄确定分房顺序,移民户再抓阄选房并签字确认;凡县(区)内集中安置点移民自主建房的,参照上述抓阄程序选择宅基地并签字确认,在移民房及基础设施建设完成后,仅对基础设施建设进行县级初验、市级终验。

2.2　先批准、后搬迁

具备搬迁条件是:学校、村服务中心、计生防疫卫生站、村文化中心、超市等公益设施建设基本完成,搬迁道路及移民村搬迁便道畅通;搬迁后续工作安排到位;县级编制的搬迁实施方案切实可行。经批准后方可搬迁,未经批准不得擅自搬迁。

2.3　迁入地为主、迁出地配合

移民搬迁工作,以迁入地为主,迁出地配合,共同完成。

2.4　统一组织、集中搬迁

鉴于一期集中安置的移民住居山区,交通不便,搬迁人数多、时间紧、情况复杂,为确保移民顺利搬迁,原则上实行统一组织、集中搬迁。

2.5　规模适中、轻装搬迁

为错峰平衡搬迁,提高搬迁效率,避免搬迁事故发生,搬迁规模要适中,原则上,中、小型村一次性完成搬迁,大型及以上的村可酌情分批搬迁。各地要出台相关优惠政策,鼓励移民轻装搬迁,有效减轻搬迁运输压力,避免发生搬迁事故。

3　总体安排

3.1　搬迁时段

根据有关县(区)提供的数据,夹岩水利枢纽工程一期搬迁移民涉及七星关、纳雍和赫章3县(区)6个乡(镇)20个村,移民966户4564人,建设安置点7个,其中,出县外迁安置615户2927人,建设安置点1个;县内后靠安置90户427人,建设安置点6个,分散安置261户1210人。在一期移民中,除分散安置移民因启动较晚,搬迁时间适当推迟外,其他外迁近迁移民要在2017年5月1日至6月30日前完成搬迁,以满足度汛、工程截流要求。

3.2　搬迁安置任务

本期移民搬迁共966户4564人,其中,集中安置705户3354人,涉及20个村7个安置点,分散安置261户1210人。具体情况为:

（1）七星关区计划搬迁移民 596 户 2 769 人,涉及 2 个乡(镇)5 个移民村和 4 个安置点,其中,田坝集镇安置点安置 16 户 45 人,金家老包集中安置点安置 3 户 15 人,马场集中安置点安置 16 户 80 人,双山新区城镇安置点安置 501 户 2 361 人,分散安置 60 户 268 人。

（2）纳雍县计划搬迁移民 360 户 1 747 人,涉及 3 个乡镇 13 个自然村 33 个村民组和 4 个安置点,其中,维新集镇安置点安置 24 户 137 人,羊场集镇安置点安置 22 户 103 人,白沙坡集中安置点安置 9 户 47 人,双山新区城镇集中安置 111 户 544 人。分散安置 194 户 916 人。

（3）赫章县计划搬迁移民 10 户 48 人,涉及 1 个乡(镇)2 个移民村和 1 个安置点,其中,双山城镇安置点安置 3 户 22 人,分散安置 7 户 26 人。

（4）金海湖新区双山城镇安置点安置七星关、纳雍、赫章 3 县(区)共 615 户 2 927 人。

3.3 搬迁运输计划

按照人、货分离原则,编制搬迁运输计划,用于安排、组织和指导移民搬迁。主要内容包括:有关县(区)应制定完成移民搬迁批次;总搬迁车辆台(次),其中,客车台(次),货车台辆(次),工作车台(次);途中随车服务工作人员人(次)等,上报市审核汇总形成全市搬迁运输计划并报省备案。每批次搬迁时间,待移民新村具备搬迁条件并经验收、批复同意后,由市指挥部办公室逐批发布。

移民个人完成搬迁的标准是在规定的时间内,需搬迁的个人财产必须全部搬入安置地,并自行拆除库区房屋或出具委托地方政府拆除清理的承诺书。

去年底,枢纽工程建设区紧急过渡搬迁移民 109 户 535 人(七星关区 74 户 345 人,纳雍县 35 户 190 人);分散安置的,移民自主安排车辆搬迁。都要纳入搬迁运输计划,在安置地安置。

3.4 搬迁准备

3.4.1 搬迁申请及批准

县级指挥部要组织对移民新村房屋、基础设施和公益设施等项目全面验收通过后,组织移民个人或迁安组织代表对统建房进行检查,合格后向市级指挥部办公室提出搬迁申请;市级指挥部办公室复验合格,并审查搬迁实施方案、搬迁后续工作安排等具备搬迁条件后,提前 7 d,将搬迁申请报省审批。省组织现场检查、验收和审核批复,批准后方可搬迁。鉴于一期移民人数多,搬迁任务十分繁重,为简化程序,提高效率,毕节市内各移民新村房屋验收、搬迁申请由省委托毕节市指挥部办公室组织验收、批复,并报省备案,省负责督察和抽检。

各安置点搬迁日期、批次、任务等一经批准,不得擅自调整。因突发天气、道路等原因,确需调整搬迁计划的,迁安两地县级指挥部应在调整后搬迁时间 3 d 前,将变更后的搬迁计划上报省。

3.4.2　搬迁实施方案制订

各地各有关部门要根据省制订的搬迁实施方案,结合实际,进一步细化完善本级搬迁方案,并将责任分解,落实到人、到事;制订相关应急预案,组织必要的培训和演练,确保顺利搬迁。

3.4.3　搬迁前准备

迁出地要提前对移民高龄老人、危重病人、临产孕妇、精神病人等特殊人群和军烈属、五保户、鳏寡孤独、特困户等弱势群体,以及学生和随迁教师情况进行登记造册,交迁入地做好准备和安排;对于病情较重不适宜马上搬迁的病人,要暂缓搬迁,待就地治疗身体状况许可后再行搬迁;处理好移民的债务债权、建房资金缺口收缴、集体财产分割、线上土地、林地果园林木处置、线上突击建房处理等问题,鼓励移民积极搬迁、轻装搬迁。

迁入地要切实做好移民房屋、基础设施和公益设施的检查验收工作,做好搬迁后续工作准备,要备好米、面、菜、油等一周左右的生活必需品,确保移民下车后就能烧水做饭,在新村开始新生活。要对移民新村和室内的卫生进行清理,确保干净整洁。要根据制订的搬迁实施方案,做好搬迁运输和后续等各项准备工作。

3.4.4　搬迁预告发布

毕节市指挥部办公室批复同意后,迁入地县级指挥部办公室在每批移民搬迁车队出发前 72 h 上报搬迁预告。省收到预告并商市指挥部无异议后,及时向市交通运输局、公安局、卫生局等市直有关部门和迁安县指挥部办公室发布。搬迁预告一经发布要严格执行,不得随意变更。确需变更行车路线、休息服务区等内容的,要提前 3 d 报告,经批准后方可调整。

3.5　搬迁组织

3.5.1　搬迁车辆组织

迁入地要在做好驾驶员资格审查、培训、体检和车辆检查维修等工作基础上,组织搬迁车辆按时抵达迁出地。

3.5.2 搬迁物资装卸看护

迁安两地要组织物资装卸帮扶服务队,帮助移民装卸物资并负责看护,在迁出地境内由迁出地负责,出境后由迁入地负责。

3.5.3 移民集中乘车组织

迁入地要制作移民标志证,要求移民必须佩戴;迁出地发放移民标志证并组织移民按时到达集结点,引导移民依照安排乘车,每辆客车迁安双方要各派 1 名随车工作人员,直至到达迁入地并做好移交。

3.5.4 搬迁车辆通行组织

迁安两地要在搬迁道路的各个重要部位,设置专门交警指挥岗和指示标志,加强运输线路的疏导和管理;在停车场安排交警指挥,确保搬迁车辆有序停放、有序通行。为减轻调度压力,各迁入地搬迁车队在库区期间,要服从迁出县的统一调度,不得擅自行动。

3.5.5 运输安全监管

在搬迁运输过程中,迁安两地要安排足够的公安交警、交通运管人员,认真组织搬迁活动,保持车队安全有序行驶,特别要对移民群众自主联系的运输车辆进行重点监管,确保人员和财产安全。在高速服务区休息时,要组织车辆有序停放,人员有序上下车,避免发生混乱、出现事故。

3.5.6 特殊人群医疗卫生保障

有关医疗卫生单位要准备必要的药品和医疗卫生器械,做好搬迁移民突发疾病的救治工作。加强对特殊人群的医疗保障,做好食品安全保障及突发公共卫生事件应急预案工作,确保移民搬迁医疗卫生安全。

为切实做好移民搬迁工作,示范指导各地搬迁,营造良好氛围,移民搬迁初期,省将适时组织移民搬迁启动仪式。

3.6 路桥费免除

为鼓励移民按时搬迁,市交通运输局负责制作"移民搬迁指挥车"和"移民搬迁车"通行证,并协调各有关收费站点,在 5 月 1 日零时至 6 月 30 日 24 时免除移民搬迁运输、指挥车辆路桥通行费。移民集中搬迁车队凭市指挥部办公室发布的搬迁预告免费通行。"移民搬迁车"通行证仅用于零星搬迁车辆,有效期为 6 d,免费路段为七星关、纳雍、赫章 3 县(区)至金海湖新区双山移民安置点区间,以及七星关、纳雍、赫章 3 县(区)内移民安置点一级公路、桥梁和高速公路。

零星搬迁的移民,搬迁前需提前向迁出地县级移民部门提出使用"移民搬迁车"通行证申请。迁出地县级移民部门要安排专人做好通行证管理工作,要记录零星搬迁车辆通行证的领取日期、通行证编号、所用车辆牌号等信息,移民户主签字后方可领证。不得向无关车辆发放,严禁借"移民搬迁车"通行证从事非移民搬迁运输活动,一经发现,严肃处理。

3.7　后续工作

3.7.1　提供周到服务

迁入地要设立房屋维修、供水、供电、电信、医疗卫生服务等社会公共服务点,安排好家具家电和生活必需品销售,公布服务电话,及时解决移民群众提出的合理诉求。

3.7.2　实行"一对一"帮扶制度

迁入地要实行县级有关部门或乡镇干部"一对一"帮扶制度,明确责任单位和责任人,落实帮扶内容,帮助移民熟悉环境,指导移民正确使用室内设施,注意用水用电用气安全,避免发生意外事故;搬迁后要帮助解决有关问题,持续帮扶直至2017年8月底。

3.7.3　妥善安置弱势群体

要对移民弱势群体进行重点照顾,保证他们的基本生活,使他们充分体会到党和政府的关怀。有条件的地方,可根据个人意愿对移民五保户、鳏寡孤独实行集中安置。

3.7.4　做好移民学生转学、入学和随迁教师安置工作

要按照"移民小学生就近入学、中学生同等从优"的原则,做好移民学生转学、入学工作,确保移民学生及时在安置地就学;对迁入安置地的随迁教师,要按照有关规定妥善安排好工作。

3.7.5　有关手续办理

各地要组织有关部门,按照各自职责分工,尽快办理有关转接手续,方便移民生产生活,便于劳务输出。做好粮食直补、大型农机具购置补贴、"两免一补"等政策的延续,确保移民群众利益不受影响。

3.7.6　村级班子建设

要高度重视村级两委班子建设,特别是分村安置的移民村,要配齐配强村两委班子,尤其要配强移民村一把手,把移民新村两委班子建成有战斗力、号召力、凝聚力的战斗集体,引导移民群众尽快适应环境,发家致富。

3.8　搬迁费结算及保险办理

由迁入地负责统一组织搬迁的,搬迁前迁安双方要在移民村公示收费

标准,搬迁后据实结算,从移民个人搬迁运输费中扣除。移民个人实施搬迁的,搬迁费先由移民户自行支付,搬迁后由迁入地发放给移民。一期移民搬迁人身保险,由迁入地县级移民部门协调有关保险公司办理。

3.9 库底清理

要严格按照库底清理办法组织实施,本次清理包括建(构)筑物清理、卫生清理。林木清理待水库蓄水前再实施。移民房屋、附属物等可由移民自行拆除,也可委托统一拆除,按照"谁实施、谁负责"的原则,确保施工安全。委托统一拆除的,移民户要出具统一拆除委托书。对拒绝拆除的,由迁出地县、乡(镇)政府依法组织拆除或处置。

3.10 验收及奖励

外迁移民按时完成搬迁的,经迁入地县级移民部门会同迁安有关乡(镇)组织验收认定,逐级报市。外迁移民奖励资金由市财政局统一划拨,由迁入地县级财政、移民部门负责兑付;县内安置及出县分散安置移民奖励资金由迁入县组织验收和兑付。

4 职责分工

为圆满完成移民搬迁任务,按照层级管理原则,根据各级各部门职责分工,明确落实相关责任。

4.1 迁出地

(1)组织制订移民搬迁总体方案,配合迁入地制订具体的移民搬迁实施方案,提出移民搬迁批次、时段、线路及用车计划。

(2)做好移民搬迁的宣传发动和教育引导工作,动员移民积极搬迁和轻装搬迁。负责发放移民标志证,引导移民有序乘车。

(3)负责完成移民临时搬迁道路和停车场建设、组织和安检,满足移民搬迁需要。

(4)组织移民物资搬迁和看护。成立移民搬迁服务队,确保移民应迁财产全部、及时、安全装车。负责搬迁车辆及移民财产在其境内的看护工作。

(5)负责做好拒迁户的搬迁动员及留置人口的思想教育工作。

(6)负责县内安置和出县分散安置移民搬迁安置工作。

(7)负责移民户籍、学籍、党团关系和农村低保、新农合、军烈属、五保户等迁出手续的办理工作;做好随迁教师、干部职工的有关手续迁转工作。

(8)负责搬迁前移民健康排查,以及学生、随迁教师情况摸底工作。

（9）负责库区移民房屋拆除及验收，做好库底清理工作。

（10）做好搬迁期间社会治安工作，严防盗窃、哄抢、打架斗殴、乱砍滥伐等事件发生。

（11）做好移民人口核定、债权债务处理、建房缺口资金收缴、线上土地、林地果园林木处置、集体财产分割和线上突击建房问题处理等工作。

（12）制订突发事件应急预案，成立应急服务队，预防和妥善处置突发性事件，确保社会稳定。

（13）做好移民搬迁其他工作。

4.2　迁入地

（1）配合迁出地制订移民搬迁总体方案，负责制订本辖区移民搬迁实施方案并组织实施，做好移民个人和集体财产运输工作。负责移民搬迁车辆编号，编制乘车安排。

（2）负责搬迁车辆的组织、车况检查以及驾驶员的资格审查和培训；做好迎接移民相关工作。

（3）成立卸车帮扶服务队，及时、安全地把移民财产全部搬入新居。

（4）负责移民搬迁途中的交通运输、医疗卫生、饮食安排及安全保障。做好防暑、防雨工作。派出干警、医护、车辆维修、搬迁工作人员等随同搬迁车队搞好服务。

（5）做好移民特殊人群搬迁工作。搬迁前要做好体检，具备搬迁条件时再组织搬迁，确保移民生命安全。

（6）负责安排好移民搬迁后临时应急生活，组织必要的社会服务，实行县直单位或乡（镇）干部包户制度。

（7）负责统一办理移民搬迁保险。

（8）负责做好移民户籍、学籍、党团关系和农村低保、新农合、军烈属、五保户等手续的接收以及户口本、身份证、车辆牌照等证件的换发工作；做好随迁教师的工作安置、有关手续办理和学生入学工作。

（9）做好移民搬迁应急预案，预防和妥善处置突发事件，确保顺利搬迁。

（10）负责在移民新村设立警务室，做好移民搬迁后社会治安工作。

（11）负责上报每批次搬迁申请和搬迁预告。

（12）做好移民搬迁其他工作。

4.3　市直有关部门

市指挥部办公室：负责移民搬迁的组织协调督导；组织制订全市移民搬

迁实施方案;协调指导并组织各有关县(区)指挥部落实搬迁实施方案,解决移民搬迁重大问题;协调下达移民搬迁奖励经费;组织移民搬迁检查、验收和批复;发布每批次搬迁预告;组织搬迁宣传,营造良好氛围。

市交通运输局:协调指导并组织各有关县(区)交通部门,组织运输车辆并负责车况检查,对搬迁故障车辆及时维修、安全检查;协调各路桥收费站点,开辟绿色通道,免除移民搬迁路桥通行费,积极开展优质服务活动,营造浓厚氛围,支持移民搬迁。

市公安局:协调指导并组织各有关县(区)公安部门,负责移民搬迁社会治安;对驾驶人员进行资格审查、培训和安全教育;维护好交通秩序,保障搬迁道路畅通;做好应急预案,预防和妥善处置突发事件;及时协调办理移民户口迁移手续和换发户口本、身份证等证件。

市卫生局:协调指导并组织各有关县(区)卫生部门,负责移民搬迁医疗保障工作,制订移民搬迁医疗、公共卫生保障预案;组织县(区)卫生行政部门重点做好搬迁移民健康排查、特殊人群搬迁的医疗卫生保障,确保搬迁期间医疗卫生安全;协调做好移民新农合手续迁转;组织做好库底清理卫生防疫工作;组织做好移民新村卫生室检查验收等工作。

市教育局:协调指导并组织各有关县(区)教育部门,组织做好移民学校检查验收、学生转学、就学和随迁教师的安置等工作。

市民政局:协调指导并组织各有关县(区)民政部门,做好移民搬迁后优抚对象、五保对象、低保对象等手续的迁转等工作。

市林业局:协调指导并组织各有关县(区)林业部门,负责移民林木采伐及运输手续办理,做好库底清理相关工作。

市气象局:协调指导并组织各有关县(区)气象部门,负责为移民搬迁提供相关区域天气预报与预警,每周一提供未来7 d预报,逐日滚动提供未来3 d预报,遇灾害性天气时随时提供预警预报,组织移民搬迁气象会商。

市直其他局委:结合各自职能,协调指导并组织各有关县(区)局委,做好职责范围内的各项工作。

4.4 监督评估部

华水监理夹岩移民监督评估部、贵阳院夹岩移民监督评估项目部,分别负责对本标段移民搬迁安置工作进度、实施质量和资金拨付使用等进行全过程监督评估,发现问题及时提出监评意见和建议。

5 工作要求

5.1 加强组织领导

一是夹岩水利枢纽工程移民搬迁工作,实行统一领导、分级负责、县为基础的管理体制,毕节市、有关县(区)和市直有关部门主要领导为第一责任人。

二是夹岩水利枢纽工程移民搬迁工作,在省移民局统一领导下组织实施,市、县(区)指挥部设总协调和副总协调,下设综合协调组、交通运输组、安全保卫组、医疗卫生组、库区协调组、宣传报道组、信访稳定组、督促检查组,并实行市指挥部领导联系县(区)制度。

三是各级党委、政府要高度重视移民搬迁工作,切实加强组织领导,主要领导亲自挂帅,分管领导靠前指挥。各级宣传、财政、交通、公安、卫生、民政、教育、林业、气象、移民等职能部门,要根据各自职责,积极配合,全程参与,支持服务好移民搬迁工作。

四是在移民搬迁期间,遇到突发事件,要及时上报,并快速妥善处置。出现迟报、漏报、瞒报的,要追究相关领导和工作人员的责任,并在全省通报。在搬迁期间,迁安各地都要确定一名专职联络员,具体负责联络工作,确保 24 h 通信畅通。

5.2 做好充分准备

一是各地要制订详细的搬迁方案。搬迁方案要考虑周全,细化到户、到人、到车、到批、到时,同时要有强有力的保障措施。二是做好宣传发动工作。加强对移民群众的宣传教育工作,重点要宣传移民政策,讲明移民新村情况和移民搬迁费用的支出原则,提倡轻装搬迁,让移民群众积极主动配合搬迁,任何人不得超越政策、超越权限乱表态、乱承诺。三是搞好移民搬迁活动。各收费站点要按照市交通运输局的部署,提前做好各项准备工作,开展好移民搬迁服务活动。四是加大移民安置问题处理力度。迁出地要在搬迁前,全面排查移民工作中存在的矛盾纠纷和问题,及早把矛盾化解在基层,把问题解决在库区。

5.3 强化协调沟通

按照制订的搬迁实施方案,迁安双方要及早互派联络员进驻,尤其是安置地要派人到一期搬迁移民村进行调研,了解和掌握搬迁移民需运输的人员和物资情况,制订详细的运输方案,要注意做好特殊人群和弱势群体的搬迁工作。在移民搬迁期间,迁安各地要实行 24 h 值班制度和日报告制度,每日 18 时前将移民搬迁进展情况和存在问题,逐级上报到省。

5.4 精心组织实施

各级各有关部门要按照省、市统一部署安排,做好应急预案,细化保障措施,落实任务责任,科学安排,精心组织,确保实效。要充分考虑移民搬迁期间正值高温酷暑和汛期的实际,切实做好移民搬迁的防暑、防汛和公共卫生安全等工作,对预报并会商确认中雨及以上、大风及以上,以及大雨刚过等不适宜搬迁的情况,要及时调整搬迁计划。迁出地要加大宣传力度,做好思想工作,引导移民适时拆迁房屋,不要拆房过早,避免拆除后因降雨、搬迁日期推迟等影响生活和财产安全。在搬迁期间,迁安双方要举行简朴、祥和、热烈的欢送和欢迎仪式,加强宣传报道,营造浓厚氛围。

5.5 注重人文关怀

迁安双方要切实做好移民搬迁前后的慰问、心理抚慰和帮扶工作,解决好移民群众的实际困难和问题,使移民群众充分感受到党和政府的关怀与温暖,尽快适应新的生产生活,确保情绪稳定、生活安定。

5.6 严格督察奖惩

在移民搬迁过程中,要强化督导检查和奖惩工作。对表现突出的单位和个人,按照有关规定给予奖励;对因工作不力或失职失责,影响移民搬迁或造成重大事故的,要追究有关领导和当事人的责任。对搬迁中表现积极的移民,要通过电视、报刊等媒体进行宣传报道,努力营造良好的搬迁氛围。对于抗迁拒迁的,要做好思想工作;对故意破坏移民搬迁的,要依法依纪严肃处理。

5.7 确保社会稳定

各级各部门要认真做好移民信访稳定工作,全面排查一期移民存在的不稳定因素,及时解决有关问题,为移民搬迁扫清障碍。迁出地要切实做好移民人口核定、分房到户、建房资金缺口收缴、债权债务处理、集体财产分割、线上土地、林地果园林木处置及线上突击建房问题处理等工作,特别要做好淹没线上留置人口思想教育工作,为移民顺利搬迁创造条件。迁入地要保质保量及时完成移民房屋、基础设施和公益设施建设,移民房屋完成后要经移民或迁安组织检查验收,同时要做好当地群众的思想教育工作。要制订好应急预案,预防和稳妥处置突发事件,维持好搬迁秩序,确保社会稳定。